高等学校电子信息类系列教材

电波传播概论

主　编　李仁先

副主编　郭立新　魏　兵　弓树宏

李海英　周彩霞　张　民

西安电子科技大学出版社

内 容 简 介

本书共8章，包括电波传播理论基础、电波在实际环境中的传播和电波的典型工程应用三大部分。其中，电波传播理论基础部分介绍了通信中的电波传播和电波传播的基本原理；电波在实际环境中的传播部分主要介绍对流层和电离层电波传播；典型工程应用部分介绍了水下通信和地波通信、地面移动通信、微波地面视距通信和卫星通信中的电波传播。

本书注重基础理论和应用的结合，可以作为电波传播与天线、电子信息科学与技术等专业高年级学生的教材，也可作为无线电系统设计、研究及开发人员的参考书。

图书在版编目(CIP)数据

电波传播概论/李仁先主编. —西安：西安电子科技大学出版社，2022.11
ISBN 978-7-5606-6651-8

Ⅰ.①电… Ⅱ.①李… Ⅲ.①电波传播—概论 Ⅳ.①TN011

中国版本图书馆CIP数据核字(2022)第172361号

策　　划　李惠萍
责任编辑　雷鸿俊
出版发行　西安电子科技大学出版社(西安市太白南路2号)
电　　话　(029)88202421　88201467　　邮　　编　710071
网　　址　www.xduph.com　　电子邮箱　xdupfxb001@163.com
经　　销　新华书店
印刷单位　陕西日报社
版　　次　2022年11月第1版　2022年11月第1次印刷
开　　本　787毫米×1092毫米　1/16　印张　14
字　　数　324千字
印　　数　1～2000册
定　　价　34.00元
ISBN 978-7-5606-6651-8/TN

XDUP 6953001-1

前　言

自从无线电技术发明以来，其在国民经济和国防方面的应用日益广泛，譬如通信、广播、电视、雷达、导航、遥感等诸多方面。所有无线电电子系统应用无线电波来传递信息，必然都会遇到电波传播问题。在发射机和接收机天线之间传播的无线电波(简称电波)受到许多因素的影响，只有仔细研究这些因素，掌握电波传播的规律，才能让无线电电子系统更好地发挥作用，才能设计出可靠的无线电链路，更好地服务于上述各个应用。可用电波频率范围很宽，加上电波传播环境的多样性，导致了电波传播现象的多样性和复杂性。本书将对电波传播的基本原理进行简单的介绍，并探讨电波传播现象。

本书主要面向电波传播与天线、电子信息科学与技术等专业高年级学生，学习本书的读者需要已经修完“电磁场理论”“天线基础”等课程，本课程也是“对流层传播”“电离层传播”等后续课程的基础。本书在编者所授课程讲义的基础上编写而成，旨在介绍电波传播的主要理论基础，无线电波在对流层、电离层等媒质中的传播，以及视距传播、地面移动通信和卫星通信中的电波传播，为初学者和相关研究人员描绘出电波传播相关内容的主线。

本书共8章。第1章简单介绍了通信中的电波传播，包括电波传播与通信系统、信号频率和环境对电波传播的影响、电波传播环境以及电波传播机制；第2章介绍了电波传播的基本原理，包括电磁场理论基础、电波在自由空间的传播以及媒质对电波传播的影响；第3、4章介绍了对流层和电离层电波传播；第5～8章为电波传播的工程应用部分，具体包括水下通信和地波通信、地面移动通信、微波地面视距通信和卫星通信中的电波传播。

本书为“西安电子科技大学教学质量提升计划”资助项目。在本书的编写过程中，编者得到了工作单位各级领导的关怀和支持，还听取了电波研究所很多老师的意见和教学经验，在此一并表示感谢。另外，感谢西安电子科技大学出版社工作人员为本书出版所付出的努力，特别感谢李惠萍老师在本书整个出版过程中所给予的支持和帮助。

由于编者水平有限，书中难免存在不足之处，恳请同行专家和读者批评指正。

编　者

2022年5月

目　　录

第 1 章　通信中的电波传播

本章简单介绍了电波传播对通信系统设计的重要性，讨论了信号频率以及传播环境对电波传播的影响。最后介绍了电波的传播环境以及不同环境中的电波传播机制。

1.1　电波传播与通信系统

信息可以通过多种方式传输，而使用电磁波(电波)来传输信息的优势之一是不需要直接的物理连接物，比如电线或电缆等。这一优势促成了“无线电报”和“无线电话”等技术的产生，19 世纪初这两种技术获得广泛应用，近几十年来，个人无线通信技术也在不断发展。电磁波可应用于许多通信工程系统：远程点对点通信系统、蜂窝通信系统、广播和电视广播、雷达、全球卫星导航系统(如 GPS、北斗卫星导航系统)等。这一优势还使得信号能以电磁波的形式应用于传感器设计中，也就是说，系统可以获得关于传输能量反射区域的信息。电磁传感器可用于探测隐藏的人和物、勘探石油和天然气、控制飞行器等，还可用于测量地球上层大气中的电子浓度、海洋的波浪状态，测量低层大气、土壤、植被等的含水量。

在大多数情况下，至少在概念上，通信系统或传感器系统分为三个部分。第一部分是发射机，它在适当的频率范围内产生电磁波，并将其发射到接收机或要感测的区域。最后一部分是接收机，它捕获传输(或从被感测介质散射)的能量的一部分，以提取所需的信息。传播是其中间过程，通过这个过程，信息载波或信号从一个位置传送到另一个位置。在通信中，传播是发射机和接收机之间的链路；而对于传感器，传播发生在发射机和待感测目标之间以及目标和接收机之间。

无线电波的传播会对通信系统的设计产生很大的影响，因此，系统工程师和传播专家都非常注重对无线电波传播的研究。以“白爱丽丝(White Alice)”系统为例，它是在卫星通信出现之前的一种通信系统，于 20 世纪 50 年代末在阿拉斯加和加拿大北部实施。它的设计一方面是为了满足一般通信需求，另一方面是为了将信息从远程预警传输到美国国防军的指挥中心。众所周知，在环境恶劣、不宜居住的北极环境中建立和维护通信中心是一项困难且耗资巨大的任务。此外，在高频(HF)波段(3～30 MHz)，即短波段，可以用非常小的设备和天线将信号传输到很远的距离，这是无线电爱好者所熟知的事实。因此，在这种情况下，高频系统似乎是最好的通信解决方案。然而，这种解决方案有几个缺点：短波通信系统非常容易受到来自地球其他区域信号的干扰；短波的传播强烈依赖于电离层，电离层是一个受太阳影响显著的电离大气区域，太阳喷射出大量带电粒子流，会严重扰乱电离层，使北极和亚北极地区的短波通信特别困难。因此，高频系统可能虽是廉价的，但它本身却是不可靠的，不可靠性对于上述应用来说是不可接受的。

最终，白爱丽丝系统选择基于“对流层散射”机制的传播方法，使用大约 900 MHz 的工作频率。这是一种利用低层大气中始终存在的微小不规则体来散射信号的通信机制。与短波传播链路相比，对流层散射链路所能达到的距离只有 200 mile(1 mile＝1.61 km)左右，这就需要在远程预警链路和人口稠密地区之间建立中间通信(中继器)站。此外，还需要非常大的天线和大功率的发射机。图 1.1 是一张典型的白爱丽丝对流层通信站图片。很明显，它的建立和维护在遥远的北极既不容易也不便宜。然而，与对流层散射通信相关的高可靠性和相对不受干扰的特性超过了成本和其他考虑因素，因此该系统得以实现。白爱丽丝系统虽说最终被卫星系统取代，然而使用白爱丽丝系统进行对流层通信这一有趣的历史案例说明了电波传播如何在通信系统设计中发挥主导作用。

图 1.1　白爱丽丝对流层通信站

1865 年麦克斯韦首次提出电磁信号可以以光速在相当长的距离上传播的想法，在把“位移电流”项添加到电磁场方程组(现在称为麦克斯韦方程组)后，他推断出在它们可能的解中会存在波动解。赫兹在 19 世纪 80 年代后期进行的一系列实验中证实了这一预测，他的许多实验使用了大约 1 m 波长的波，即现在所说的超高频(UHF)范围，而传输距离通常只有几英尺(1 英尺＝0.3048 m)。

然而，这种从理论到实验验证的有序进展，并不是无线电波传播领域的一般特征。当马可尼在 1901 年首次尝试跨大西洋通信传输时，使用了现在称为中频(MF)波段的大约 300 m 波长的波，当时，对于在如此长的距离上是否可能进行信号传输，还没有明确的理论解释。实验成功后，电离层传播的实际机制的解读仍然存在着相当大的争议，直到如今，人们才充分理解和接受电离层传播机制。这种理论落后于实验的现象是早期无线电传播的特点。随着更强大的发射机和更灵敏的接收机在越来越大的频率范围内可用，有关电磁波传播的知识体系已经大大发展，并且变得越来越复杂。

1.2　信号频率和环境对电波传播的影响

在某种程度上，电波传播知识体系的复杂性是由于可用于信号传播的频率(或波长)范围非常大：最低的频率在 10 kHz(30 km 波长)附近(水下通信和观测某些地磁现象会使用更低的频率或更长的波长)；对于光学系统来说，在相当长的距离上传输信息的最高频率是 1×10^{15} Hz，相当于十分之几微米的波长。因此，频率(或波长)范围跨度为 11 个数量级！拿相应的材料结构相比，相应的范围相当于从 30 米长的桥梁到最小病毒的尺寸。

传播环境的变化进一步增加了观测到的电磁信号传播现象的多样性和复杂性。例如，频率在 100 kHz～300 MHz 范围内的电磁波穿透海水的深浅变化比超过 50∶1。由于海水盐度在地理上有所不同，从而电波穿透海水的深度也有地理上的差异。在甚低频(VLF)波段，信号的波长比海洋中所有的波浪结构都长，海洋可以近似为光滑的导电表面；在更高的频率下，信号波长会更小，直到它可能与大海浪的数量级相同。在甚高频(VHF)范围内，海洋表现为粗糙的有耗电介质，但在这个频率范围内，风引起的细小波浪仍然可以忽略；随着频率进一步增加，信号波长变为几毫米或更小，这时波浪可以代表平面的随机倾斜，而细小波浪可以代表粗糙度。显然，海面是一个复杂的传播介质边界。陆地表现出类似的变化，只是在大多数情况下，陆地环境不会在短期有明显的变化。大气和海洋一样，其环境在时间和地理上都有很大的变化，主要原因是低层大气会受到天气的强烈影响，而高层大气则会受太阳活动的影响。

因此，不同的传播计算技术适用于不同的频率和环境状况也就不足为奇了，而且在许多情况下，得到的预测结果只是近似和统计的结果。本书并不详细介绍这些技术，只是给出了最常见的传播现象和计算方法。

由于信号频率是一个非常重要的参数，因此通常需要粗略地说明所考虑的频率范围。电磁波频率或波长范围很宽，为了全面了解各种电磁波，人们按照波长或频率的顺序把这些电磁波排列起来，形成了电磁波谱(如图 1.2 所示)。电波又称无线电波，是指特定频段的电磁波。实际应用中没有为无线电波确定特殊的频谱范围，本书中讨论的传播现象仅限于国际电信联盟(International Telecommunication Union，ITU)给出的频段，即3 kHz～275 GHz。在电磁波传播中，无线电波是常用的频段，其在通信、广播、雷达、遥感、导航等诸多方面都有应用，无线电波频段和波段划分如表 1.1 所示。通常在雷达应用中使用的 UHF 和 SHF 频段有一套额外的用于雷达系统的微波频段名称，如表 1.2 所示。

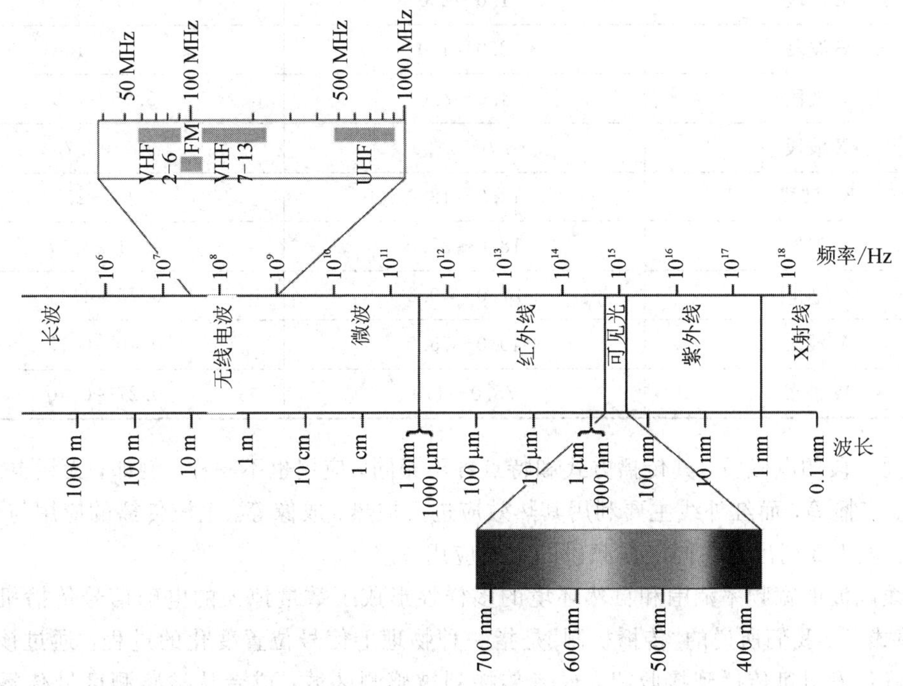

图 1.2　电磁波谱

表 1.1　无线电波频段划分

段号	频段名称	频段符号	频率范围	波段名称	波长范围	传播模式
1	极低频	—	3～30 Hz	极长波	$(100～10)\times10^{6}$ m	空间波为主
2	超低频	—	30～300 Hz	超长波	$(10～1)\times10^{6}$ m	空间波
3	特低频	—	300～3000 Hz	特长波	$(100～10)\times10^{4}$ m	空间波为主
4	甚低频	VLF	3～30 kHz	甚长波	$(10～1)\times10^{4}$ m	空间波为主
5	低频	LF	30～300 kHz	长波	$(10～1)\times10^{3}$ m	地波为主
6	中频	MF	300～3000 kHz	中波	$(10～1)\times10^{2}$ m	地波与天波
7	高频	HF	3～30 MHz	短波	(100～10)m	天波与地波
8	甚高频	VHF	30～300 MHz	超超波	(10～1)m	空间波
9	特高频	UHF	300～3000 MHz	分米波	$(10～1)\times10^{-1}$ m	空间波
10	超高频	SHF	3～30 GHz	厘米波	$(10～1)\times10^{-2}$ m	空间波
11	极高频	EHF	30～300 GHz	毫米波	$(10～1)\times10^{-3}$ m	空间波
12	至高频	—	300～3000 GHz	亚毫米波	$(1～0.1)\times10^{-3}$ m	空间波

表 1.2　微波频段名称

频段名称	频率范围/GHz	波长范围/cm
L 波段	1.0～2.0	15～30
S 波段	2.0～4.0	7.5～15
C 波段	4.0～8.0	3.75～7.5
X 波段	8.0～12.0	2.5～3.75
Ku 波段	12.0～18.0	1.67～2.5
K 波段	18.0～27.0	1.11～1.67
Ka 波段	27.0～40.0	0.75～1.11
V 波段	40.0～75.0	0.40～0.75
W 波段	75.0～110	0.27～0.40

不同频段的电磁波，其传播方式和特点各不相同，应用也不一样。例如，无线电波可用于电视、广播等，而红外线主要利用其热效应进行加热、成像等。电波传播的应用与频率息息相关，表 1.3 列出了不同电波频段的主要应用。

无线电波的宽频率范围和自然环境的多样性形成了数量惊人的电磁信号传播机制(或传播“模式”)。我们所说的“传播机制”是指一种物理上信号位置变化的过程，通过该过程，信号可以从发射机传播到接收机，或者传播到被感测区域，或者从被感测区域传播出去。根据无线电波的频率和传播的环境条件，某一种或几种传播机制通常在接收机处产生比其他机制更高的信号强度。信号强度高的传播机制被认为是所考虑条件的主要机制，而其他机制(对应传播到接收机端的信号较弱)则常常被忽略。本书的目的之一是考虑在特定的频率范围和环境条件下，哪些机制可能占主导地位。

表 1.3　不同频率电波的主要应用

频段	应　　用
ELF，ULF，VLF	海底电报通信
LF (30～300 kHz)	短距离通信中的地波，用于长距离通信的地面波导，广播和时间信号，无线电导航辅助设备
MF (300～3000 kHz)	短程通信中的地波，远程通信中的地基或电离层跳跃(特别是在夜间)，长波波段无线电广播服务，海上移动和无线电导航服务
HF (3～30 MHz)	短波波段无线电广播服务，航空和海上移动通信
VHF (30～300 MHz)	使用反射波的视距通信，使用小型天线的短/中距离通信，基于波导效应的远距离接收，音频和视频广播，航空和海上无线电通信，对流层散射的超视距无线电通信，雷达和无线电导航服务，模拟无绳电话和无线电寻呼服务，低地球轨道卫星系统
UHF (300～3000 MHz)	视距无线电通信，电视广播，面向公共应用的蜂窝移动无线电服务，专用移动无线电网络，移动卫星、全球定位系统和天文通信，无绳电话和无线电寻呼服务，点对点、点对多点和固定无线电接入服务，对流层散射超视距无线电通信，雷达和无线电导航服务，无线本地环路(WLL)和全球微波互联接入(WiMAX)
SHF (3～30 GHz)	视线微波系统，固定和移动卫星网络，雷达系统和军事应用，对流层散射超视距无线电通信，点对点、点对多点和固定无线电接入系统，电视卫星广播，卫星遥感
EHF (30～300 GHz)	高频微波系统，宽带固定无线接入，未来卫星和高空平台应用
微米和纳米波段	空间无线电通信，专用卫星通信，激光和红外无线电通信，光纤电缆网络

以普通电离层反射为例。在许多情况下，电离层在 VLF 到 HF 范围内对信号的引导是非常有效的。通过电离层反射传播的信号很可能比在同一距离内以任何其他方式接收的信号强得多，此时，则其他机制可以会被忽略。但实际应用中也会存在其他传播机制占主导地位的情况。例如，当发射器和接收器之间的距离相对较短时，电离层无法反射传输信号。在这种情况下，以陡峭的角度到达电离层的信号会直接穿过电离层，而以小仰角到达电离层的信号会“越过”接收器传播到更远的距离。另外，在白天低频范围内，电离层的某些区域会吸收信号，从而使信号强度衰减。当太阳受到强烈扰动时，中高纬度地区的高频信号强度也会衰减。在这些情况下，其他传播机制可能占主导地位，否则，可能不存在有效的传播机制，从而使得在特定频率范围内的地面通信变得非常困难，甚至不可能实现。传播机制的这种可变性通过无线电广播中的日间/夜间效应(它属于 MF 波段)可以很容易观察到。在白天，只能接收半径大约在 200 或 300 mile 范围内的电台信号，接收信号可能不受干扰。日落时，情况会发生变化，有时会有戏剧性的突然变化，此时可以轻松地接收到更远处的电台。遗憾的是，对于那些由多个电台共享的频率，可能同时接收很多电台信号，这让听众难以清晰收听地面某个电台的信号。夜间的传播机制主要是电离层反射，即所谓的“天波”

模式；但由于地面在白天很好地吸收了某个频率范围内的信号，因此白天的传播机制是不同的，即采用了所谓的“地波”模式。因此，主要传播机制的改变是由接收条件的变化导致的。值得注意的是，地波模式在夜间也存在，但由于天波电离层信号的强度要高得多，因此在距离发射机较远的地方，地波的影响可忽略不计。

1.3　电波传播环境

在无线电系统中，信息传递是靠电波的传播来实现的。无线电波从发射点传输到接收点必定要经过一定的空间场所(媒质)，这个空间场所会对无线电波的传播产生各种各样的影响，如反射、折射、绕射、散射、吸收等。人类生活在地球上，无线电波传播首先遇到地球及其周围的大气，其次是星际空间和各个星球。但是，不论是地球还是大气层，不论是星际空间还是各个星球，其运动变化往往都受到太阳的强烈影响。因此，为了更好地了解电波传播，在研究具体电波传播问题之前，有必要了解有关太阳、地球以及大气层的一些基本知识。

1.3.1　太阳

电波在大气层传播，要受到地面上的对流层和高空电离层的强烈影响。而对流层的雨、雪、云、雾、台风、寒潮等都和太阳有密切关系。高空中的电离层是直接受太阳辐射而形成的，并受到太阳黑子和太阳风的强烈影响。本节中将分别介绍太阳辐射、太阳风和太阳黑子。

1. 太阳辐射

太阳离地球约1.5亿公里，比地球大130万倍。太阳表面温度约6000 K。任何物体，只要温度高于绝对零度都会产生热辐射，所谓热辐射就是不断地辐射不同波长的电磁波。太阳表面6000 K的高温，能不断地辐射出从紫外线至无线电波的电磁波。太阳辐射的电磁波穿过大气层时，所产生的效应与波长(频率)有关。

太阳会辐射强烈的紫外线。我们知道，紫外线能消毒灭菌，强烈的紫外线对生命体是有害的。对无线电波传播来说，紫外线的作用是使高空气体电离形成电离层，而只有极少部分的紫外线能传到地面上来。

太阳辐射中相对强度最大的部分是可见光。可见光能够穿过整个大气层到达地面。它不仅给我们带来光明和温暖，而且是地球上万物生长的能量源泉。可见光到达地面后，一部分被地面反射，一部分被地面吸收使土壤温度上升。与地面接触的空气被地面加热，体积膨胀，密度减小，因而上升，形成空气对流。地面水分受热蒸发上升而形成雨、雪、云、雾等。大气中的水汽和水汽凝结物以及大气中的温度变化，都对微波传播有重要的影响。

太阳辐射中的红外线部分可以穿过电离层，但大部分被低空大气层吸收。

太阳辐射中的无线电波部分，只占辐射总能量的很小一部分。其中的长波、中波和短波部分被电离层反射出去而达不到地面。超短波和微波则能穿过大气层到达地面。它们往往是有害的无线电噪声源。我们知道，雷达可以发现飞机。但当雷达天线对着太阳时，太阳辐射的无线电波进入雷达天线，可能会把飞机反射的微弱信号淹没。另一方面，太阳辐射的无线电波也是极有用的报信者，给我们送来大量的有关太阳的信息。同时，还可以以太阳辐射的无线电波，作为无线电信标。

由物理学的有关定律可知，物体热辐射中强度最大的波长 λ_{max} 和物体的温度 T 有如下关系：

$$\lambda_{max}=\frac{0.2898}{T} \tag{1.1}$$

其中，λ_{max} 单位为 cm，T 的单位为 K。以太阳表面温度 6000 K 代入计算，不难得到太阳热辐射最强的波长 $\lambda_{max}=0.483\ \mu m$，它属于可见光的蓝绿部分。

太阳还会辐射出相当数量的 X 射线。X 射线在地面是探测不到的，它经过高空大气层时，被大气吸收，使高空气体电离。发射到大气层外并带有适当仪器的火箭或人造地球卫星却很容易探测到太阳辐射的 X 射线。

2. 太阳风

以前，人们往往认为，各行星之间的星际空间是一无所有的真空。这种看法是不正确的，各行星之间的星际空间并不是一无所有的真空。尤其是在地球周围的星际空间有较多的灰尘，还可以找到电子和质子。此外，地球还在太阳的大气层中飞行。

地球上有时可以看到彗星，它拖着长长的背向太阳的尾巴，有点像扫帚，所以又叫"扫帚星"。彗星长期以来引起了专家们的注意。它越靠近太阳，尾巴拖得越长，可长达几百万公里，比地球到月球的距离还要大得多。很容易想到，彗星的尾巴一定和太阳有关。但究竟是什么关系呢？当物理学家发现了可见光投射到物体上会产生压力以后，大约半个世纪的时间内，专家们都相信彗星的尾巴是太阳光的压力造成的。理由是：彗星是由甲烷和氨这类低凝固点气体所结的"冰"将大量微小石块粘合形成的。每当接近太阳时，一些"冰"就融化蒸发了，太阳光的压力就可以把极小石块往背向太阳的方向推去，从而形成尾巴。所以彗星的尾巴总是背向太阳。彗星靠太阳越近，则光照越强，光压越大，"冰"融化后能自由运动的微小石块也越多，所以尾巴拖得越长。这一解释似乎非常合理，可是，二十多年前，德国人比尔曼对这种解释产生了怀疑。他指出：光压确实会发生作用，但不足以产生彗星的长尾巴，还需要有一种比光压更强大的作用力，才能产生那么长的尾巴。1958 年，美国科学家帕克认为：太阳上的物质因高温都已电离，存在着从太阳不断向外吹出的带电粒子流。他把这种粒子流称之为"太阳风"。20 世纪 60 年代以后，一些国家发射的行星探测器在月球以及金星等处，都探测到了太阳风的存在。太阳风的速度每秒可达几百公里，它比光压强大、有力得多。彗星的长尾巴是被太阳风吹成的。

太阳上最丰富的物质是氢，由于温度很高，氢原子已分解成电子和质子。所以，太阳风吹出来的几乎都是电子和质子。现已证实，太阳风并不是局部区域的现象，一直到土星附近(离太阳 14 亿 2 千 700 万公里)，它的带电粒子密度还大到可以由太空探测器探测到。太阳风使太阳每秒钟要损失约一百万吨物质。太阳从形成到现在，约因太阳风损失了它全部质量的万分之一，这比地球的质量还要大得多。

太阳风吹遍整个太阳系，太阳的"大气层"也延伸到整个太阳系。在星际空间传播的无线电波，其实是在太阳的"外层大气"中传播。目前一些国家已多次发射行星探测器，主要探测对象是最靠近太阳的金星、木星、水星、火星、土星五大行星，也就是我们用眼睛可以看见的五颗星。按其到太阳的距离来说，地球居于达五大行星的中间。在这五大行星的星际空间，都可以探测到太阳风的带电粒子。

太阳风的带电粒子到达地球周围，有的可以进入地球大气层。进入后，有时可以使地球磁场产生剧烈变化，使电离层发生扰动而严重影响电离层无线电波传播，甚至可使通信中断。带电粒子到达南北极上空，和气体分子碰撞而产生极光，使经过极区上空的电波传播情况变得很复杂。

太阳上还常常发生耀斑爆发，它是太阳上“燃烧”的氢的巨大爆炸。耀斑爆发时卷起巨大的旋风，发出耀眼的光辉。每次爆发放出的能量相当于几万颗甚至几十万颗氢弹爆炸的威力。耀斑爆发时喷出大量的带电粒子，也就是特别狂暴的太阳风。它使行星际空间的局部区域带电粒子密度大大增加，太阳风速度增大，这会对通过该区域的电波传播产生很大影响。行星探测器遇上了这种特别狂暴的太阳风，其和地球间的通信会受到明显的影响。

3. 太阳黑子

我国在很早以前就已经知道了火红的太阳中有较暗的斑点，叫做黑子。《汉书》中有“日出黄，有黑气，大如钱，居日中央”，其生动地记载了公元前 43 年太阳中出现的黑子。黑子多时太阳辐射增强，太阳上喷射出的带电粒子也明显增强。尤其是，当黑子多时，黑子区域经常发生耀斑爆发，耀斑爆发时太阳辐射的电磁波(包括 X 射线)和喷出的带电粒子都极大增强，这对地球上的电波传播有很大影响。

太阳温度很高，它的活动程度有时强些，有时弱些。太阳活动程度强的年份，出现的黑子数多些，反之少些。因此，太阳的活动程度就以黑子数的多少来评定，通常叫沃尔夫数。

太阳上出现的黑子数的多少有一定的规律，呈周期性。大约 11 年为一个周期。对历史上记录的资料整理后发现，还存在 180 年左右的长周期。因为缺乏更长期的历史记录资料，无法知道是否有更长时间的周期。

太阳温度很高，它的运动变化极其猛烈。可以极粗浅地把太阳黑子运动类比于地球上的火山爆发。当然，黑子运动的猛烈程度是火山爆发的亿万倍。从地球上看去，黑子当中是巨大的漩涡。黑子上巨大的旋风将大量带电粒子向上喷射，体积迅速膨胀，温度快速下降，比太阳表面的温度低一千多度。因此，看上去当中部分形成凹坑，颜色较暗，故称黑子。

太阳表面黑子数有时很多，有时一个也没有。黑子有大有小，平均直径约几万公里。黑子有的只存在几天甚至几小时，有的可存在几个月，比太阳自转周期还大几倍。这种长寿命的黑子每经过 25 天就面对地球一次，因而对电波传播的影响也呈 25 天的周期性。

活动性强的黑子发展速度异常快。发生耀斑爆发也非常频繁、猛烈。黑子的活动性最强阶段过去以后，就较为平静，平静期过后它就逐渐消失。可以根据这些规律来预报黑子对电波传播的影响。

太阳黑子数的多少以及太阳耀斑爆发对整个太阳系都有影响。对地球上电波传播、气象以及地磁等许多领域的活动变化都会产生影响。有人甚至认为太阳耀斑爆发可使车祸增多。据了解，许多重大的水旱灾害，大多发生在太阳黑子很多或很少的年份。有人研究树木年轮也有 11 年左右的周期；也有人认为流感每 11 年流行一次。类似的情况很多，当然，其中的大多数情况可能只是一种巧合。但是，业余科学爱好者在这里大有用武之地，大量的多方面的群众性观察记录会取得意想不到的成果。

总之，太阳黑子和耀斑爆发对电波传播的影响很大，也比较复杂。

1.3.2　地球

描述地球的文献很多，在这里我们只介绍一些和电波传播有关的基本知识。

地球是太阳系九大行星之一，像一艘巨大无比的宇宙飞船在太空翱翔。它是一个形状略扁的球体，长半轴约为 6378 km，短半轴约为 6357 km，长短半轴相差约为 21 km，一般取平均半径为 6370 km。在电波传播过程中，通常把地球当作圆球来处理。

地球上阳光充足，冷热适度，有充足的氧气和水，是人类栖身活动的场所。地球上水面约占 71%，陆地占 29%。高山大洋对某些波段的无线电波来说是不可逾越的障碍。而任何波段的无线电波都难于传播到深达万米的洋底。波长万米的无线电波只能深入海水几十米。

地球绕太阳公转一周为一年，自转一周为一昼夜。因为公转和自转，它和太阳的相对位置不断变化。日照情况也相应地变化，由此引起春、夏、秋、冬的更替，昼夜的变换。也由此导致了电波传播的所谓季节变化和昼夜变化。例如，白天收不到远处的中波广播，而夜间则可以收到；又如夏天短波通信频率要选得比冬天高；等等。电波传播和日照状况有非常紧密的关系。科学家从一些珊瑚化石的年轮和日轮的研究中发现，在几亿年以前，地球绕太阳公转一圈要四百多昼夜。而从那时到现在，地球绕太阳公转周期的变化微乎其微。这就意味着，在几亿年以前，地球自转一周比现在约快 4 小时。地球自转速度逐渐变慢，这对气象以及电波传播都会产生重大的影响。在过去某一段时间里，地球也曾经自转得越来越快。但是从较长的时间周期来看，总的趋势是越来越慢。当前时期，减慢的趋势比较明显。

根据地震波的传播可以证明，地球从里到外可分为地核、地幔和地壳。地核半径约 3460 km，和月球差不多大。它受到外层的巨大压力，估计每平方厘米受到的压力高达几千吨，温度估计可以高达 5000℃。地核的体积只有地球体积的约 1/6，而质量几乎占 1/3，它一定是由较重的元素组成的。宇宙间最普遍的重元素是铁。专家们相信地核含有大量的铁。铁是良导体，无线电波不可能在具有良导体性质的地核中传播。地核外面是地幔，它的厚度约有 2800 多千米，温度也高达几百乃至上千度。因为温度很高，所以电导率也大。无线电波在高电导率的地幔中传播时损耗也很大，无法加以利用。地球最表层叫地壳，它是对电波传播影响最大的层。首先，地球表层厚度各处不同，海洋下面较薄，最薄处仅 5 km 左右，大陆所在的地下比较厚，厚处可达 60 km，地壳的平均厚度约为 33 km。地壳的基部是玄武岩，某些地区在玄武岩的上面还有花岗岩，再上面是电导率较大的冲积层等。另外，由于地球内部作用和外部的风化作用，在地球表面形成了高山、深谷、江河、平原等地形地貌，再加上人工建造的城镇等。这些地形地物和不同的地质结构都会在某种程度上影响无线电波的传播。

除此之外，地球本身是一个强大的磁体，地球磁场虽然看不见也摸不着，但对无线电波传播以及人类生存的环境都有很大的影响。地磁场轴线与地球南北极轴夹角约为 11.4 度。地磁场在不同地区并不相同，在磁极附近的总磁感应强度约为$(6\sim7)\times10^{-5}$ T，在磁赤道上总磁感应强度值约为 3×10^{-5} T。同时，地磁场空间范围非常广阔，从地面一直延伸到数万千米的高空，与星际磁场相接，直接影响外层空间的物理状况，自然也影响着无线电波传播。

1.3.3 地球大气层

近地空间通常指地球的大气层和磁层，是实现地面通信和空间通信的无线电波的基本传播场所。大气层是包围地面的气体层，其厚度可达上千千米。大气层里面发生的一切运动变化，对无线电波传播影响极大，对人类生成环境也有很大影响。地面上空大气是分层的，可以按几种不同的方法来分，通常可按其温度状况或电离状况进行分层。

地面上不同高度的温度变化如图 1.3 所示。如以大气温度随高度垂直分布来分，大气层可分为对流层、平流层、中层、热层和外层。对流层主要靠地面加热，其温度、气压、湿度都随高度的增加而减小，当然，在某些局部地区，可能会出现温度随高度增加而增加的现象，从而形成逆温层。另外，主要的自然现象(如雷电、云、雾、雨、雪等)都出现在对流层，这些都会对无线电波的传播产生较大的影响。平流层内几乎没有水汽，但该层包含的臭氧层强烈吸收太阳中的紫外线，从而使温度随高度的增加而增加。对流层和平流层即是电波传播中所说的低层大气层，二者的折射率与气象参数关系基本一样，因而，在无线电波传播中，有时把低层大气直接称为对流层大气。

若以电离状态来分，大气层可分为电离层和非电离层。在大约 60 km 以下高空，大气中各种成分混合均匀，气体多呈中性状态，因而称为非电离层。在 60 km 以上的大气，在太阳辐射的作用下，气体电离成等离子体，称为电离层。根据电离层内电子浓度分布，可以将电离层分成几个区域(如图 1.4 所示)：约在 60～90 km 高度的区域称为 D 层；在 90～150 km 处的区域称为 E 层；在 E 层以上是 F 层，夏季的白天 F 层又可分为 F_1 层(高度约为 150～200 km)和 F_2 层(高度约为 200～500 km)。其中，D 层只在白天存在，而 E 层和 F 层是一直存在的。

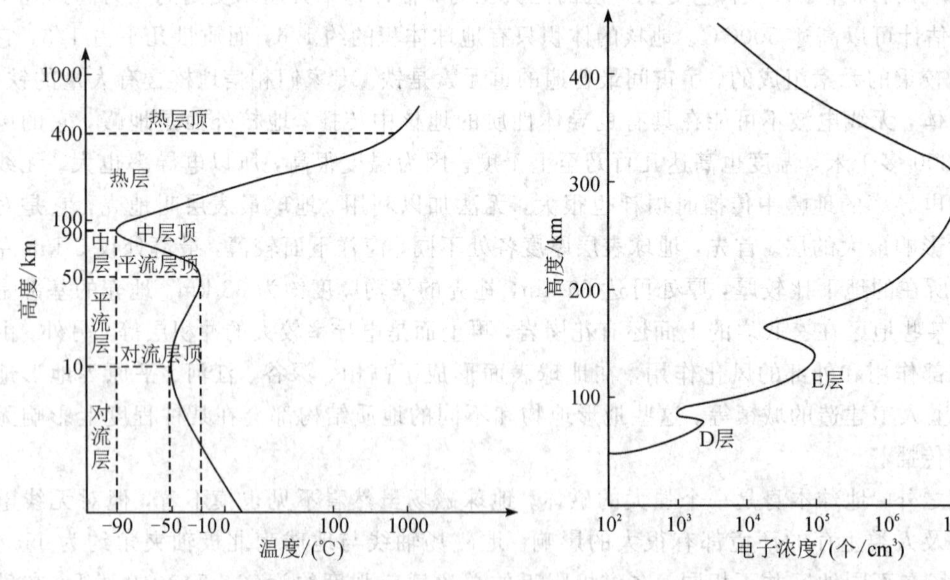

图 1.3　大气温度随高度变化曲线　　　　图 1.4　电离层分层结构示意图

1.4 电波传播机制

1. 直接传播

最简单的电波传播方式是直接传播，信号从发射机直接传播到接收机，而不受中间介质的影响。假设从发射机发射的电波为球面波，由于接收机通常离发射机足够远，因此在接收机处，该波可以近似为平面波。直接传播虽是一种高度理想化的情况，但它在实际中有重要应用。对于 UHF 和更高频率的电波，电离层的影响很小，这主要是因为负责其导电性的电子无法在如此高频率下快速变化。在更高的频率下，可以建造定向性非常好的天线，这样信号波束就可以排除地面的影响(除了在假设其非常接近地面的情况下的其预期路径的终点)。在这些条件下，信号传播基本上不受地面或大气的影响，即传播基本上是直接的。由于大多数雷达和卫星通信系统都是以这种方式工作的，而且由于窄波束也有利于将特定雷达目标与其周围环境分离，因此直接传播是许多微波雷达和卫星通信的主要机制，有时也是唯一需要考虑的机制。不过，需要额外注意的是，直接传播的频谱在高频端达到了大气成分能够有效吸收其能量的频段(在 SHF 上限及以上)；在这个范围内，必须修改直接传播假设，通过包含附加的衰减项来考虑大气成分对能量的吸收。随着频率进一步提高，波长会逐渐减小，直到达到大气尘埃和水滴粒子直径的数量级；这些粒子可以非常强烈地散射或吸收信号，这就需要进一步修改传播模型。简言之，只有在所有其他机制都不起作用的情况下，直接传播才是合适的考虑机制。直接传播情况在 UHF 和 SHF 大气中最常见，因为系统使用高度定向的天线，并且发射机和接收机在排除地面影响的仰角上相对于彼此处于平视(视线)中。

2. 反射

1) 对流层折射

重力的影响使低海拔地区的大气比高海拔地区的大气更为稠密和潮湿。虽然在某些情况下，该大气差异对传播的影响很小，但在大部分情况下，它会导致传播的信号路径发生明显的弯曲。例如，在设计用于长途电话语音和数据通信的微波链路时，必须注意该链路应能在可能导致波束向上或向下弯曲的各种大气条件下充分工作，这种弯曲称为对流层折射。当信号在大气中传播时，引起对流层折射的大气效应也会造成时间延迟，这种时间延迟对 GPS、北斗导航等全球导航系统有重大影响。

2) 电离层反射

对 MF 和 HF 频段的短波，电磁信号的传播机制可以用电离层和地面之间反射的射线来很好地描述，此时信号传播机制为电离层反射，可被视为射线模式。实际上，射线在电离层中是弯曲的，而不是突然反射的，但总效应基本相同，如图 1.5 所示。这种方式进行信号传输非常有效，并且可以通过适度的功率和设备使信号传输跨越很远的距离。由于这个原因，“短波”波段用于广播、点对点通信和业余无线电。根据信号频率的不同，反射可以发生在电离层的不同层区。

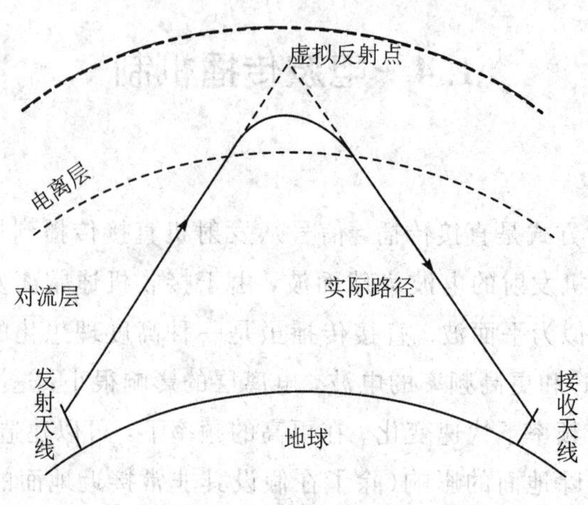

图 1.5 电离层反射

在频谱的 VLF 和 LF 部分，信号传播也可被视为波导模式。电离层和地球可以分别被视为波导的顶部和底部，在地球周围引导能量的传播。这一观点在这些频率的低端尤其有用，因为波长太长，以至于“波导墙”(即地球表面和有效电离层区域)的间距和波长处于相同数量级，电波传播计算中的模式描述变得相对简单。严格来说，把电离层反射模式和波导模式区分为不同的物理机制是不太正确的。在这两种模式下，信号都是在地球和电离层之间传导的。然而，如果波长足够长，用波导模式来处理问题较为方便；如果波长与地球电离层间距相比很短，用射线模式就更加方便，人们可以将信号传播问题视为一系列反射；在波长与地球电离层间距相差不大时，即在低频区，用任何一种技术进行电波传播计算都变得困难。电离层反射模式和波导模式之间的区别更多地在于数学描述，而不是实际物理过程本身。本书着重于电离层传播的射线模型。

除了信号的明显反射或传导外，电离层还可以对地-空路径上的高频系统(高达约 3 GHz)产生重要影响。通过电离层传播的电磁波还会受到时间延迟(如对流层传播)、极化旋转和闪烁效应的影响。

3) *地面反射*

如果使用的天线方向性不是很好，或者天线靠近地面，信号可能会通过地面反射从发射机传输到接收机。在这种情况下，在评估系统的传输性能时，必须同时考虑直接传播信号和地面反射信号。一个典型的例子是超高频的地对空或空对空通信。由于飞机天线的尺寸限制，在这种频率范围内不可能使用高度定向的天线，因此不可能阻止信号到达地面。地面反射信号可以加上或减去(分别为干涉加强或干涉减弱)直接传播的信号，此时必须同时考虑直播传播和地面反射。

3. 波导传播

对流层折射的弯曲效应可能很强，足以使信号沿着接近地球曲率的方向传播，因此实际上电波信号是沿着地球引导传播的，这被称为波导传播。波导传播既在 VHF 和 UHF 频段很常见，也存在于较高的频率，但在这些频率下使用的定向天线不太可能有效地耦合到波导中。由于波导与气象现象密切相关，因此在某些地方比其他地方更常见。地球上的大多数地区这种波导现象都是潜在干扰源，因而波导传播并非可靠的通信手段。

4. 绕射

前面所考虑的所有机制都可以用射线的概念来描述，即能量沿着直线或近似直线的路径传播。因此，当发射机和接收机不在(近似)直线范围内时，直接传播机制下信号将无法传播。然而，考虑绕射时，电波传播仍然可能。弯曲地面本身的绕射对信号传播有影响，但更明显的情况是更尖锐的障碍物(如山脉)对传播的影响。这些障碍物将能量从入射波束中散射出去，其中一部分能量朝向接收机传播。

5. 多径传播

在许多情况下，发射的信号有可能通过多条反射或绕射路径到达接收机，而不是从地面的单个反射或地形中的单一绕射点到达接收机，形成了发射信号的多径延时和(或)失真，这种传播机制称为“多径传播”。多径通常是地面上点到点链路中的一个重要影响因素，尤其是在城市环境通信中(例如，在无线蜂窝通信和数据网络中)必须加以考虑。由于在信号源和接收器之间考虑多条路径会非常复杂，因此通常使用统计方法(统计“衰落模型”)来描述多径环境中传播链路的平均特性和可变性。近年来，人们在开发通信调制和信号处理策略以对抗多径衰落影响方面作出了大量成果。

6. 表面波

当发射天线和接收天线都在地面附近或地面上工作时，直达波和反射波几乎完全抵消。然而，在这种情况下，人们还发现可以激发沿地面传播的波，称为“地波”。由于中频和低频的发射天线的有效尺寸必然很大(因为波长很长)，因此它们通常被安置在靠近地面的位置，在这些较低的频率下，地波传播变得非常重要，地波传播是日间(AM)无线电广播传输的主要机制。不过，对于高频波段以上频率的信号传播，地波传播通常不是一个重要的机制。

7. 散射

1) 对流层散射

一般来说，对流层不是一种均匀的传播媒介。当需要在几百千米的路径上进行通信时，利用对流层的不规则性能实现超视距(超出彼此视线范围)的传播。如图 1.6 所示，如果向两个观测站“共同的”视线范围内的大气区域发射非常强的信号，则从波束中散射出来的相对较弱的信号可能足以将重要的信息传输至接收终端。这就是本章开头提到的“White Alice”系统中使用的机制。

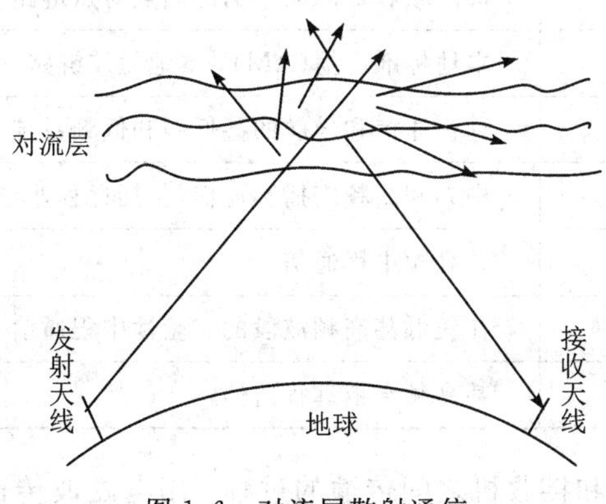

图 1.6　对流层散射通信

2）电离层散射

频率太高而无法从电离层反射出来的信号仍然可能受到电离层的轻微影响。其中一个影响是电离层不规则性使少量(低频率)能量从波束中散射出去，这与上面讨论的对流层不规则散射非常相似。电离层散射通信系统已在甚高频波段成功运行。

3）流星散射

我们平时很少看到流星，许多人认为流星是罕见的现象，但实际上，流星并不罕见。最重要的是，那些太小而无法用肉眼观察到的流星非常多。当流星进入大气层时，流星电离气体形成的痕迹能够反射电磁信号。由于大气层的电离现象比电离层的更强烈，所以流星轨迹可能会以频率足够高、相对不受电离层影响的形式将信号反射回地面。基于这一机制已经建立并成功运行 VHF 波段的系统。

8. 哨声传播

音频频率范围内的电磁信号可以以一种特殊的方式通过电离层传播(哨声传播)，即近似地沿地球磁场的磁力线在两个半球的磁共轭点之间传播。譬如闪电产生和发射的电磁波能量(或者说信号)的传播。这种传播模式没有用于信息传播，既因为发射如此长波长的人造信号并不容易，又因为在如此低的频率下可用的带宽非常小，且接收区域非常有限，但哨声传播一直是获取有关上层大气(电离层)信息的一种手段。

9. 非大气传播

到目前为止，讨论的传播现象涉及的都是电磁信号在相当长的距离内通过空间或地球大气层的传播。当然，电磁信号通过海洋、地壳或其他行星大气传播(此时称为非大气传播)时的传播效应(机制)各不相同，这些效应可应用于许多方面。例如，电磁波在地壳中的传播可以帮助人们探测地下物体和隧道以及寻找油气田。表 1.4 列出了最常见的机制及其最适合的一些应用。在本书中，我们将只关注无线电波在地球大气中的传播。

表 1.4　各种传播机制的应用实例

传播机制	应　用
直接传播	大多数雷达系统，SHF 地面到卫星链路
直接加地面反射	带高增益天线的 UHF 广播电视，地空和空对空通信
多径传播	甚高频和更高频率的地面点对点链路(特别是在城市地区)
地波	本地标准广播(AM)，本地短波链路
电离层波导(D 层)	远程通信和导航的甚低频和低频系统
电离层天波(E 层和 F 层)	中频和高频广播和通信(包括远程业余无线电)
对流层散射	超高频中程通信
电离层散射	在较低甚高频波段的实验性中程通信
流星散射	甚高频窄带远程通信

传播是信号在发射机和接收机之间传输的过程。用电磁波传输信号的一个优点是发射机和接收机之间不需要任何物理连接物，例如，电线或电缆。无线电波传播效应对系统设

计有着深远的影响。信号频率和环境决定了哪些传播机制占主导地位。虽然这些机制通常似乎涉及不同的物理过程，但在某些情况下，需要关注的不是不同的物理过程，而是表示这些机制的数学模型。

表 1.5 给出了每个频段最有可能的传播机制，表中频率分类按频段显示。括号中给出的频率范围强调了传播现象不会按照 IEEE 和 ITU 定义的频段进行整齐的分组。当然，表中的频率限制只是近似值，因为电离层的状态对高频和低频有很大的影响。

表 1.5　每个频段最有可能的传播机制

频　段	传 播 机 制
甚低频至低频(10～200 kHz)	地面和 D 层之间的波导模式，地波
低频至中频(200 kHz～2 MHz)	地波和波导模式优势向天波(电离层跳跃)的过渡，天波(在晚上尤其明显)
高频(2～30 MHz)	天波
甚高频(30～100 MHz)	直接传播或直接传播加上地面反射传播，波导
超高频(80～500 MHz)	直接传播，直接传播加地面反射，对流层散射
SHF(500 MHz～10 GHz)	直接传播，对流层折射、地形绕射和多径传播

思　考　题

1.1　阐述无线电波目前的主要应用及其未来前景。

1.2　信号频率和环境对电波传播有什么影响？

1.3　为什么白天和夜间 HF 无线电通信需要使用不同频率？

1.4　无线电波有哪些主要的传播机制？分析每种传播机制的主要应用，以及频率对传播机制的影响。

第 2 章 电波传播的基本原理

本章主要介绍电波传播的基本原理，首先介绍麦克斯韦方程组，并由此推导出电磁波所满足的波动方程；然后以平面波为例，讨论波动方程的求解、波的极化以及波在分界面的反射和折射；最后讨论了电波在自由空间的传播，简单介绍了传输媒质对电波传播的影响以及射线的曲率半径，并定义了 K 因子。

2.1 麦克斯韦方程组

麦克斯韦在法拉第等人提出的静电场和稳恒磁场理论的基础上，提出了涡旋电场和位移电流的概念，从而发展了一套完整的电磁理论体系。这套理论体系可用一组方程来表述，这组方程组又称为麦克斯韦方程组。麦克斯韦方程组及由它导出的波动方程、能量和动量守恒定律，定量地描述了场、源的变化规律，揭示了场的物质属性，是研究电磁理论的基本方程。

麦克斯韦方程组由 4 个方程构成，其积分形式为

$$\oint_S \boldsymbol{D} \cdot \mathrm{d}\boldsymbol{S} = \sum_i q_i = \int_V \rho \mathrm{d}V \tag{2.1}$$

$$\oint_S \boldsymbol{B} \cdot \mathrm{d}\boldsymbol{S} = 0 \tag{2.2}$$

$$\oint_l \boldsymbol{E} \cdot \mathrm{d}\boldsymbol{l} = -\int_S \frac{\partial \boldsymbol{B}}{\partial t} \cdot \mathrm{d}\boldsymbol{S} \tag{2.3}$$

$$\oint_l \boldsymbol{H} \cdot \mathrm{d}\boldsymbol{l} = \sum_i \boldsymbol{J}_i + \int_S \frac{\partial \boldsymbol{D}}{\partial t} \cdot \mathrm{d}\boldsymbol{S} \tag{2.4}$$

将数学中的高斯(Gauss)散度定理(高斯公式)

$$\oint_S \boldsymbol{F} \cdot \mathrm{d}\boldsymbol{S} = \int_V \nabla \cdot \boldsymbol{F} \mathrm{d}V \tag{2.5}$$

和斯托克斯(Stokes)定理

$$\oint_l \boldsymbol{F} \cdot \mathrm{d}\boldsymbol{l} = \oint_S \nabla \times \boldsymbol{F} \cdot \mathrm{d}\boldsymbol{S} \tag{2.6}$$

应用于式(2.1)～式(2.4)，可得麦克斯韦方程组的微分形式：

$$\nabla \cdot \boldsymbol{D} = \rho \tag{2.7}$$

$$\nabla \cdot \boldsymbol{B} = 0 \tag{2.8}$$

$$\nabla \times \boldsymbol{E} = -\frac{\partial \boldsymbol{B}}{\partial \boldsymbol{t}} \tag{2.9}$$

$$\nabla \times \boldsymbol{H} = \frac{\partial \boldsymbol{D}}{\partial t} + \boldsymbol{J} \tag{2.10}$$

式中，$\boldsymbol{E}$ 为电场强度，单位为 V/m；$\boldsymbol{D}$ 为电位移矢量，单位为$\mathrm{C/m^2}$；$\boldsymbol{B}$ 为磁感应强度，单

位为 T；$\boldsymbol{H}$ 为磁场强度，单位为 A/m；ρ 为自由电荷体密度；$\boldsymbol{J}$ 为传导电流密度；所有这些场量，都是空间坐标和时间的函数。

麦克斯韦方程组给出了电磁波场量以及场和源之间的关系，式中 ρ 和 $\boldsymbol{J}$ 可以理解为电磁波的源，它们可以通过电荷守恒定理(或称电荷连续性方程)联系起来。对式(2.10)两边求散度，并考虑到常矢量方程 $\nabla\cdot(\nabla\times\boldsymbol{A})=0$ 以及式(2.7)，可得电流连续性方程的表达式：

$$\nabla\cdot\boldsymbol{J}+\frac{\partial\rho}{\partial t}=0 \tag{2.11}$$

该式表明，从任一闭合面流出电流都意味着该闭合面内的电荷减少。对于时变电磁场，式(2.7)～式(2.11)这 5 个方程中只有 3 个是独立的。如对式(2.9)两边同时取散度，并考虑矢量恒等式 $\nabla\cdot(\nabla\times\boldsymbol{A})=0$，可以得到式(2.8)。习惯上认为麦克斯韦方程组中两个旋度方程是独立方程，或称为基本方程，两个散度方程称为辅助方程。当然，以上所述独立方程和辅助方程不是绝对的，一般情况下，独立方程成立时，辅助方程也成立。

麦克斯韦方程组式(2.7)～式(2.10)、电流连续性方程式(2.11)连同洛仑兹力方程

$$\boldsymbol{F}=q\boldsymbol{E}+q(\boldsymbol{v}\times\boldsymbol{B}) \tag{2.12}$$

构成了经典电动力学的基础，再加上牛顿第二定律就可以完全确定电磁场和带电粒子的运动。

电磁波的传播过程实际上是电磁波与媒质相互作用的过程，因此讨论电磁波的传播，除了考虑麦克斯韦方程所描述的场属性，还必须考虑媒质的特性及其对电磁波传播的影响。媒质中包含带电粒子，当把该媒质置于电磁场时，这些带电粒子将与电磁场相互作用，从而改变电磁波的传播特性。在此不从微观角度去讨论媒质与电磁场的相互作用，只从宏观上给出与媒质电磁特性相关的场量之间或源与场量之间的关系，这些关系称为本构关系。本构关系是根据电磁场作用之下的媒质分子极化和磁化或电子传导的机理，并通过实验总结出来的。所以本构关系提供了对各种媒质的一种描述，包括电介质、磁介质和导电媒质。

本构关系包括三个方程。第一个方程描述了电位移矢量 $\boldsymbol{D}$ 与电场强度 $\boldsymbol{E}$ 之间的关系，第二个方程描述了磁感应强度 $\boldsymbol{B}$ 与磁场强度 $\boldsymbol{H}$ 的关系，第三个方程给出了传导电流密度 $\boldsymbol{J}$ 与电场强度 $\boldsymbol{E}$ 之间的关系。

$$\boldsymbol{D}=\varepsilon\boldsymbol{E} \tag{2.13}$$

$$\boldsymbol{B}=\mu\boldsymbol{H} \tag{2.14}$$

$$\boldsymbol{J}=\sigma\boldsymbol{E} \tag{2.15}$$

式中，介电常数 ε、磁导率 μ 和电导率 σ 为媒质的本构参数，它们通常是场强、位置和频率的函数。这些参数可以用来表征媒质的电特性。在真空中，这几个参数的值分别为 $\varepsilon_0=1/(36\pi)\times10^{-9}=8.85\times10^{-12}$ F/m(真空介电常数)，$\mu_0=4\pi\times10^{-7}$ H/m(真空磁导率)，$\sigma=0$(真空电导率)。根据介电常数 ε 和磁导率 μ 的不同，媒质可以分为线性和非线性、均匀与非均匀、各向同性与各向异性、色散与非色散等。如果所有本构参数都与场强无关，则称为线性媒质，否则为非线性媒质；如果本构参数与位置无关，则为均匀媒质，否则为非均匀媒质；如果本构参数与入射场的方向无关，则为各向同性媒质，否则为各向异性媒质；如果本构参数是频率的函数，则为色散媒质，否则为非色散媒质。

微分形式的麦克斯韦方程组可以应用于任何连续介质内部，而在两介质分界面处，由于面电荷、电流的出现，物理量发生突变，微分形式的麦克斯韦方程组不再适用。在介质分界面上，我们需要考虑新的描述界面两侧的场量 $\boldsymbol{D}$、$\boldsymbol{B}$、$\boldsymbol{E}$、$\boldsymbol{H}$ 以及界面上电荷、电流的关系，即电磁场的边界条件。边界条件可以由积分形式的麦克斯韦方程组导出。

电磁场在分界面上满足的边界条件有

$$\hat{\boldsymbol{n}} \times (\boldsymbol{H}_2 - \boldsymbol{H}_1) = \boldsymbol{J}_s \tag{2.16}$$

$$\hat{\boldsymbol{n}} \times (\boldsymbol{E}_2 - \boldsymbol{E}_1) = 0 \tag{2.17}$$

$$\hat{\boldsymbol{n}} \cdot (\boldsymbol{B}_2 - \boldsymbol{B}_1) = 0 \tag{2.18}$$

$$\hat{\boldsymbol{n}} \cdot (\boldsymbol{D}_2 - \boldsymbol{D}_1) = \rho_s \tag{2.19}$$

式中，$\hat{\boldsymbol{n}}$ 表示由区域 1 指向区域 2 的法向单位矢量，如图 2.1 所示，下标 1 和 2 分别表示场量所在的区域，$\boldsymbol{J}_s$ 表示表面电流密度，ρ_s 表示表面电荷密度。

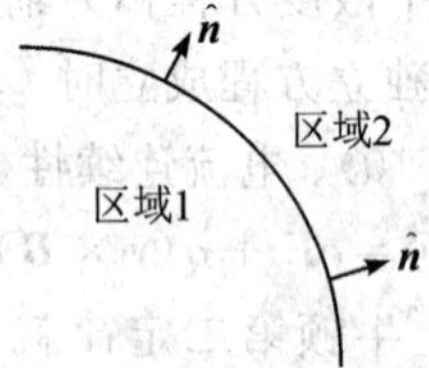

图 2.1　两种媒质边界的单位矢量

若两种媒质均为理想介质，此时既没有自由电荷，也没有传导电流，则其边界条件为

$$\hat{\boldsymbol{n}} \times (\boldsymbol{H}_2 - \boldsymbol{H}_1) = 0 \tag{2.20}$$

$$\hat{\boldsymbol{n}} \times (\boldsymbol{E}_2 - \boldsymbol{E}_1) = 0 \tag{2.21}$$

$$\hat{\boldsymbol{n}} \cdot (\boldsymbol{B}_2 - \boldsymbol{B}_1) = 0 \tag{2.22}$$

$$\hat{\boldsymbol{n}} \cdot (\boldsymbol{D}_2 - \boldsymbol{D}_1) = 0 \tag{2.23}$$

式(2.20)～式(2.23)表明，在两种理想介质分界面，$\boldsymbol{E}$、$\boldsymbol{H}$ 的切向分量和 $\boldsymbol{D}$、$\boldsymbol{B}$ 的法向分量都是连续的。

良导体(如银、铜等)的电导率 σ 很大，可近似为理想导体，此时在理想导体内部时变场 $\boldsymbol{E}=0$、$\boldsymbol{B}=0$，自由电荷和电流都集中在导体表面无限薄的表层内，则其边界条件为

$$\hat{\boldsymbol{n}} \times \boldsymbol{H} = \boldsymbol{J}_s \tag{2.24}$$

$$\hat{\boldsymbol{n}} \times \boldsymbol{E} = 0 \tag{2.25}$$

$$\hat{\boldsymbol{n}} \cdot \boldsymbol{B} = 0 \tag{2.26}$$

$$\hat{\boldsymbol{n}} \cdot \boldsymbol{D} = \rho_s \tag{2.27}$$

式中，$\hat{\boldsymbol{n}}$ 垂直导体表面向外。式(2.24)～式(2.27)表明，在理想导体表面，电场总是垂直于导体表面，而磁场总是平行于表面；矢量 $\boldsymbol{D}$ 在数值上等于自由电荷面密度 ρ_s，矢量 $\boldsymbol{H}$ 在数值上等于面电流密度 $\boldsymbol{J}_s$。

在许多涉及电磁波的实际应用中，场量 $\boldsymbol{D}$、$\boldsymbol{B}$、$\boldsymbol{H}$、$\boldsymbol{E}$ 和源量 ρ_s、$\boldsymbol{J}_s$ 均随时间 t 作正弦或余弦变化，即所谓的时谐电磁场。在本书中，使用 $\mathrm{e}^{\mathrm{j}\omega t}$ 来表示时间变化($\omega=2\pi f$ 为角频率，f 为频率，$\mathrm{j}=\sqrt{-1}$ 为虚数单位)，此时时谐场量的瞬时式与复相量式之间有如下关系(以电场强度矢量 $\boldsymbol{E}$ 为例)：

$$\boldsymbol{E}(r, t) = \mathrm{Re}[\boldsymbol{E}(r)\mathrm{e}^{\mathrm{j}\omega t}] \tag{2.28}$$

式中，Re 表示取复数的实部(注意，在这里我们并没有使用不同符号来分别表示瞬时式和相量式，因为没有这个必要)。考虑到时间因子 $e^{j\omega t}$，此时场矢量对时间 t 的微分可以写为

$$\frac{\partial}{\partial t}[\boldsymbol{E}(r)e^{j\omega t}]=j\omega\boldsymbol{E}(r)e^{j\omega t} \tag{2.29}$$

替换场矢量的形式并消去方程两边都有的 $e^{j\omega t}$，便可以得到麦克斯韦方程组和电流连续性方程的相量形式(即正弦稳态形式)：

$$\nabla\cdot\boldsymbol{D}=\rho \tag{2.30}$$

$$\nabla\cdot\boldsymbol{B}=0 \tag{2.31}$$

$$\nabla\times\boldsymbol{E}=-j\omega\boldsymbol{B} \tag{2.32}$$

$$\nabla\times\boldsymbol{H}=j\omega\boldsymbol{D}+\boldsymbol{J} \tag{2.33}$$

$$\nabla\cdot\boldsymbol{J}+j\omega\rho=0 \tag{2.34}$$

对比式(2.7)～式(2.11)和式(2.30)～式(2.34)，这两种表现形式之间可以通过如下简单步骤来转换：

(1) 将式中的瞬时场量替换为对应的相量式，或者相反。

(2) 将 $\partial/\partial t$ 替换为 $j\omega$，或者相反。

时谐场的边界条件与一般时变场的边界条件基本相同，唯一的区别是将其中的瞬时场换成对应的相量式。

2.2　能量守恒定理

克服距离上的障碍，迅速而准确地对信息进行远距离传递是无线通信的主要任务。要实现这个目的，必须将电磁波能量传递与电磁波现象联系起来考虑，这样，即使传播路径上没有媒质的存在，也能实现能量传递。

为了推导电磁波能量传递所满足的方程，考虑图 2.2 所示的区域 V(由 μ、ε、σ 表征)，其表面为 S(外法向为 $\hat{\boldsymbol{n}}$)。在该区域内存在电流源 $\boldsymbol{J}$，由该电流源所产生的区域内电磁场为 $\boldsymbol{E}$、$\boldsymbol{H}$，这些场满足麦克斯韦方程组：

$$\nabla\times\boldsymbol{E}=-\frac{\partial\boldsymbol{B}}{\partial t} \tag{2.35}$$

$$\nabla\times\boldsymbol{H}=\frac{\partial\boldsymbol{D}}{\partial t}+\boldsymbol{J} \tag{2.36}$$

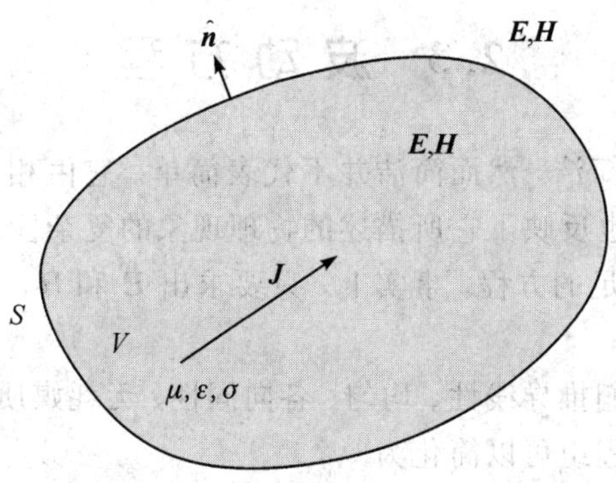

图 2.2　面 S 内由 $\boldsymbol{J}$ 产生的电磁场

将式(2.35)和(2.36)两边分别乘以 $\boldsymbol{H}$ 和 $\boldsymbol{E}$，并相减，可得

$$\boldsymbol{H}\cdot(\nabla\times\boldsymbol{E})-\boldsymbol{E}\cdot(\nabla\times\boldsymbol{H})=-\boldsymbol{H}\cdot\frac{\partial\boldsymbol{B}}{\partial t}-\boldsymbol{E}\cdot\frac{\partial\boldsymbol{D}}{\partial t}-\boldsymbol{E}\cdot\boldsymbol{J} \tag{2.37}$$

考虑矢量恒等式

$$\nabla\cdot(\boldsymbol{A}\times\boldsymbol{B})=\boldsymbol{B}\cdot(\nabla\times\boldsymbol{A})-\boldsymbol{A}\cdot(\nabla\times\boldsymbol{B}) \tag{2.38}$$

式(2.37)可写为

$$\nabla\cdot(\boldsymbol{E}\times\boldsymbol{H})+\boldsymbol{H}\cdot\frac{\partial\boldsymbol{B}}{\partial t}+\boldsymbol{E}\cdot\frac{\partial\boldsymbol{D}}{\partial t}+\boldsymbol{E}\cdot\boldsymbol{J}=0 \tag{2.39}$$

对上式两边进行体积分，并应用数学散度定理，有

$$\int_S(\boldsymbol{E}\times\boldsymbol{H})\cdot\mathrm{d}\boldsymbol{S}+\int_V\left[\boldsymbol{H}\cdot\frac{\partial\boldsymbol{B}}{\partial t}+\boldsymbol{E}\cdot\frac{\partial\boldsymbol{D}}{\partial t}\right]\mathrm{d}V=-\int_V\boldsymbol{E}\cdot\boldsymbol{J}\,\mathrm{d}V \tag{2.40}$$

式(2.39)和式(2.40)可以理解为能量守恒定理的微分和积分形式。为此，我们讨论式(2.40)的每项。式(2.40)第一项被积函数 $\boldsymbol{S}=\boldsymbol{E}\times\boldsymbol{H}$ 称为坡印亭矢量，表示功率流密度(单位为 $\mathrm{W/m^2}$)。因此，第一项 $\int_S(\boldsymbol{E}\times\boldsymbol{H})\cdot\mathrm{d}\boldsymbol{S}$ 代表流出面 $\boldsymbol{S}$ 的总功率。第二项被积函数 $\boldsymbol{H}\cdot\frac{\partial\boldsymbol{B}}{\partial t}+\boldsymbol{E}\cdot\frac{\partial\boldsymbol{D}}{\partial t}=\frac{\partial w}{\partial t}$ 表示所储电能和磁能的时间变化率，w 表示能量密度，$-\boldsymbol{E}\cdot\boldsymbol{J}$ 表示电流 $\boldsymbol{J}$ 所供给的功率。

如果电磁场为时谐场，其电场和磁场可以写为

$$\boldsymbol{E}(x, y, z; t)=\mathrm{Re}[\boldsymbol{E}(x, y, z)\mathrm{e}^{\mathrm{j}\omega t}]=\frac{1}{2}[\boldsymbol{E}\mathrm{e}^{\mathrm{j}\omega t}+(\boldsymbol{E}\mathrm{e}^{\mathrm{j}\omega t})^*] \tag{2.41}$$

$$\boldsymbol{H}(x, y, z; t)=\mathrm{Re}[\boldsymbol{H}(x, y, z)\mathrm{e}^{\mathrm{j}\omega t}]=\frac{1}{2}[\boldsymbol{H}\mathrm{e}^{\mathrm{j}\omega t}+(\boldsymbol{H}\mathrm{e}^{\mathrm{j}\omega t})^*] \tag{2.42}$$

式中 * 表示复共轭。将式(2.41)和式(2.42)代入 $\boldsymbol{S}=\boldsymbol{E}\times\boldsymbol{H}$ 中，可得

$$\boldsymbol{S}=\frac{1}{2}[\mathrm{Re}(\boldsymbol{E}\times\boldsymbol{H}^*)+\mathrm{Re}(\boldsymbol{E}\times\boldsymbol{H}\mathrm{e}^{\mathrm{j}2\omega t})] \tag{2.43}$$

对上式在一个时间周期内求平均，可得

$$\boldsymbol{S}_{\mathrm{av}}=\frac{1}{2}\mathrm{Re}(\boldsymbol{E}\times\boldsymbol{H}^*) \tag{2.44}$$

式(2.44)即为时谐场所对应的平均坡印亭矢量。

2.3 波动方程

麦克斯韦方程组非常简洁，然而简洁并不代表简单。它由相互耦合的 4 个矢量微分方程组成，其数学的复杂性也反映了它所描述的物理现象的复杂性。为了求解这些电磁矢量，必须找到每个矢量各自满足的方程。事实上，只要求出 $\boldsymbol{E}$ 和 $\boldsymbol{H}$，便不难由结构方程确定 $\boldsymbol{D}$ 和 $\boldsymbol{B}$。

为简单计算，在此我们推导线性、均匀、各向同性、无耗媒质中 $\boldsymbol{E}$ 和 $\boldsymbol{H}$ 所满足的方程。在此条件下，麦克斯韦方程组可以简化为

$$\nabla\cdot\boldsymbol{E}=\frac{\rho}{\varepsilon} \tag{2.45}$$

$$\nabla \cdot \boldsymbol{H}=0 \tag{2.46}$$

$$\nabla \times \boldsymbol{E}=-\mu \frac{\partial \boldsymbol{H}}{\partial t} \tag{2.47}$$

$$\nabla \times \boldsymbol{H}=\varepsilon \frac{\partial \boldsymbol{E}}{\partial t}+\boldsymbol{J} \tag{2.48}$$

对式(2.47)两边同时取旋度，并考虑式(2.48)，有

$$\nabla \times \nabla \times \boldsymbol{E}+\mu\varepsilon \frac{\partial^2 \boldsymbol{E}}{\partial t^2}=-\mu \frac{\partial \boldsymbol{J}}{\partial t} \tag{2.49}$$

考虑矢量恒等式$\nabla \times \nabla \times \boldsymbol{A}=\nabla(\nabla \cdot \boldsymbol{A})-\nabla^2 \boldsymbol{A}$，并利用式(2.45)，可得

$$\nabla^2 \boldsymbol{E}-\mu\varepsilon \frac{\partial^2 \boldsymbol{E}}{\partial t^2}=\mu \frac{\partial \boldsymbol{J}}{\partial t}+\nabla\left(\frac{\rho}{\varepsilon}\right) \tag{2.50}$$

类似可得磁场强度的波动方程：

$$\nabla^2 \boldsymbol{H}-\mu\varepsilon \frac{\partial^2 \boldsymbol{H}}{\partial t^2}=-\nabla \times \boldsymbol{J} \tag{2.51}$$

式(2.50)和式(2.51)即称为电磁场量的非齐次波动方程，式中的∇^2为拉普拉斯算子。式(2.50)和式(2.51)表明电磁波以波的形式运动变化，而电荷和电流是电磁波的源。在无源区域($\rho=0$，$\boldsymbol{J}=0$)，它们就变为了齐次波动方程

$$\nabla^2 \boldsymbol{E}-\mu\varepsilon \frac{\partial^2 \boldsymbol{E}}{\partial t^2}=0 \tag{2.52}$$

$$\nabla^2 \boldsymbol{H}-\mu\varepsilon \frac{\partial^2 \boldsymbol{H}}{\partial t^2}=0 \tag{2.53}$$

令

$$v=\frac{1}{\sqrt{\mu\varepsilon}} \tag{2.54}$$

则式(2.52)～式(2.53)可写成

$$\nabla^2 \boldsymbol{E}-\frac{1}{v^2} \frac{\partial^2 \boldsymbol{E}}{\partial t^2}=0 \tag{2.55}$$

$$\nabla^2 \boldsymbol{H}-\frac{1}{v^2} \frac{\partial^2 \boldsymbol{H}}{\partial t^2}=0 \tag{2.56}$$

这表明在无耗媒质中，离开了波源的电磁波，即使波源消失，波也将永远向前传播，v即为电磁波的传播速度。

对于时谐场，考虑到时间因子 $e^{j\omega t}$ 以及变换$\partial/\partial t \to j\omega$，式(2.50)和式(2.51)可化为非齐次亥姆霍兹方程

$$\nabla^2 \boldsymbol{E}+k^2 \boldsymbol{E}=j\omega\mu \boldsymbol{J}+\nabla\left(\frac{\rho}{\varepsilon}\right) \tag{2.57}$$

$$\nabla^2 \boldsymbol{H}+k^2 \boldsymbol{H}=-\nabla \times \boldsymbol{J} \tag{2.58}$$

式中，$k=\omega\sqrt{\mu\varepsilon}$为媒质中的波数，$\omega$为角频率，在真空中，$k_0=\omega\sqrt{\mu_0\varepsilon_0}$为真空中的波数。$v=1/\sqrt{\mu\varepsilon}$即为电磁波在媒质中的传播速度，若在真空中，波的传播速度变为$v=1/\sqrt{\mu_0\varepsilon_0}$，将真空中介电常数和磁导率代入，易得真空中波的传播速度等于光的传播速度，证明了光波是电磁波。

在无源空间，式(2.57)～式(2.58)即变成齐次亥姆霍兹方程

$$\nabla^2 \boldsymbol{E} + k^2 \boldsymbol{E} = 0 \tag{2.59}$$

$$\nabla^2 \boldsymbol{H} + k^2 \boldsymbol{H} = 0 \tag{2.60}$$

注意，满足麦克斯韦方程组的场必定满足波动方程，但满足波动方程的场不一定满足麦克斯韦方程组，即式(2.59)和式(2.60)本身的解并不保证满足$\nabla \cdot \boldsymbol{E}=0$和$\nabla \cdot \boldsymbol{H}=0$。因此，对式(2.59)和式(2.60)的解必须加上条件$\nabla \cdot \boldsymbol{E}=0$和$\nabla \cdot \boldsymbol{H}=0$才能代表电磁波的解。通常先由亥姆霍兹方程求出磁场或电场，再由麦克斯韦方程去求另一场量，从而所求电磁场必定是实际存在的。

2.4 平面波和球面波

2.4.1 均匀无耗介质中的平面波

在直角坐标系下，矢量波动方程式(2.57)～式(2.60)均可以写成三个标量波动方程。为了方便，在此我们只讨论无源($\rho=0$，$\boldsymbol{J}=0$)、无耗($\sigma=0$)空间波动方程的解。此时电磁场满足矢量波动方程式(2.59)和式(2.60)。由于式(2.59)和式(2.60)有相同的形式，在此只考虑式(2.59)的求解，式(2.60)的解可以通过交换$\boldsymbol{E}$和$\boldsymbol{H}$直接获得。

在直角坐标系下，电场$\boldsymbol{E}$的解具有如下形式：

$$\boldsymbol{E}(x, y, z) = \hat{\boldsymbol{x}}\boldsymbol{E}_x(x, y, z) + \hat{\boldsymbol{y}}\boldsymbol{E}_y(x, y, z) + \hat{\boldsymbol{z}}\boldsymbol{E}_z(x, y, z) \tag{2.61}$$

将式(2.61)代入式(2.59)，得到

$$\nabla^2 \boldsymbol{E} + k^2 \boldsymbol{E} = \nabla^2(\hat{\boldsymbol{x}}\boldsymbol{E}_x + \hat{\boldsymbol{y}}\boldsymbol{E}_y + \hat{\boldsymbol{z}}\boldsymbol{E}_z) + k^2(\hat{\boldsymbol{x}}\boldsymbol{E}_x + \hat{\boldsymbol{y}}\boldsymbol{E}_y + \hat{\boldsymbol{z}}\boldsymbol{E}_z) = 0 \tag{2.62}$$

上式可以分解成三个标量波动方程

$$\nabla^2 E_x + k^2 E_x = 0 \tag{2.63}$$

$$\nabla^2 E_y + k^2 E_y = 0 \tag{2.64}$$

$$\nabla^2 E_z + k^2 E_z = 0 \tag{2.65}$$

这三个方程同样具有相同的形式，因此只要求解了其中一个，另两个可以类似得到，在此我们只求解式(2.63)。直角坐标系下，式(2.63)可以展开为

$$\nabla^2 E_x + k^2 E_x = \frac{\partial^2 E_x}{\partial x^2} + \frac{\partial^2 E_x}{\partial y^2} + \frac{\partial^2 E_x}{\partial z^2} + k^2 E_x = 0 \tag{2.66}$$

根据分离变量法，设E_x有如下形式：

$$E_x(x, y, z) = f(x)g(y)h(z) \tag{2.67}$$

将式(2.67)代入式(2.66)，得

$$\frac{\partial^2 f}{\partial x^2}gh + \frac{\partial^2 g}{\partial y^2}fh + \frac{\partial^2 h}{\partial z^2}fg + k^2 fgh = 0 \tag{2.68}$$

由于f、g、h都只是一个变量的函数，上式中的偏微分可以写成常微分，同时上式两边除以fgh可得

$$\frac{1}{f}\frac{\partial^2 f}{\partial x^2} + \frac{1}{g}\frac{\partial^2 g}{\partial y^2} + \frac{1}{h}\frac{\partial^2 h}{\partial z^2} = -k^2 \tag{2.69}$$

由于上式中的每一项都只是某个变量的函数，因此上式可以分解为三个方程

$$\frac{\partial^2 f}{\partial x^2}=-k_x^2 f \tag{2.70}$$

$$\frac{\partial^2 g}{\partial y^2}=-k_y^2 g \tag{2.71}$$

$$\frac{\partial^2 h}{\partial z^2}=-k_z^2 h \tag{2.72}$$

这三个方程称为谐方程，其中分离常数 k_x、k_y、k_z 满足 $k^2=k_x^2+k_y^2+k_z^2$。利用待定系数法可以求得谐方程的解。谐方程的任何解称为谐函数。常用的谐函数有

$$f(k_x x)=\mathrm{e}^{-\mathrm{j}k_x x}\quad \text{其他形式有 } \mathrm{e}^{\mathrm{j}k_x x}、\sin(k_x x)、\cos(k_x x) \tag{2.73}$$

$$g(k_y y)=\mathrm{e}^{-\mathrm{j}k_y y}\quad \text{其他形式有 } \mathrm{e}^{\mathrm{j}k_y y}、\sin(k_y y)、\cos(k_y y) \tag{2.74}$$

$$h(k_z z)=\mathrm{e}^{-\mathrm{j}k_z z}\quad \text{其他形式有 } \mathrm{e}^{\mathrm{j}k_z z}、\sin(k_z z)、\cos(k_z z) \tag{2.75}$$

由式(2.67)可得

$$E_x(k_x x,\ k_y y,\ k_z z)=f(k_x x)g(k_y y)h(k_z z) \tag{2.76}$$

由于谐函数的乘积仍为谐函数，谐函数之和也是谐函数，所以式(2.76)只是方程(2.63)的基本解，其中的分离常数 k_x、k_y、k_z 由具体问题的边界条件决定。

为了求得具体问题的波函数，需要根据实际情况选择适当的谐函数，因此，必须熟悉各种谐函数的数学性质及其物理意义。以 $f(k_x x)$为例，当 $k_x x$ 为正实数时，$\mathrm{e}^{-\mathrm{j}k_x x}$ 表示沿 $+x$ 方向传播的无衰减行波，$\mathrm{e}^{\mathrm{j}k_x x}$ 表示沿 $-x$ 方向传播的无衰减行波，$\sin(k_x x)$、$\cos(k_x x)$代表 x 方向的纯驻波；当 k_x 为复数，且 $\mathrm{Im}(k_x x)<0$ 时，$\mathrm{e}^{-\mathrm{j}k_x x}$ 表示沿 $+x$ 方向传播的衰减行波，$\mathrm{e}^{\mathrm{j}k_x x}$ 表示沿 $-x$ 方向传播的衰减行波，$\sin(k_x x)$、$\cos(k_x x)$代表 x 方向的行驻波；当 k_x 为纯虚数时，$\mathrm{e}^{-\mathrm{j}k_x x}$ 和 $\mathrm{e}^{\mathrm{j}k_x x}$ 分别表示沿 $+x$ 和 $-x$ 方向的倏逝波。倏逝波也叫消逝波、衰逝波，是指由于全反射而在两种不同介质分界面上产生的一种电磁波，其幅值随与分界面相垂直的深度的增大而呈指数形式衰减。

对于均匀无界空间中沿 $\boldsymbol{r}$ 方向传播的均匀平面电磁波，方程(2.63)的解可写为

$$E_x=E_{0x}\mathrm{e}^{-\mathrm{j}\boldsymbol{k}\cdot\boldsymbol{r}} \tag{2.77}$$

式中，有

$$\boldsymbol{k}=k_x\hat{\boldsymbol{x}}+k_y\hat{\boldsymbol{y}}+k_z\hat{\boldsymbol{z}},\quad \boldsymbol{r}=x\hat{\boldsymbol{x}}+y\hat{\boldsymbol{y}}+z\hat{\boldsymbol{z}} \tag{2.78}$$

同理可得

$$E_y=E_{0y}\mathrm{e}^{-\mathrm{j}\boldsymbol{k}\cdot\boldsymbol{r}} \tag{2.79}$$

$$E_z=E_{0z}\mathrm{e}^{-\mathrm{j}\boldsymbol{k}\cdot\boldsymbol{r}} \tag{2.80}$$

因此

$$\boldsymbol{E}=E_x\hat{\boldsymbol{x}}+E_y\hat{\boldsymbol{y}}+E_z\hat{\boldsymbol{z}}=E_0\mathrm{e}^{-\mathrm{j}\boldsymbol{k}\cdot\boldsymbol{r}} \tag{2.81}$$

式中

$$\boldsymbol{E}_0=E_{0x}\hat{\boldsymbol{x}}+E_{0y}\hat{\boldsymbol{y}}+E_{0z}\hat{\boldsymbol{z}} \tag{2.82}$$

由 $\nabla\cdot\boldsymbol{E}=0$ 得

$$\boldsymbol{E}_0\cdot\boldsymbol{k}=0 \tag{2.83}$$

上式表明电磁波是横波，$\boldsymbol{E}$ 可以在垂直于 $\boldsymbol{k}$ 的任意方向上振荡。

利用式(2.32)可以求得平面波的磁场

$$\boldsymbol{B}=\frac{1}{-\mathrm{j}\omega}(\nabla \mathrm{e}^{-\mathrm{j}\boldsymbol{k}\cdot\boldsymbol{r}})\times\boldsymbol{E}_0=\frac{1}{\omega}\boldsymbol{k}\times\boldsymbol{E} \tag{2.84}$$

由上式知 $\boldsymbol{B}$ 与 $\boldsymbol{E}$ 和 $\boldsymbol{k}$ 互相垂直，结合式(2.83)和式(2.84)可知，该平面波为 TEM 波(横电磁波)。又由式(2.84)知 $\boldsymbol{B}$ 与 $\boldsymbol{E}$ 同相，振幅比为

$$\left|\frac{\boldsymbol{E}}{\boldsymbol{B}}\right|=\frac{1}{\sqrt{\mu\varepsilon}}=v \tag{2.85}$$

波阻抗 Z 为

$$Z=\left|\frac{\boldsymbol{E}}{\boldsymbol{H}}\right|=\sqrt{\frac{\mu}{\varepsilon}} \tag{2.86}$$

式(2.81)给出了平面波的电场，如果考虑时间因子，则有

$$\boldsymbol{E}=\boldsymbol{E}_0\mathrm{e}^{\mathrm{j}(\omega t-\boldsymbol{k}\cdot\boldsymbol{r})} \tag{2.87}$$

其等相面(确定时刻相位相同的点的集合)方程为

$$\omega t-\boldsymbol{k}\cdot\boldsymbol{r}=C \tag{2.88}$$

令 l 为 $\boldsymbol{r}$ 在 $\boldsymbol{k}$ 方向的投影，则有 $\boldsymbol{k}\cdot\boldsymbol{r}=kl$，从而等相面方程化为

$$\omega t-kl=C \tag{2.89}$$

随着时间推移，等相面也将在空间移动，其移动速度可以通过对式(2.88)微分得到，有

$$\omega-k\frac{\mathrm{d}l}{\mathrm{d}t}=0 \tag{2.90}$$

式中，$\mathrm{d}l/\mathrm{d}t$ 代表了平面波沿 $\boldsymbol{k}$ 方向的相位传播速度，称为相速度，即有

$$v=\frac{\mathrm{d}l}{\mathrm{d}t}=\frac{\omega}{k}=\frac{1}{\sqrt{\mu\varepsilon}} \tag{2.91}$$

在真空中有

$$v=c=\frac{1}{\sqrt{\mu_0\varepsilon_0}}=3\times10^8\ \mathrm{m/s} \tag{2.92}$$

式中，c 为光速。

c 与光在介质中的传播速度之比定义为介质的折射率 n：

$$n=\frac{c}{v}=\sqrt{\mu_r\varepsilon_r} \tag{2.93}$$

μ_r 与 ε_r 为介质的相对磁导率和相对介电常数。

无线电波的空间相位 kl 变化 2π 所经过的距离称为波长，用 λ 表示，有

$$\lambda=\frac{2\pi}{k}=\frac{2\pi}{nk_0}=\frac{\lambda_0}{n} \tag{2.94}$$

时间相位 ωt 变化 2π 所经过的时间称为周期，用 T 表示，有

$$T=\frac{2\pi}{\omega} \tag{2.95}$$

单位时间内所经历的振动周期数称为波的频率，用 f 表示，有

$$f=\frac{1}{T} \tag{2.96}$$

由以上关系可得波长、传播速度和波的频率的关系为

$$\lambda = \frac{v}{f} \tag{2.97}$$

2.4.2　球面波

设均匀、无耗媒质中有一点源，其产生的电波具有球面对称性，点源即为球面球心。考虑到球面对称性，该电波只与观察点到球心的距离 r 以及时间 t 有关，因此，标量波动方程

$$\nabla^2 E + k^2 E = 0 \tag{2.98}$$

式(2.98)的解具有如下形式：

$$E = E(r)\mathrm{e}^{\mathrm{j}\omega t} \tag{2.99}$$

该形式的电波称为球面波。

为了求得式(2.99)中的空间部分 $E(r)$，将波动方程(2.98)在球坐标系(r, θ, φ)中展开，得

$$\frac{1}{r^2}\frac{\partial}{\partial r}\left(r^2\frac{\partial E}{\partial r}\right) + \frac{1}{r^2\sin\theta}\frac{\partial}{\partial\theta}\left(\sin\theta\frac{\partial E}{\partial\theta}\right) + \frac{1}{r^2\sin^2\theta}\frac{\partial^2 E}{\partial\varphi^2} + k^2 E = 0 \tag{2.100}$$

由于 E 与 θ 和 φ 无关，所以式(2.100)中 E 对 θ 和 φ 的导数均为 0，从而变成：

$$\frac{1}{r}\frac{\partial}{\partial r}\left(r^2\frac{\partial E}{\partial r}\right) + k^2(rE) = 0 \tag{2.101}$$

考虑到

$$\frac{1}{r}\frac{\partial}{\partial r}\left(r^2\frac{\partial E}{\partial r}\right) = \frac{\partial^2}{\partial r^2}(rE) \tag{2.102}$$

式(2.101)变为

$$\frac{\partial^2}{\partial r^2}(rE) + k^2(rE) = 0 \tag{2.103}$$

上式有如下通解：

$$E = \frac{E_0\mathrm{e}^{\mathrm{j}(\omega t - kr)}}{r} \tag{2.104}$$

上式即为球面波的典型表达式，其中 E_0 为常数。由式(2.104)可知，球面波的等相面方程为

$$\omega t - kr = C \tag{2.105}$$

等相面方程两边同时对时间 t 求导，可得球面波的相速度仍为

$$v = \frac{\mathrm{d}r}{\mathrm{d}t} = \frac{\omega}{k} \tag{2.106}$$

比较式(2.87)和式(2.104)可以发现，球面波的场强与距离 r 成反比递减，从而无限空间中，球面波的存在是可能的；然而，平面波的场强为常数，意味着在无限空间中场强处处具有有限值，这是不可能的，因为这需要无限大的能量。所以，平面波在无限大空间中是不存在的，它只是球面波的一种近似。当距离 r 足够大时，球面波等相面的局部可以近似看作是平面，在对应空间内的球面波也可以当作平面波处理。

如图 2.3，设 SS' 是由波源 O 所发出的球面波在某时刻的波前，在波的传播路径上放置一个直径为 $PQ=2D$ 的抛物面天线，平面 PQ 与 SS' 相切。当波沿 OO' 投射到平面 PQ 上时，平面 PQ 上的相位与球面波 SS' 等相面的相位之差的最大值为 $k\cdot\overline{RP}$，当 $k\cdot\overline{RP}$ 足够

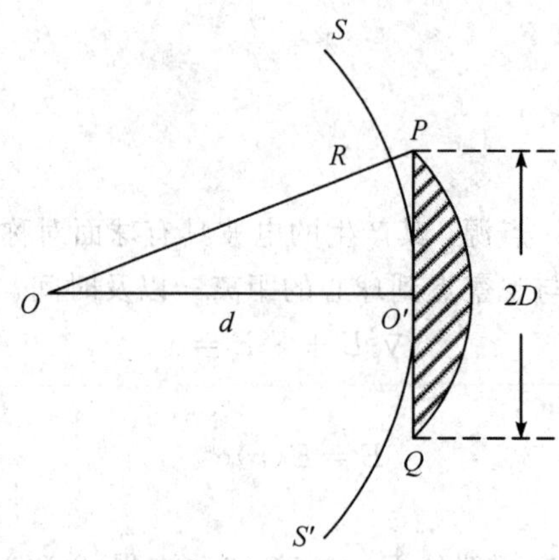

图 2.3 远场近似

小时，可认为面 PQ 和 SS'重合，球面波波前近似认为是平面。通常定义

$$k \cdot \overline{RP} \leqslant \frac{\pi}{m} \tag{2.107}$$

或

$$\overline{RP} \leqslant \frac{\lambda}{2m} \tag{2.108}$$

式中，λ 为波长，m 为控制条件严格程度的参数，通常在 8～16 区间内取 m 的值。m 越大，近似引起的误差就会越小。在电波传播问题中，通常有 $d \gg D$，从而

$$\overline{RP} = \sqrt{d^2 + D^2} - d \approx \frac{D^2}{2d} \tag{2.109}$$

将其代入式(2.108)，有

$$d \geqslant \frac{mD^2}{\lambda} \tag{2.110}$$

或

$$d \geqslant \frac{mfD^2}{c} \tag{2.111}$$

式中，f 为频率，c 为光速。式(2.110)和式(2.111)即远场近似条件。

2.4.3 有耗媒质中的平面波

2.4.1 小节给出的平面波解只适应于简单媒质(即线性、均匀、各向同性、非色散、非导电、时变媒质)，然而，实际电波传播遇到的媒质很多都是有耗的，2.4.1 小节所给平面波解不再适用。下面将讨论存在传导和色散时的平面波解。当媒质存在传导时，电导率 $\sigma \neq 0$，在无源、线性、各向同性媒质内，麦克斯韦方程组的磁场旋度方程为

$$\nabla \times \boldsymbol{H} = \mathrm{j}\omega\varepsilon \boldsymbol{E} + \boldsymbol{J} \tag{2.112}$$

考虑欧姆定理 $\boldsymbol{J} = \sigma \boldsymbol{E}$，式(2.112)可改写为

$$\nabla \times \boldsymbol{H} = \mathrm{j}\omega\left(\varepsilon - \mathrm{j}\frac{\sigma}{\omega}\right)\boldsymbol{E} \tag{2.113}$$

上式中的括号内部分可视为等效介电常数，它是一个复数，用 $\tilde{\varepsilon}$ 表示 ，即

$$\tilde{\varepsilon}=\varepsilon-\mathrm{j}\frac{\sigma}{\omega} \tag{2.114}$$

式(2.114)中的实数部分为介电常数 ε，它反映媒质的极化特性；虚数部分 σ/ω 表示媒质的导电特性，$\sigma\neq0$ 说明媒质是有耗媒质。复介电常数 $\tilde{\varepsilon}$ 是表征媒质电特性的重要参数。相对复介电常数 $\tilde{\varepsilon}_r$ 为

$$\tilde{\varepsilon}_r=\varepsilon_r-\mathrm{j}\frac{\sigma}{\omega\varepsilon_0} \tag{2.115}$$

考虑复介电常数后，磁场旋度方程变为

$$\nabla\times\boldsymbol{H}=\mathrm{j}\omega\tilde{\varepsilon}\boldsymbol{E}=\mathrm{j}\omega\varepsilon_0\tilde{\varepsilon}_r\boldsymbol{E} \tag{2.116}$$

对比无耗媒质中的磁场旋度方程

$$\nabla\times\boldsymbol{H}=\mathrm{j}\omega\varepsilon\boldsymbol{E}=\mathrm{j}\omega\varepsilon_0\varepsilon_r\boldsymbol{E} \tag{2.117}$$

可以发现两式形式完全相同，唯一区别就是将介电常数 ε 换成了复介电常数 $\tilde{\varepsilon}$。此时，相应的波数也变成了复数：

$$\tilde{k}=\omega\sqrt{\mu\tilde{\varepsilon}} \tag{2.118}$$

将式(2.114)代入式(2.118)，有

$$\tilde{k}^2=\omega^2\mu\tilde{\varepsilon}=\omega^2\mu\left(\varepsilon-\mathrm{j}\frac{\sigma}{\omega}\right)=\omega^2\mu\varepsilon-\mathrm{j}\omega\mu\sigma \tag{2.119}$$

将波数分解为实部和虚部：

$$\mathrm{j}\tilde{k}=\alpha+\mathrm{j}\beta \tag{2.120}$$

并将式(2.119)代入式(2.120)，有

$$\begin{cases}\alpha^2-\beta^2=-\omega^2\mu\varepsilon\\ 2\alpha\beta=\omega\mu\sigma\end{cases} \tag{2.121}$$

解之得

$$\begin{cases}\alpha=\omega\sqrt{\dfrac{\varepsilon\mu}{2}\left[\sqrt{1+\left(\dfrac{\sigma}{\varepsilon\omega}\right)^2}-1\right]}\\ \beta=\omega\sqrt{\dfrac{\varepsilon\mu}{2}\left[\sqrt{1+\left(\dfrac{\sigma}{\varepsilon\omega}\right)^2}+1\right]}\end{cases} \tag{2.122}$$

为了讨论 α 和 β 的物理意义，设平面波只有 x 分量，且沿 z 轴传播，则平面波表达式为

$$E_x=E_0\mathrm{e}^{\mathrm{j}(\omega t-\tilde{k}z)} \tag{2.123}$$

将式(2.120)代入式(2.123)，得

$$E_x=E_0\mathrm{e}^{\mathrm{j}\omega t}\mathrm{e}^{-\mathrm{j}\tilde{k}z}=E_0\mathrm{e}^{\mathrm{j}\omega t}\mathrm{e}^{-(\alpha+\mathrm{j}\beta)z}=E_0\mathrm{e}^{\mathrm{j}\omega t}\mathrm{e}^{-\alpha z}\mathrm{e}^{-\mathrm{j}\beta z} \tag{2.124}$$

由上式可以看出，β 发挥着无耗媒质中波数 k 的作用，对应于波相位的传播，称为相位常数；而 $\mathrm{e}^{-\alpha z}$ 为实数，成为振幅的一部分，表示了波的振幅沿 z 轴的衰减，从而称 α 为衰减系数。

穿过有损介质的无线电波会被衰减，在衰减率(e^{α})显著的情况下，波将被迅速衰减。穿透深度是指某种频率的电磁波进入某种介质的深度，习惯上常定义为振幅值衰减到它在表层值的 1/e(约 37%)的距离。在导体或强导电媒质中，穿透深度 δ 由下式表示：

$$\delta=\frac{1}{\alpha}=\frac{1}{\sqrt{\pi f\mu\sigma}}=\sqrt{\frac{2}{\omega\mu\sigma}} \tag{2.125}$$

式中，δ、f、μ、σ 分别表示电波的穿透深度、频率、媒质磁导率和媒质电导率。

由于穿透深度 δ 与频率的平方根$\sqrt{f}$成反比，因此它随着频率的增加而减小。显然，由于 δ 的值很小，无线电波在海水中的传播是有限的且相当困难的。通过简单计算，可以证明频率高于 100 kHz 的电波在陆地和海水中传播时的损耗很大。特别对于 LF 和 VLF 波段，波幅沿传播方向显著衰减，该波段的电波不适合在陆地和海水中长距离传播。

2.4.4 电波的极化

电磁波的电场强度和磁场强度都是矢量，矢量是有方向性的。下面将讨论场矢量的方向问题，即电磁波的极化问题。通常把电场强度矢量的方向定义为电磁波的极化方向。

电磁波的极化大体上可以分为线极化、圆极化和椭圆极化三种。

线极化又分为垂直极化和水平极化。垂直极化是指电磁波的电场强度矢量方向垂直于地面，而水平极化则是平行于地面。

圆极化可分为右旋圆极化和左旋圆极化。判断方法是沿着波的传播方向看，电场矢量末端随时间变化，在垂直于传播方向的平面上沿顺时针方向描画一个圆，则为右旋圆极化；类似地，如果电场矢量末端沿逆时针方向描画一个圆，则为左旋圆极化。需要注意的是，左旋和右旋与时间因子有关，本书给出的是对应时间因子为 $\exp(\mathrm{j}\omega t)$的结论。

椭圆极化也分为右旋椭圆极化和左旋椭圆极化。椭圆极化是指沿波传播方向看，电场矢量末端随时间变化，在垂直于波传播方向的平面上描画出一个椭圆，而右旋和左旋的判断与圆极化相同，如图 2.4 所示。

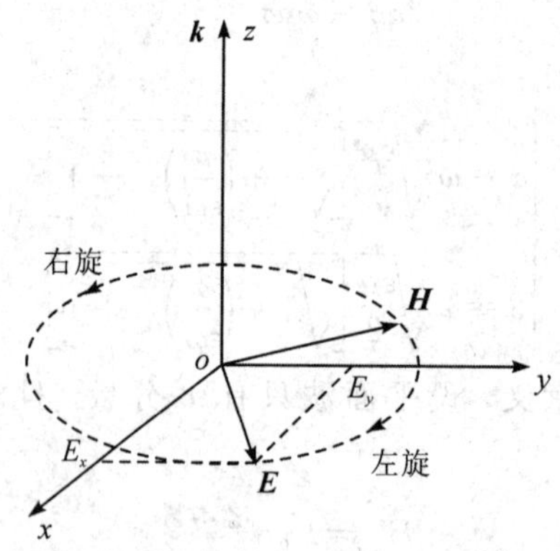

图 2.4 场向量、波矢量和椭圆极化

设单色平面波沿 z 轴传播，电场强度 $\boldsymbol{E}$ 和磁场强度 $\boldsymbol{H}$ 处在 xy 平面，且 $\boldsymbol{E}$、$\boldsymbol{H}$ 和波矢量 $\boldsymbol{k}$ 三者相互垂直。设电场强度的分量 E_x 和 E_y 之间有一个固定相位差 δ，则有

$$E_x=E_1\cos(\omega t-kz) \tag{2.126}$$

$$E_y=E_2\cos(\omega t-kz+\delta) \tag{2.127}$$

式中，E_1 和 E_2 分别为 E_x 和 E_y 的幅度。消去式(2.126)和式(2.127)中的时间因子，可得

$$\frac{E_x^2}{E_1^2}+\frac{E_y^2}{E_2^2}-\frac{2E_xE_y}{E_1E_2}\cos\delta=\sin^2\delta \tag{2.128}$$

此方程代表 xy 平面的椭圆，所以此时的电磁波是椭圆极化波。

当电场分量 E_x 和 E_y 的幅度相等，即 $E_1=E_2$，且相位差 δ 为 $\pi/2$ 的奇数倍，即

$$\delta=\pm(2m-1)\frac{\pi}{2},\quad m=1, 2, 3\cdots \tag{2.129}$$

时，显然式(2.128)变为

$$E_x^2+E_y^2=E_1^2 \tag{2.130}$$

这是以 E_1 为半径的圆方程，此时电磁波为圆极化波。

当电场分量 E_x 和 E_y 的相位差 δ 为 $\pi/2$ 的偶数倍，即

$$\delta=\pm m\pi,\quad m=1, 2, 3\cdots \tag{2.131}$$

时，显然式(2.128)变为

$$E_y=\pm\frac{E_2}{E_1}E_x \tag{2.132}$$

式中，负号对应于 m 为奇数，正号对应于 m 为偶数。式(2.132)表明合成场 $\boldsymbol{E}$ 的末端随时间变化所描出的轨迹为直线，此时电磁波为线极化波。

例 2.1　设均匀平面波磁场为 $\boldsymbol{H}=10^{-6}(\hat{\boldsymbol{y}}+\mathrm{j}\hat{\boldsymbol{z}})\cos(\beta x)$ (A/m)，试求其极化类型。

解：由题意知，波的传播方向为 x 轴方向，由平面波的性质可知，电场只有 y 和 z 分量 E_y 和 E_z。为了得到波的极化类型，需要研究垂直于传播方向平面($x=0$ 平面)内电场随时间的变化。

$$\boldsymbol{E}=-\eta\hat{\boldsymbol{x}}\times\boldsymbol{H}=10^{-6}\times120\pi(\hat{z}-\mathrm{j}\hat{y})\cos(\beta x)\ \mathrm{V/m}$$

$\boldsymbol{E}(x, t)$为

$$\boldsymbol{E}(x, t)=-10^{-6}\times120\pi[\hat{\boldsymbol{z}}\cos(\omega t-\beta x)-\hat{\boldsymbol{y}}\sin(\omega t-\beta x)]$$

在 $x=0$ 平面，有

$$\begin{cases}E_z=-10^{-6}\times120\pi\cos(\omega t)\\E_y=10^{-6}\times120\pi\sin(\omega t)\end{cases}$$

消去上式中的时间因子 t，可得

$$(E_y)^2+(E_z)^2=(10^{-6}\times120\pi)^2=R^2$$

很明显该电波为圆极化波。由 E_y 和 E_z 的表达式可知，当 $\omega t=\pi/2$ 时，$E_z=0$，$E_y=R$，电场位于图 2.5 中的①点，而当 $\omega t=\pi$ 时，$E_z=R$，$E_y=0$，电场位于图中的②点，结合图2.5 中波

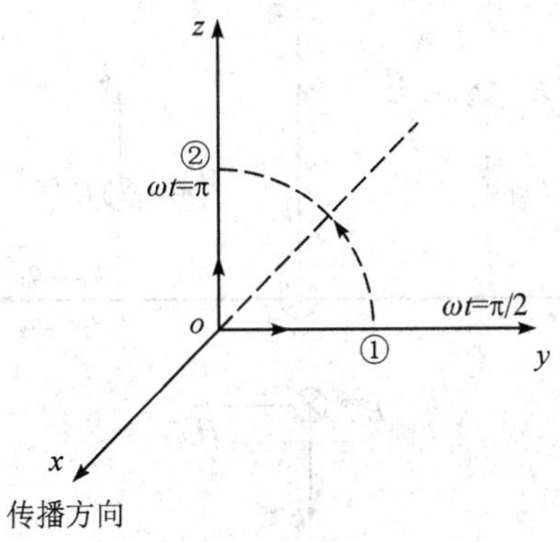

图 2.5　$\boldsymbol{E}$ 随时间的旋转

的传播方向，可知 $\boldsymbol{E}$ 相对于观察者顺时针旋转，从而该电波为右旋圆极化波。

例 2.2 试分析 $\boldsymbol{E}=(A\hat{\boldsymbol{x}}+\mathrm{j}B\hat{\boldsymbol{y}})\mathrm{e}^{-\mathrm{j}\beta z}$ 所表示电波的极化状态。

解：由题意知，电波沿 z 轴传播，在 $z=0$ 平面，电场分量为

$$\begin{cases}E_x=A\cos\omega t\\E_y=B\sin\omega t\end{cases}$$

消去时间因子，得

$$\left(\frac{E_x}{A}\right)^2+\left(\frac{E_y}{B}\right)^2=1$$

电波的极化类型将随着 A 和 B 而变化，若 $A=0$，$B\neq0$，则为垂直极化(线极化)；若 $A\neq0$，$B=0$，则为水平极化(线极化)；若 $A=B\neq0$，则为圆极化；若 $A\neq B\neq0$，则为椭圆极化。

为了确定 $\boldsymbol{E}$ 的旋转，需要在两个不同时刻研究其位置。取 $\omega t=0$ 和 $\omega t=\pi/2$，有

$$\begin{cases}\omega t=0 \quad \Rightarrow \quad E_x=A,\ E_y=0\\\omega t=\pi/2 \quad \Rightarrow \quad E_x=0,\ E_y=B\end{cases}$$

从而可得，若 $A>0$，$B>0$ 则为顺时针，即右旋椭圆极化，若 $A>0$，$B<0$ 则为逆时针，即左旋椭圆极化；若 $A<0$，$B>0$ 则为逆时针，即左旋椭圆极化；若 $A<0$，$B<0$ 则为顺时针，即右旋椭圆极化。

2.5 平面波的反射和折射

很多情况下，电波传播所在的环境(如大气层)可以看作平面或球面分层媒质，当电波在此媒质中传播时，在不同层的分界面处会发生反射和折射。本节将推导平面波在平面层界面的反射和折射。

2.5.1 垂直入射

如图 2.6 所示，设入射电场为 y 极化，沿 $-z$ 方向垂直入射到分界面。则入射场为

$$\boldsymbol{E}^{\mathrm{inc}}=\hat{\boldsymbol{y}}E_0\mathrm{e}^{\mathrm{j}k_1z} \tag{2.133}$$

$$\boldsymbol{H}^{\mathrm{inc}}=\hat{\boldsymbol{x}}\frac{E_0}{\eta_1}\mathrm{e}^{\mathrm{j}k_1z} \tag{2.134}$$

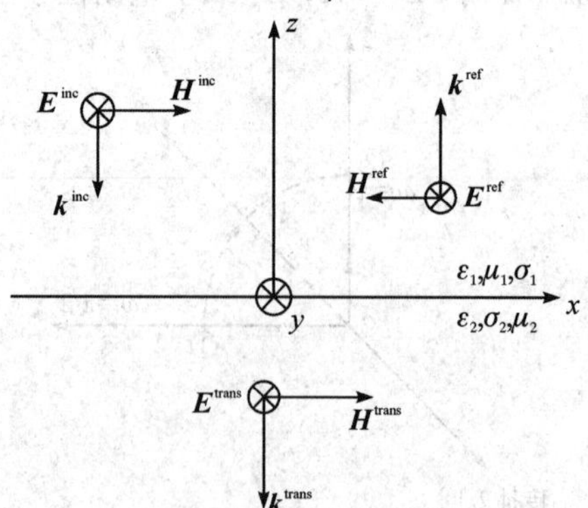

图 2.6 平面波的反射和折射——垂直入射

式中，η_1 为媒质 1 的波阻抗，k_1 为媒质 1 中的波数。对应的反射场和透射场为

$$\boldsymbol{E}^{\text{ref}}=\hat{\boldsymbol{y}}\Gamma E_0\text{e}^{-\text{j}k_1z} \tag{2.135}$$

$$\boldsymbol{H}^{\text{ref}}=-\hat{\boldsymbol{x}}\frac{\Gamma E_0}{\eta_1}\text{e}^{-\text{j}k_1z} \tag{2.136}$$

$$\boldsymbol{E}^{\text{trans}}=\hat{\boldsymbol{y}}TE_0\text{e}^{\text{j}k_2z} \tag{2.137}$$

$$\boldsymbol{H}^{\text{trans}}=\hat{\boldsymbol{x}}\frac{TE_0}{\eta_2}\text{e}^{\text{j}k_2z} \tag{2.138}$$

式中，η_2 为媒质 2 的波阻抗，k_2 为媒质 2 中的波数，Γ 和 T 是待求的反射和透射系数。从而两种媒质中总的电磁场为

$$\boldsymbol{E}_1=\boldsymbol{E}^{\text{inc}}+\boldsymbol{E}^{\text{ref}}=\hat{\boldsymbol{y}}E_0\text{e}^{\text{j}k_1z}+\hat{\boldsymbol{y}}\Gamma E_0\text{e}^{-\text{j}k_1z} \tag{2.139}$$

$$\boldsymbol{H}_1=\boldsymbol{H}^{\text{inc}}+\boldsymbol{H}^{\text{ref}}=\hat{\boldsymbol{x}}\frac{E_0}{\eta_1}\text{e}^{\text{j}k_1z}-\hat{\boldsymbol{x}}\frac{\Gamma E_0}{\eta_1}\text{e}^{-\text{j}k_1z} \tag{2.140}$$

$$\boldsymbol{E}_2=\boldsymbol{E}^{\text{trans}}=\hat{\boldsymbol{y}}TE_0\text{e}^{\text{j}k_2z} \tag{2.141}$$

$$\boldsymbol{H}_2=\boldsymbol{H}^{\text{trans}}=\hat{\boldsymbol{x}}\frac{TE_0}{\eta_2}\text{e}^{\text{j}k_2z} \tag{2.142}$$

由边界条件，在边界 $z=0$，电场和磁场的切向分量连续，可得

$$1+\Gamma=T,\qquad \frac{1}{\eta_1}-\frac{\Gamma}{\eta_1}=\frac{T}{\eta_2} \tag{2.143}$$

解之得

$$\Gamma=\frac{\eta_2-\eta_1}{\eta_2+\eta_1},\quad T=1+\Gamma=\frac{2\eta_2}{\eta_2+\eta_1} \tag{2.144}$$

由式(2.144)可知，若 $\eta_1=\eta_2$，则 $\Gamma=0$，表示无反射波。

2.5.2 斜入射——垂直极化

在讨论斜入射前，需要先定义入射面。通常定义由入射波矢量与分界面法线构成的平面为入射面。从而，任何场的极化可以写成两部分的叠加：平行极化(电场矢量位于入射面内)和垂直极化(电场矢量垂直于入射面)。若分界面为地面，平行极化和垂直极化又分别称为垂直极化和水平极化。平面波斜入射时在分界面处的反射和折射问题分垂直极化和平行极化来处理。

如图 2.7 所示，平面波沿 θ_i 方向入射到分界面 xy 平面($z=0$)，在分界面发生反射和折射。此时，入射、反射和透射波的波矢量 $\boldsymbol{k}$ 分别为

$$\boldsymbol{k}^{\text{inc}}=\hat{\boldsymbol{x}}\boldsymbol{k}_x^{\text{inc}}-\hat{\boldsymbol{z}}\boldsymbol{k}_z^{\text{inc}}=\omega\sqrt{\mu_1\varepsilon_1^\text{e}}\,(\hat{\boldsymbol{x}}\sin\theta_\text{i}-\hat{\boldsymbol{z}}\cos\theta_\text{i}) \tag{2.145}$$

$$\boldsymbol{k}^{\text{ref}}=\hat{\boldsymbol{x}}\boldsymbol{k}_x^{\text{ref}}+\hat{\boldsymbol{z}}\boldsymbol{k}_z^{\text{ref}}=\omega\sqrt{\mu_1\varepsilon_1^\text{e}}\,(\hat{\boldsymbol{x}}\sin\theta_\text{r}+\hat{\boldsymbol{z}}\cos\theta_\text{r}) \tag{2.146}$$

$$\boldsymbol{k}^{\text{trans}}=\hat{\boldsymbol{x}}\boldsymbol{k}_x^{\text{trans}}-\hat{\boldsymbol{z}}\boldsymbol{k}_z^{\text{trans}}=\omega\sqrt{\mu_2\varepsilon_2^\text{e}}\,(\hat{\boldsymbol{x}}\sin\theta_\text{t}-\hat{\boldsymbol{z}}\cos\theta_\text{t}) \tag{2.147}$$

式中，$\mu_1\varepsilon_1^\text{e}$ 和 $\mu_2\varepsilon_2^\text{e}$ 分别为媒质 1 和 2 的磁导率和等效介电常数，θ_r 和 θ_t 为反射角和折射角。式(2.145)～式(2.147)隐含了如下结论：

$$\boldsymbol{k}^{\text{inc}}\cdot\boldsymbol{k}^{\text{inc}}=\boldsymbol{k}^{\text{ref}}\cdot\boldsymbol{k}^{\text{ref}}=\omega^2\mu_1\varepsilon_1^\text{e} \tag{2.148}$$

$$\boldsymbol{k}^{\text{trans}}\cdot\boldsymbol{k}^{\text{trans}}=\omega^2\mu_2\varepsilon_2^\text{e} \tag{2.149}$$

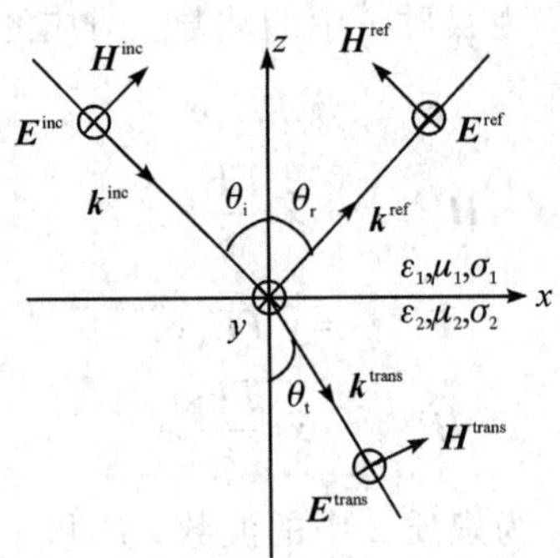

图 2.7 平面波的反射和折射——斜入射(垂直极化)

知道了波矢量 $\boldsymbol{k}$，则入射、反射和透射波电场可写为

$$\boldsymbol{E}^{\text{inc}}=\hat{\boldsymbol{y}}E_{0,\perp}\,\mathrm{e}^{-\mathrm{j}\boldsymbol{k}^{\text{inc}}\cdot\boldsymbol{r}} \tag{2.150}$$

$$\boldsymbol{E}^{\text{ref}}=\hat{\boldsymbol{y}}\Gamma_{\perp}\,E_{0,\perp}\,\mathrm{e}^{-\mathrm{j}\boldsymbol{k}^{\text{ref}}\cdot\boldsymbol{r}} \tag{2.151}$$

$$\boldsymbol{E}^{\text{trans}}=\hat{\boldsymbol{y}}T_{\perp}\,E_{0,\perp}\,\mathrm{e}^{-\mathrm{j}\boldsymbol{k}^{\text{trans}}\cdot\boldsymbol{r}} \tag{2.152}$$

两种媒质中总电场为

$$\boldsymbol{E}_1=\boldsymbol{E}^{\text{inc}}+\boldsymbol{E}^{\text{ref}}=\hat{\boldsymbol{y}}E_{0,\perp}\,\mathrm{e}^{-\mathrm{j}\boldsymbol{k}^{\text{inc}}\cdot\boldsymbol{r}}+\hat{\boldsymbol{y}}\Gamma_{\perp}\,E_{0,\perp}\,\mathrm{e}^{-\mathrm{j}\boldsymbol{k}^{\text{ref}}\cdot\boldsymbol{r}} \tag{2.153}$$

$$\boldsymbol{E}_2=\boldsymbol{E}^{\text{trans}}=\hat{\boldsymbol{y}}T_{\perp}\,E_{0,\perp}\,\mathrm{e}^{-\mathrm{j}\boldsymbol{k}_{\text{trans}}\cdot\boldsymbol{r}} \tag{2.154}$$

在两种介质分界面，电场和磁场必须满足边界条件，即电场和磁场的切向分量连续。这意味着反射场、透射场必须和入射场保持相同的相位变化。从而，入射波、反射波和透射波的波矢量 $\boldsymbol{k}$ 的 x 分量必须相等，或更一般地，波矢量 $\boldsymbol{k}$ 的切向分量必须相等。这就是相位匹配条件。对于反射波，相位匹配条件要求 $k_x^{\text{ref}}=k_x^{\text{inc}}$，将式(2.145)和式(2.146)代入此条件可得，$\theta_r=\theta_i$，这就是反射定理，它给出了反射波的传播方向。

相位匹配条件同样可以用来确定透射波的传播方向。根据相位匹配条件，有

$$k_x^{\text{trans}}=k_x^{\text{inc}} \tag{2.155}$$

而式(2.149)说明

$$(k_x^{\text{trans}})^2+(k_z^{\text{trans}})^2=\omega^2\mu_2\varepsilon_2^{\text{e}} \tag{2.156}$$

结合式(2.155)和式(2.156)，可得

$$(k_z^{\text{trans}})^2=\omega^2\mu_2\varepsilon_2^{\text{e}}-(k_x^{\text{inc}})^2 \tag{2.157}$$

由上可知，一旦 k_x^{inc} 和媒质属性已知，便能得到透射波的波矢量 $\boldsymbol{k}$ 的两个分量。如果两个媒质都是无耗($\sigma=0$)媒质，则存在清晰的传播方向，该关系称为斯涅尔定律(Snell's Law)。在此情况下，$k_x^{\text{trans}}=k_x^{\text{inc}}$，$k_x^{\text{trans}}=\omega\sqrt{\mu_2\varepsilon_2}\sin\theta_t$，从而有

$$\sqrt{\mu_2\varepsilon_2}\sin\theta_t=\sqrt{\mu_1\varepsilon_1}\sin\theta_i \tag{2.158}$$

$$\sin\theta_t=\sqrt{\frac{\mu_1\varepsilon_1}{\mu_2\varepsilon_2}}\sin\theta_i \tag{2.159}$$

上式即为斯涅尔定律更典型的形式。式(2.159)表明，当波从波疏介质入射到波密介质($\mu_1\varepsilon_1<\mu_2\varepsilon_2$)时，透射角小于入射角，即 $\sin\theta_t<\sin\theta_i$，这表明波沿着更靠近法线的方向传播。相反，当波从波密介质入射到波疏介质时，透射角大于入射角，即 $\sin\theta_t>\sin\theta_i$，这表明

波沿着远离法线的方向传播，这种波的弯曲现象称为折射。若两边均是非磁性媒质，则斯涅尔定律退化为

$$\sqrt{\varepsilon_2}\sin\theta_t = \sqrt{\varepsilon_1}\sin\theta_i \tag{2.160}$$

或

$$n_2\sin\theta_t = n_1\sin\theta_i \tag{2.161}$$

式中 $n=\sqrt{\mu\varepsilon^e/\mu_0\varepsilon_0}$（非磁化媒质中 $n=\sqrt{\varepsilon^e/\varepsilon_0}$）称为折射率。

为了推导波的反射和折射系数，还必须知道两种介质中的磁场，其可由关系 $\boldsymbol{H}=(\boldsymbol{k}\times\boldsymbol{E})/\omega\mu$ 计算

$$\boldsymbol{H}_1=\boldsymbol{H}^{\mathrm{inc}}+\boldsymbol{H}^{\mathrm{ref}}=\frac{\hat{\boldsymbol{x}}k_z^{\mathrm{inc}}+\hat{\boldsymbol{z}}k_x^{\mathrm{inc}}}{\omega\mu_1}E_{0,\perp}\,\mathrm{e}^{-\mathrm{j}\boldsymbol{k}^{\mathrm{inc}}\cdot\boldsymbol{r}}+\frac{-\hat{\boldsymbol{x}}\boldsymbol{k}_z^{\mathrm{inc}}+\hat{\boldsymbol{z}}\boldsymbol{k}_x^{\mathrm{inc}}}{\omega\mu_1}\Gamma_\perp E_{0,\perp}\,\mathrm{e}^{-\mathrm{j}\boldsymbol{k}^{\mathrm{ref}}\cdot\boldsymbol{r}} \tag{2.162}$$

$$\boldsymbol{H}_2=\boldsymbol{H}^{\mathrm{trans}}=\frac{\hat{\boldsymbol{x}}k_z^{\mathrm{trans}}+\hat{\boldsymbol{z}}k_x^{\mathrm{inc}}}{\omega\mu_2}T_\perp E_{0,\perp}\,\mathrm{e}^{-\mathrm{j}\boldsymbol{k}^{\mathrm{trans}}\cdot\boldsymbol{r}} \tag{2.163}$$

在 $z=0$ 处应用电场和磁场的边界条件可得

$$1+\Gamma_\perp=T_\perp,\quad \frac{k_z^{\mathrm{inc}}}{\omega\mu_1}(1-\Gamma_\perp)=\frac{k_z^{\mathrm{trans}}}{\omega\mu_2}T_\perp \tag{2.164}$$

解之得

$$\Gamma_\perp=\frac{\mu_2k_z^{\mathrm{inc}}-\mu_1k_z^{\mathrm{trans}}}{\mu_2k_z^{\mathrm{inc}}+\mu_1k_z^{\mathrm{trans}}},\quad T_\perp=\frac{2\mu_2k_z^{\mathrm{inc}}}{\mu_2k_z^{\mathrm{inc}}+\mu_1k_z^{\mathrm{trans}}} \tag{2.165}$$

2.5.3 斜入射——平行极化

平面波沿 θ_i 方向入射到分界面 xy 平面，如图 2.8 所示，在分界面发生反射和折射。此时由于磁场垂直于入射面，其极化在反射和折射过程中不会发生改变，因此讨论平行极化时从磁场入手会更简单。此时，两种媒质中的总磁场为

$$\boldsymbol{H}_1=\boldsymbol{H}_{//}^{\mathrm{inc}}+\boldsymbol{H}_{//}^{\mathrm{ref}}=\hat{\boldsymbol{y}}\,\frac{E_{0,//}}{\eta_1}\mathrm{e}^{-\mathrm{j}\boldsymbol{k}^{\mathrm{inc}}\cdot\boldsymbol{r}}+\hat{\boldsymbol{y}}\,\frac{\Gamma_{//}E_{0,//}}{\eta_1}\mathrm{e}^{-\mathrm{j}\boldsymbol{k}^{\mathrm{ref}}\cdot\boldsymbol{r}} \tag{2.166}$$

$$\boldsymbol{H}_2=\boldsymbol{H}_{//}^{\mathrm{trans}}=\hat{\boldsymbol{y}}\,\frac{T_{//}E_{0,//}}{\eta_2}\mathrm{e}^{-\mathrm{j}\boldsymbol{k}^{\mathrm{trans}}\cdot\boldsymbol{r}} \tag{2.167}$$

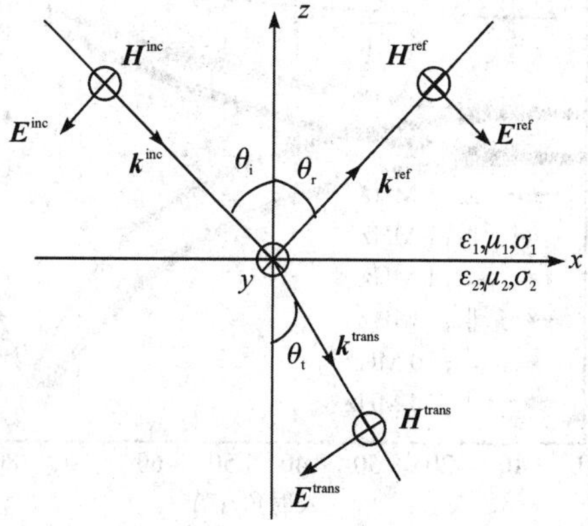

图 2.8 平面波的反射和折射——斜入射(平行极化)

由关系 $\boldsymbol{E}=-(\boldsymbol{k}\times\boldsymbol{H})/\omega\varepsilon$ 可得两种媒质中的电场为

$$\boldsymbol{E}_1=\boldsymbol{E}^{\text{inc}}+\boldsymbol{E}^{\text{ref}}=\frac{-\hat{\boldsymbol{x}}k_z^{\text{inc}}-\hat{\boldsymbol{z}}k_x^{\text{inc}}}{k_1}E_{0,//}\mathrm{e}^{-\mathrm{j}\boldsymbol{k}^{\text{inc}}\cdot\boldsymbol{r}}+\frac{\hat{\boldsymbol{x}}k_z^{\text{inc}}-\hat{\boldsymbol{z}}k_x^{\text{inc}}}{k_1}\Gamma_{//}E_{0,//}\mathrm{e}^{-\mathrm{j}\boldsymbol{k}^{\text{ref}}\cdot\boldsymbol{r}} \tag{2.168}$$

$$\boldsymbol{E}_2=\boldsymbol{E}^{\text{trans}}=\frac{-\hat{\boldsymbol{x}}k_z^{\text{trans}}-\hat{\boldsymbol{z}}k_x^{\text{inc}}}{k_2}T_{//}E_{0,//}\mathrm{e}^{-\mathrm{j}\boldsymbol{k}^{\text{trans}}\cdot\boldsymbol{r}} \tag{2.169}$$

在 $z=0$ 处应用边界条件可得

$$1+\Gamma_{//}=T_{//}\frac{\eta_1}{\eta_2},\quad \frac{k_z^{\text{inc}}}{k_1}(1-\Gamma_{//})=\frac{k_z^{\text{trans}}}{k_2}T_{//} \tag{2.170}$$

解之得

$$\Gamma_{//}=\frac{\varepsilon_2^{\text{e}}k_z^{\text{inc}}-\varepsilon_1^{\text{e}}k_z^{\text{trans}}}{\varepsilon_2^{\text{e}}k_z^{\text{inc}}+\varepsilon_1^{\text{e}}k_z^{\text{trans}}},\quad T_{//}=\frac{2\varepsilon_2^{\text{e}}k_z^{\text{inc}}\eta_2/\eta_1}{\varepsilon_2^{\text{e}}k_z^{\text{inc}}+\varepsilon_1^{\text{e}}k_z^{\text{trans}}} \tag{2.171}$$

下面重点对两种反射系数进行讨论。垂直极化和平行极化的反射系数分别为

$$\Gamma_{\perp}=\frac{\mu_2k_z^{\text{inc}}-\mu_1k_z^{\text{trans}}}{\mu_2k_z^{\text{inc}}+\mu_1k_z^{\text{trans}}},\quad \Gamma_{//}=\frac{\varepsilon_2^{\text{e}}k_z^{\text{inc}}-\varepsilon_1^{\text{e}}k_z^{\text{trans}}}{\varepsilon_2^{\text{e}}k_z^{\text{inc}}+\varepsilon_1^{\text{e}}k_z^{\text{trans}}} \tag{2.172}$$

如果是非磁性介质，$\mu_1=\mu_2=\mu_0$，则反射系数可化为

$$\Gamma_{\perp}=\frac{k_z^{\text{inc}}-k_z^{\text{trans}}}{k_z^{\text{inc}}+k_z^{\text{trans}}},\quad \Gamma_{//}=\frac{\varepsilon_2^{\text{e}}k_z^{\text{inc}}-\varepsilon_1^{\text{e}}k_z^{\text{trans}}}{\varepsilon_2^{\text{e}}k_z^{\text{inc}}+\varepsilon_1^{\text{e}}k_z^{\text{trans}}} \tag{2.173}$$

考虑到 $k_z^{\text{inc}}=\omega\sqrt{\mu_1\varepsilon_1^{\text{e}}}\cos\theta_{\text{i}}$，$k_z^{\text{trans}}=\omega\sqrt{\mu_2\varepsilon_2^{\text{e}}-\mu_1\varepsilon_1^{\text{e}}\sin^2\theta_{\text{i}}}$，有

$$\Gamma_{\perp}=\frac{\cos\theta_{\text{i}}-\sqrt{\varepsilon_2^{\text{e}}/\varepsilon_1^{\text{e}}-\sin^2\theta_{\text{i}}}}{\cos\theta_{\text{i}}+\sqrt{\varepsilon_2^{\text{e}}/\varepsilon_1^{\text{e}}-\sin^2\theta_{\text{i}}}},\quad \Gamma_{//}=\frac{\varepsilon_2^{\text{e}}/\varepsilon_1^{\text{e}}\cos\theta_{\text{i}}-\sqrt{\varepsilon_2^{\text{e}}/\varepsilon_1^{\text{e}}-\sin^2\theta_{\text{i}}}}{\varepsilon_2^{\text{e}}/\varepsilon_1^{\text{e}}\cos\theta_{\text{i}}+\sqrt{\varepsilon_2^{\text{e}}/\varepsilon_1^{\text{e}}-\sin^2\theta_{\text{i}}}} \tag{2.174}$$

图 2.9 为自由空间与湿地分界面的反射系数。从图中可以看出：当 $|\varepsilon_2|>|\varepsilon_1|$ 时，$|\Gamma_{\perp}|\geqslant|\Gamma_{//}|$；当 θ_{i} 趋于 90°(即掠入射)时，两种反射系数都趋于 1；当且令当 $\varepsilon_2^{\text{e}}=\varepsilon_1^{\text{e}}$ 时，$\Gamma_{\perp}=0$；而当 $\varepsilon_2^{\text{e}}/\varepsilon_1^{\text{e}}\cos\theta_{\text{i}}=\sqrt{\varepsilon_2^{\text{e}}/\varepsilon_1^{\text{e}}-\sin^2\theta_{\text{i}}}$ 时，$\Gamma_{//}=0$，此时，$\theta_{\text{i}}=\theta_B=\tan^{-1}\sqrt{\varepsilon_2^{\text{e}}/\varepsilon_1^{\text{e}}}$，$\theta_{\text{B}}$ 称为布儒斯特角(Brewster Angle)。

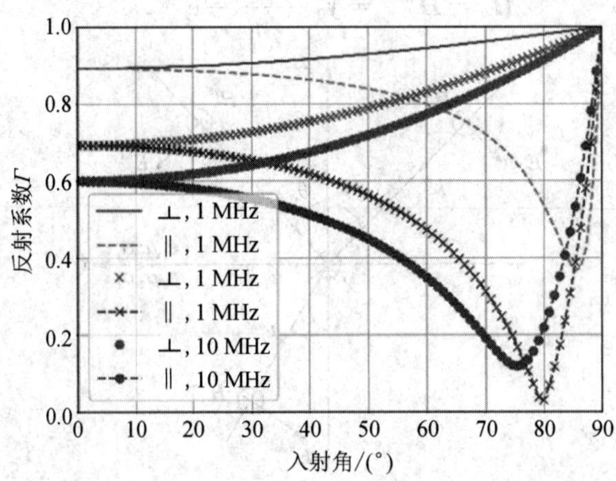

图 2.9　自由空间与湿地分界面的反射系数

2.5.4　全反射

由式(2.174)可知，当入射角满足

$$\sin^2\theta_i = \frac{\varepsilon_2^e}{\varepsilon_1^e} \tag{2.175}$$

时，对任何极化都有

$$\Gamma_\perp = \Gamma_{//} = 1 \tag{2.176}$$

这种现象称为全反射，此时入射角称为临界角。

由斯涅尔定理

$$\frac{\sin\theta_i}{\sin\theta_t} = \sqrt{\frac{\varepsilon_2^e}{\varepsilon_1^e}} \tag{2.177}$$

可知，当入射角大于临界角时

$$\sin\theta_i\sqrt{\frac{\varepsilon_1^e}{\varepsilon_2^e}} = \sin\theta_t > 1 \tag{2.178}$$

此时折射角没有实数解，全反射继续存在。

当发生全反射时，$\sin^2\theta_i = \varepsilon_2^e/\varepsilon_1^e < 1$，要求 $\varepsilon_2^e < \varepsilon_1^e$，即平面波从波密媒质入射到波疏媒质时才会发生全反射。

2.5.5　平面分层介质的折射

基于平面分界面的斯涅尔定律，下面我们考虑平面分层介质的折射。假设在每层分界面两侧，介电常数(折射率)变化很小，从而可以忽略波的反射。如图 2.10 所示，媒质由一系列非磁性平面构成，其折射率分别为 n_0，n_1，…。平面波以入射角 θ_0 入射到第 0 层和第 1 层的分界面上。注意，由于我们忽略了分界面的反射，因此入射波的极化不再重要。

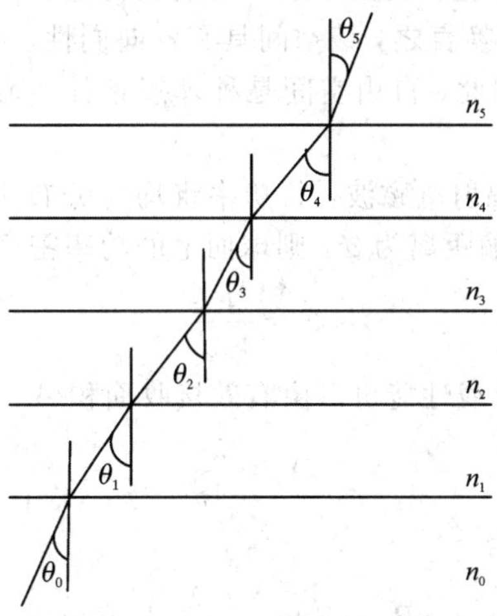

图 2.10　平面分层媒质几何示意图

由斯涅尔定律可知，在第 0 层和第 1 层分界面，满足

$$n_0\sin\theta_0 = n_1\sin\theta_1 \tag{2.179}$$

类似地，在第 1 层和第 2 层分界面，满足

$$n_1 \sin\theta_1 = n_2 \sin\theta_2 \tag{2.180}$$

由式(2.179)和式(2.180)有

$$n_0 \sin\theta_0 = n_2 \sin\theta_2 \tag{2.181}$$

按照相同的操作，可得对于第 r 层，有

$$n_r \sin\theta_r = n_0 \sin\theta_0 \tag{2.182}$$

随着介质层变得更薄，层数无限增加，连续水平分层介质可以被认为是由离散分层介质的极限组成的，如图 2.11 所示。对于这样的介质，n 成为一个连续的高度函数，因此在任何高度 h，与传播射线的切线的角度可以由下式求出：

$$n(h)\sin\theta = n_0 \sin\theta_0 \tag{2.183}$$

我们要求 $n(h)$应相对于电磁波长缓慢变化，以便反射可以忽略不计。

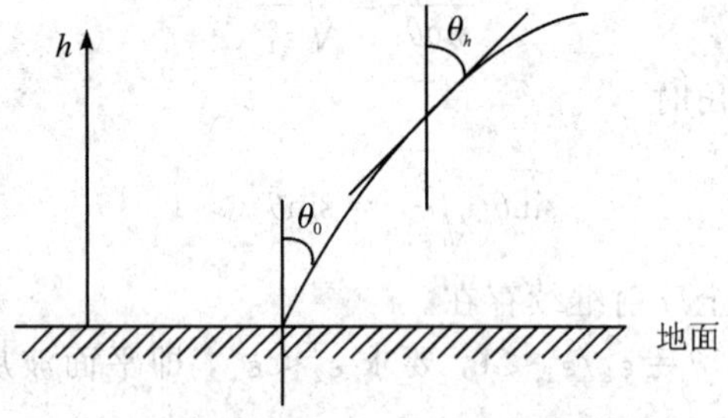

图 2.11　传播角随高度的变化

2.6　自由空间电波传播

2.6.1　自由空间传输损耗

自由空间严格来说应指真空，但实际上不可能获得这种条件。通常自由空间指充满均匀、无耗媒质的无限大空间。换言之，该空间具有各向同性、电导率为 0、相对介电常数和相对磁导率恒为 1 的特点。因此，自由空间是种理想条件。无线电波在自由空间的传播称为自由空间电波传播。

无方向性发射天线向外辐射电磁波，其功率将均匀分布于以天线为球心的球面上，若发射天线辐射功率为 P_t、传输距离为 d，则球面上的功率密度为

$$S = \frac{P_t}{4\pi d^2} \tag{2.184}$$

由天线理论可知，接收天线性能可以由有效接收面积 A_e 表示，它与波长的关系为

$$A_e = \frac{\lambda^2}{4\pi} \tag{2.185}$$

从而该接收天线的接收功率为

$$P_r = SA_e = \left(\frac{\lambda}{4\pi d}\right)^2 P_t \tag{2.186}$$

自由空间传播损耗定义为：当发射天线和接收天线的方向系数都为 1 时，发射天线的辐射功率 P_t 与接收天线的最佳接收功率 P_r 的比值，记为 L_0，即

$$L_0 = \text{FSL} = \frac{P_t}{P_r} \tag{2.187}$$

或用分贝(dB，定义见附录 A)表示为

$$L_0 = \text{FSL} = 10\lg \frac{P_t}{P_r} \tag{2.188}$$

将式(2.186)代入式(2.187)和式(2.188)，可得

$$L_0 = \text{FSL} = 10\lg \frac{P_t}{P_r} = 20\lg \frac{4\pi d}{\lambda} \tag{2.189}$$

或

$$\begin{aligned} L_0 &= \text{FSL} = 32.4 + 20\lg f(\text{MHz}) + 20\lg d\ (\text{km}) \\ &= 92.4 + 20\lg f(\text{GHz}) + 20\lg d\ (\text{km}) \\ &= 121.98 + 20\lg d\ (\text{km}) - 20\lg\lambda\,(\text{cm}) \end{aligned} \tag{2.190}$$

式(2.189)和式(2.190)表示自由空间的传输损耗，是讨论电波传播时非常有用的一个计算公式，在后面的讨论中会经常用到。同时，请注意式(2.190)中频率 f 和传输距离 d 的单位分别是 MHz 和 km，如果采用其他单位，则公式需要作相应的变化。由式(2.190)还可以看出，自由空间基本传输损耗 L_0 仅与频率 f 和距离 d 有关。当 f 和 d 扩大一倍时，L_0 增加 6 dB。由此我们可知 GSM1800 基站在自由空间中的传播损耗比 GSM900 基站大 6 dB。

例 2.3　设有无线电波链路，其传输距离为 40 km，工作频率为 7.5 GHz，60%的自由空间传输损耗被高增益发射和接收天线所补偿，求：

(1) 设辐射天线输出功率为 1 W，并考虑 15 dB 的附加损耗，则接收天线输出处的接收信号电平(RSL)是多少？

(2) 如果接收天线功率阈值为 $P_{th} = -78$ dBm，求链路的衰落余量。

解：(1) 自由空间损耗为

$$L_0 = \text{FSL} = 92.4 + 20\lg f(\text{GHz}) + 20\lg d(\text{km}) = 141\ \text{dB}$$

辐射天线功率为 $P_t = 1$ W，写成分贝形式为

$$P_t = 30\ \text{dBm}$$

从而可得接收信号电平

$$P_r = \text{RSL} = P_t - 0.4\text{FSL} - L_a = 30 - 56.8 - 15 = -41.4\ \text{dBm}$$

(2) 链路的衰落余量为

$$\text{FM} = P_r - P_{th} = (-41.4) - (-78) = 36.6\ \text{dB}$$

2.6.2　等效辐射功率

1. 天线增益

天线增益定义为，无损耗参考天线的输入端所需的功率与提供给给定天线输入端的功率之比，目标是在相同的距离和期望的方向上产生相同的场强或相同的功率通量密度。通常，天线增益用分贝表示，并指向最大辐射的方向。增益的大小与天线相对于电波波长 λ 的尺寸以及设计效率成正比。一般来说，在诸如 SHF 和 EHF 这样的高频段中使用的天线是高增益的，而 LF/MF/HF 频段中的天线通常是中/低增益类型。

1) 天线类型

无线网络中使用了多种天线，常见类型如下：

① T 型、倒 L 型、圆锥形、双锥形、菱形和对数周期型，用于低频、中频和高频无线电

通信和调幅广播。

② 用于 VHF/UHF 无线电系统、FM 和电视广播的鞭状、共线、八木和角反射器。

③ 用于视距无线电链路的 UHF/SHF 频段的喇叭和面板天线。

④ 用于微波和卫星通信的高增益定向天线，如抛物面天线或卡塞格伦天线。

⑤ 用于特定应用的特殊天线，如无线电导航、GPS 等。

2）天线增益的表示形式

天线增益取决于所选的参考天线，可以用以下不同的方式表示：

① 当参考天线是孤立于自由空间的各向同性天线时，增益用 G_i 表示，称为各向同性或绝对增益。

② 当参考天线是孤立在自由空间的半波偶极子，其赤道面包含给定方向时，增益用 G_d 表示，称为偶极子相关增益。在给定天线的偶极子和各向同性增益之间，存在以下关系：

$$G_i(\mathrm{dBi}) = G_d(\mathrm{dBd}) + 2.15 \tag{2.191}$$

③ 当参考天线是远小于电波波长四分之一的赫兹偶极子或短垂直导体（单极子），且垂直于包含给定方向的理想导体平面的表面时，则增益用 G_v 表示，称为短垂直/赫兹偶极子相关增益。在给定天线的赫兹偶极子相关增益和各向同性增益之间，存在以下关系：

$$G_i(\mathrm{dBi}) = G_v(\mathrm{dBv}) + 4.8 \tag{2.192}$$

上述增益中，G_i 通常应用于 UHF、SHF 和 EHF 波段，G_d 应用于 VHF 和 UHF 波段，G_v 应用于低频和中频波段。

2. ERP 和 EIRP

等效辐射功率 ERP 包括发射侧的所有增益和损耗因子，通常用 dBm 或 dBw 表示。事实上，ERP 是通过考虑与射频馈线、连接器等相关的所有损耗，在期望方向上的发射端输出功率和天线增益的乘积，简单地表示为

$$\mathrm{ERP} = \frac{G_t \cdot P_t}{L_t} \tag{2.193}$$

上式中的参考天线为半波偶极子天线，其对数形式为

$$\mathrm{ERP}(\mathrm{dBm}) = P_t(\mathrm{dBm}) + G_t(\mathrm{dBd}) - L_t(\mathrm{dB}) \tag{2.194}$$

如果选择各向同性天线作为参考，则称为等效各向同性辐射功率 EIRP，定义如下：

$$\mathrm{EIRP}(\mathrm{dBm}) = P_t(\mathrm{dBm}) + G_t(\mathrm{dBi}) - L_t(\mathrm{dB}) \tag{2.195}$$

或

$$\mathrm{EIRP}(\mathrm{dBw}) = P_t(\mathrm{dBw}) + G_t(\mathrm{dBd}) - L_t(\mathrm{dB}) \tag{2.196}$$

3. 自由空间接收场强

若考虑发射天线的增益 G_t，则式(2.184)为

$$S = \frac{P_t G_t}{4\pi d^2} \tag{2.197}$$

另外，自由空间中平均能流密度又可表示为

$$\boldsymbol{S} = \frac{1}{2}\mathrm{Re}[\boldsymbol{E} \times \boldsymbol{H}^*] = \frac{|\boldsymbol{E}_0|^2}{240\pi} \tag{2.198}$$

其中利用了真空中的波阻抗 $\eta = |\boldsymbol{E}_0| / |\boldsymbol{H}_0| = 120\pi$。

对比式(2.197)和式(2.198)，可得接收点的场强为

$$|\boldsymbol{E}_0| = \frac{\sqrt{60P_tG_t}}{d} \tag{2.199}$$

注意，式中辐射功率单位为 W，距离 d 的单位为 m，同时 $|\boldsymbol{E}_0|$ 为电场的最大值，若用有效值表示，则为

$$|\boldsymbol{E}_0| = \frac{\sqrt{30P_tG_t}}{d} \tag{2.200}$$

本书中如无特殊说明，均采用最大值表示。

2.6.3　ITU-R 公式

考虑到自由空间传播是无线电工程的基准，ITU-R P.525 建议书建议将以下方法用于计算自由空间的损耗。

1. 点到面链路

如果发射机服务于若干随机分布业务(如广播、移动业务)的接收机，则应计算与发射机有适当距离的场强，其计算表达式如下：

$$E = \frac{\sqrt{30P}}{d} \tag{2.201}$$

式中，E 为 RMS 场强(单位为 V/m)，P 为该点方向发射机的等效全向辐射功率 EIRP(单位为 W)，d 为发射机与该点间的距离(单位为 m)。

式(2.201)通常重写为

$$E_m(\mathrm{V/m}) = 173\frac{\sqrt{P(\mathrm{kW})}}{d\ (\mathrm{km})} \tag{2.202}$$

在自由空间条件下工作的天线，ITU-R 定义的波动势可通过式(2.201)中的 E 和 d 相乘得出，单位为 V。在使用以上公式时，需考虑以下几点：

(1) 如果电波为椭圆极化而非线极化，同时如果沿两个正交轴的电场分量用 E_x 和 E_y 表示，则式(2.201)左边项应该用 $\sqrt{E_x^2+E_y^2}$ 代替，或仅当轴的比例已知时可以简化。圆极化情况下，项 E 应该用 $\sqrt{2}E$ 代替。

(2) 如果天线位于地面，且使用垂直极化的方式在相对低的频率工作，则通常仅在上半空间考虑辐射问题。在确定 EIRP 时应考虑这一点。

2. 点对点链路

对于点对点链路，应使用下述公式计算全向天线间的自由空间损耗，即自由空间基本传输损耗 L_{bf}，

$$L_{bf} = 20\lg\left(\frac{4\pi d}{\lambda}\right) \tag{2.203}$$

式中，L_{bf} 为自由空间基本传输损耗(单位为 dB)，d 为距离，λ 为波长，d 和 λ 单位相同。

式(2.203)中也可以用频率代替波长：

$$L_{bf} = 32.4 + 20\lg f + 20\lg d \tag{2.204}$$

式中，f 为频率(单位为 MHz)，d 为距离(单位为 km)。

3. 雷达系统的自由空间基本传输损耗

雷达系统代表了一种特殊情况，因为无论从发射机到目标还是从目标至发射机之间的

信号传输都会产生损耗。对于发射机和接收机共用天线的雷达，雷达的自由空间基本传输损耗 L_{bf} 可表示为

$$L_{bf}=103.4+20\lg f+40\lg d-10\lg \sigma \tag{2.205}$$

式中，L_{bf} 的单位为 dB，σ 为目标雷达截面(单位为 m^2)，d 为雷达与目标之间的距离(单位为 km)，f 为系统的频率(单位为 MHz)。对象的目标雷达截面是总全向等效散射功率与输入功率密度之比。

4. 功率流密度

某点平面波(或可视为平面波的波)的特性之间有如下关系：

$$S=\frac{E^2}{120\pi}=\frac{4\pi P_r}{\lambda^2} \tag{2.206}$$

式中，S 为功率流密度(单位为W/m^2)，E 为 RMS 场强(单位为 V/m)，P_r 为该点全向天线的功率(单位为 W)，λ 为波长(单位为 m)。

5. 转换公式

在自由空间传播的基础上，可使用以下转换公式。

给定全向发射功率的场强为

$$E=P_t-20\lg d+74.8 \tag{2.207}$$

给定场强的全向接收功率为

$$P_r=E-20\lg f+167.2 \tag{2.208}$$

给定全向发射功率和场强的自由空间基本传输损耗为

$$L_{bf}=P_t-E+20\lg f+167.2 \tag{2.209}$$

给定场强的功率流密度为

$$S=E-145.8 \tag{2.210}$$

式中，P_t 为全向辐射功率(单位为 dBW)，P_r 为全向接收功率(单位为 dBW)，E 为电场强度(单位为 dBμV/m)，f 为频率(单位为 GHz)，d 为无线电路径长度(单位为 km)，L_{bf} 为自由空间基本传输损耗(单位为 dB)，S 为功率流密度(单位为 dBW/m^2)。

注意，可通过式(2.207)和式(2.209)导出式(2.204)。

2.7 电波在自由空间的传播

2.7.1 惠更斯-菲涅耳原理

要讨论电波传播的主区，必须用到惠更斯-菲涅耳原理，在此对该原理作简单介绍。惠更斯原理提出，波在传播过程中，波面上每一点都是一个二次辐射子波的波源，任意时刻这些子波的包络面就是新的波面。如图 2.12 所示，在 t 时刻波面为AA'，经过时间 Δt 后的波面为 BB'。波面 BB'就是原来波面AA'上的子波源 a_1，a_2，a_3，…在时刻 t 发出的子波，过 Δt 时间后到达 b_1，b_2，b_3，…点所形成的波的包络面。惠更斯原理解决了波传播过程中波阵面的位置和传播方向问题。后来，菲涅耳对惠更斯原理进行了发展，他认为波在传播过程中，空间任一点的辐射场，是包围波源的任意封闭曲面上各点的二次波源发出的子波

在该点相互干涉叠加的结果，这些二次波源就是惠更斯源。菲涅耳对惠更斯原理的补充非常重要，使得惠更斯-菲涅耳原理成为求解电波传播问题特别是绕射问题的有力工具。

惠更斯-菲涅耳原理可以用严格的数学形式表示。如图 2.13 所示，T 为球面波的波源，S 是某一时刻球面波的波前，R 是接收点，O 点是 TR 连线与波前的交点，$TO=d_1$，$OR=d_2$。在波前任一点 Q 处取小面元 $\mathrm{d}S$，$QT=\rho$，$QR=r$，TQ 和 QR 的夹角为 θ。

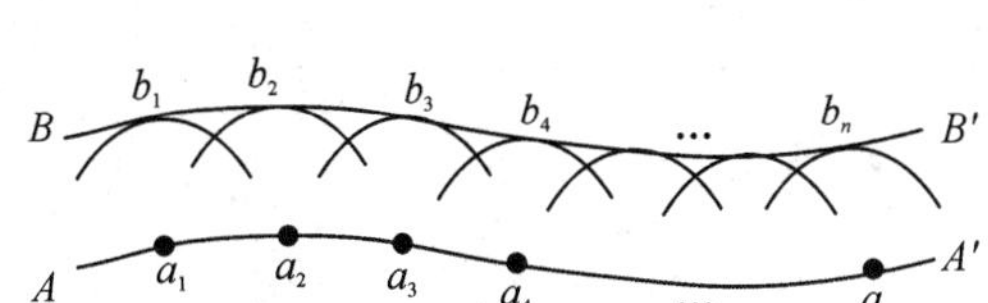

图 2.12　惠更斯原理示意图

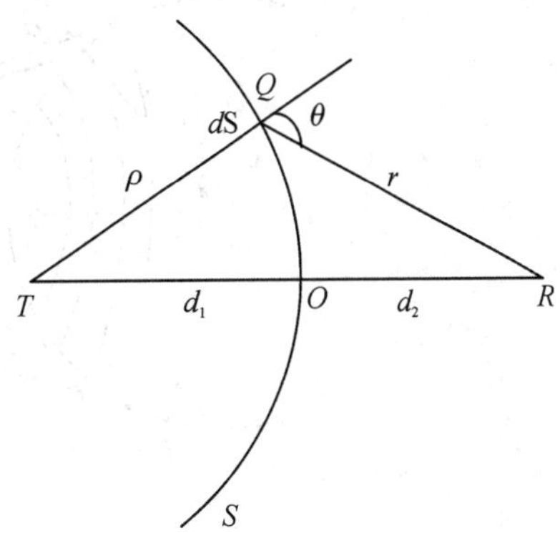

图 2.13　惠更斯-菲涅耳原理

由波源 T 辐射的球面波，在 Q 点的场强为

$$A\,\frac{\mathrm{e}^{-\mathrm{j}k\rho}}{\rho} \tag{2.211}$$

式中，A 是单位距离上的球面波幅度。根据惠更斯-菲涅耳原理，$\mathrm{d}S$ 是辐射球面波的二次波源，从而它在 R 点的场强与 $\mathrm{d}S$ 所在位置 Q 处的场强，以及 $\mathrm{d}S$ 在 QR 方向上的投影面积成正比，因此，面元 $\mathrm{d}S$ 在 R 点的场强为

$$\mathrm{d}E=AA'\,\frac{\mathrm{e}^{-\mathrm{j}k\rho}}{\rho}\,\frac{\mathrm{e}^{-\mathrm{j}kr}}{r}\cos\theta\mathrm{d}S \tag{2.212}$$

式中，A'是比例系数，$\cos\theta\mathrm{d}S$ 是面元 $\mathrm{d}S$ 在 QR 方向上的投影，θ 称为倾斜角。易见，当 $\theta=\pi/2$ 时，QR 与波前相切，面元对 R 点场强贡献为 0；θ 越小，贡献越大，当 $\theta=0$ 时，面元 $\mathrm{d}S$ 移至 O 点，其对场强的贡献达到最大值。由于倾斜因子 $\cos\theta$ 的存在，显然对 R 点起主要作用的是靠近 TR 连线的波前部分。最后，将所有面元二次辐射场叠加，即得到 R 点的总场强为

$$E=\iint_S\mathrm{d}E=AA'\,\frac{\exp(-\mathrm{j}k\rho)}{\rho}\iint_S\frac{\exp(-\mathrm{j}kr)}{r}\cos\theta\mathrm{d}S \tag{2.213}$$

上式即为惠更斯-菲涅耳原理的数学表达式。式中，A'是一个未知系数，通过将波前进行适当划分，基于菲涅耳带的概念，可从数学上推导得到 $A'=-\mathrm{j}/\lambda$。将其代入式(2.213)，可得

$$E=-A\,\frac{\mathrm{j}}{\lambda}\iint_S\frac{\exp[-\mathrm{j}k(r+\rho)]}{r\rho}\cos\theta\mathrm{d}S \tag{2.214}$$

上式为惠更斯-菲涅耳原理的严格数学表达式。

2.7.2　菲涅耳区、带、半径

下面我们利用惠更斯-菲涅耳原理来分析自由空间电波传播时，收、发两点之间空间区

域与接收场强之间的关系。如图 2.14 所示，Q 点为球面波波源(点源)，P 点为观察点。取 S 面为以 Q 点为中心的球面，根据惠更斯-菲涅耳原理，S 面为点源辐射球面波的一个波阵面，S 面半径为 ρ_0。设 P 点到 S 面的垂直距离为 r_0，同时令 ρ_0 和 r_0 均远大于波长。下面讨论观察点 P 点的场强情况。

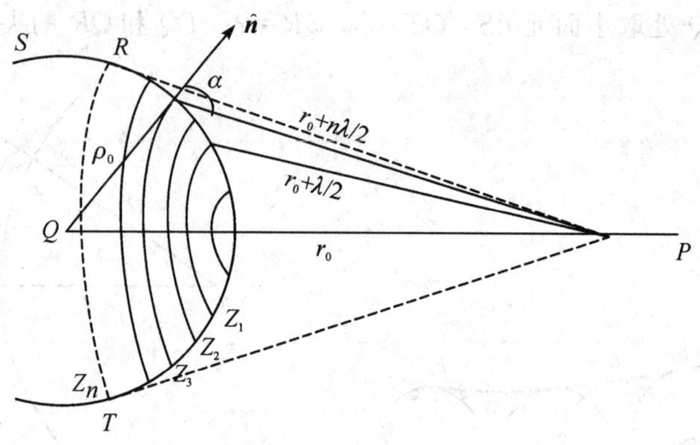

图 2.14　菲涅耳带

以 P 点为中心，依次用 $r_0+\lambda/2$、$r_0+2\lambda/2$、$r_0+3\lambda/2$、…、$r_0+n\lambda/2$ 为半径作球面，这些球面与 S 面相交截出一系列环状带 Z_1、Z_2、Z_3、…、Z_n。很明显，每个环状带外边缘上任一点发出的子波，与其内边缘上任一点发出的子波，在到达 P 点时具有恒定的反向相位差 π。具有上述基本特征的环状带就称为菲涅耳带。Z_1、Z_2、Z_3、…、Z_n 分别称为第一菲涅耳带、第二菲涅耳带、…、第 n 菲涅耳带。根据惠更斯-菲涅耳原理，P 点的场强就是所有菲涅耳带辐射场的总和。

首先，我们讨论每个菲涅耳带在 P 点的场强。具体见图 2.15，第一菲涅耳带是一个小凸圆面，其中心发出的子波与边缘上一点发出的子波到达 P 点时相差相位为 π。第一菲涅耳带在 P 点的场强可以看成是许多更小的同心圆环带所辐射的振幅相同且相位依次由 0 变化到 π 的各个矢量之和。若使这些同心圆环带的面积无限变小，则相应的辐射场振幅也无限变小，而其相位连续变化，如图 2.15(a)所示，如此第一菲涅耳带辐射场的总矢量长度就等于一个半圆弧由起点到终点的矢量长度 B_1。类似地，可以求出第二菲涅耳带辐射场的矢量长度 B_2，由菲涅耳带划分原则可知，两相邻菲涅耳带在 P 点的辐射场相位相反，因此在计及第二菲涅耳带的贡献后，P 点的总辐射场反而削弱了，如图 2.15(b)所示。同时，考虑到各带的二次波源在 P 点的场强，与射线行程 $r_0+n\lambda/2$ 以及角度 α(环带面元的法线方向 $\hat{\boldsymbol{n}}$ 与该点指向 P 点方向之间的夹角，如图 2.14 所示)有关，很显然 $\alpha=0$ 时的环带的贡献最大，所以 S 面上半径越大的环带，在 P 点产生的场强振幅越小，因此 $B_2<B_1$。类似地，第三菲涅耳带的辐射场又削弱了第二菲涅耳带的辐射场而使 P 点场强增加，其他菲涅耳带的贡献依次类推。因此，尽管两相邻菲涅耳带在 P 点的场强相位相差为 π 且其振幅相差又很小，但二者的场强却不能完全抵消。随着环带数量的增加，P 点场强波动变化，但波动的幅度却越来越小。如此，可以把所有菲涅耳带在 P 点产生的总辐射场振幅 B_0，表示成 n 项收敛级数之和，即

$$B_0=B_1-B_2+B_3-B_4+B_5-B_6+\cdots \tag{2.215}$$

式中正负号表示相位的变化。将式中的所有奇数项拆成两项，有

$$B_0 = \frac{B_1}{2} + \left(\frac{B_1}{2} - B_2 + \frac{B_3}{2}\right) + \left(\frac{B_3}{2} - B_4 + \frac{B_5}{2}\right) + \cdots \tag{2.216}$$

考虑到级数中每一项与其相邻两项的算术平方值相差很小，同时$\lim\limits_{n\to\infty} B_n = 0$，所以式(2.216)可近似为

$$B_0 \approx \frac{B_1}{2} \tag{2.217}$$

式(2.217)表示，自由空间内 P 点辐射场的振幅可用内卷螺线表示，随着环数的增加，场强幅值越来越趋近于 $B_0 = B_1/2$。

由上面的讨论可以得出，

(1) 对 P 点场强起主要作用的只是整个球面 S 上 $n=1, 2, 3, \cdots$ 的有限数目的环带，而 $\alpha \geqslant 90°$ 的环带的辐射场可以忽略不计。

(2) 第一菲涅耳在 P 点产生的辐射场 B_1 恰为自由空间场强的两倍，即 $B_1 = 2B_0$。

(3) 要使点场强的幅值达到自由空间的幅值 B_0，不需要很多个菲涅耳带，只需要有第一个菲涅耳带面积的 1/3 即可，这 1/3 中心带在 P 点的场，大小等于 $B_1/2$(图 2.15(c)中的 ON)、相位与 B_1 相差 $\pi/3$。图 2.15(d)给出了 P 点场强与在 S 面上所取菲涅耳带数目之间的关系。

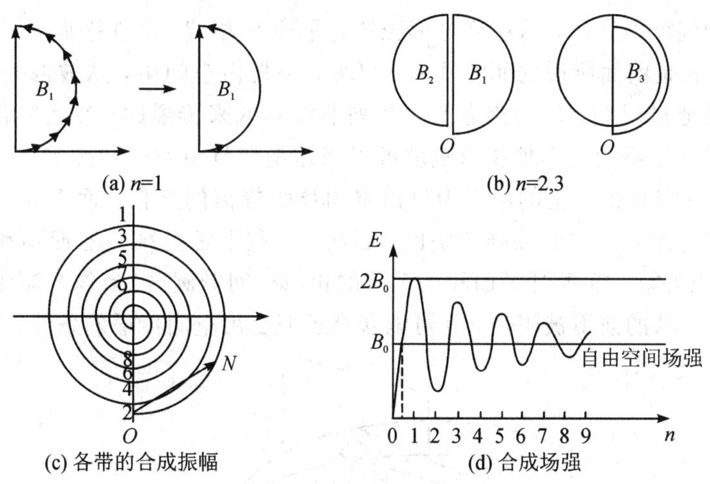

图 2.15　各菲涅耳带在 P 点的贡献

下面进一步讨论菲涅耳区及其几何尺寸。为了便于计算，假想在 Q、P 之间插入一垂直于 QP 的无限大平面 S，如图 2.16 所示。这种情形相当于用一个无限大球面包围波源 Q，因此前面的理论和方法同样适用。在 S 面上划分菲涅耳带，有如下关系：

$$\begin{cases} \rho_1 + r_1 - d = \dfrac{\lambda}{2} \\ \rho_2 + r_2 - d = 2\left(\dfrac{\lambda}{2}\right) \\ \quad\vdots \\ \rho_n + r_n - d = n\left(\dfrac{\lambda}{2}\right) \end{cases} \tag{2.218}$$

式中，ρ_n、r_n 分别为波源 Q 和观察点 P 到第 n 个菲涅耳带的距离，d 为 Q、P 之间的距离。同时，ρ_n、r_n 和 d 都远大于波长。

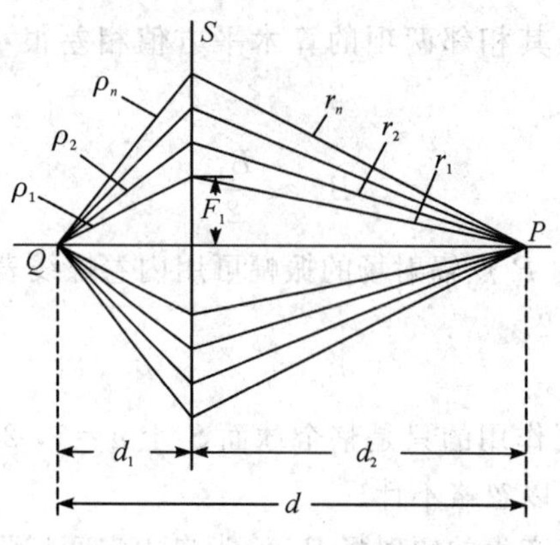

图 2.16　平面上的菲涅耳带

式(2.218)中，由于传播距离 d 和波长 λ 都是常数，因此对于固定的 n 值，有 $\rho_n+r_n=d+n(\lambda/2)=c$，$c$ 为常数，若将 S 位置左右移动，则 $\rho_n+r_n=c$ 的点构成以 Q、P 为焦点的旋转椭球面。这些椭球面所包含的空间区域就叫作菲涅耳区，如图 2.17 所示。$n=1$ 时的椭球体就称为第一菲涅耳区，$n=2$，3，…时类似地称为第二菲涅耳区、第三菲涅耳区…，它们代表一系列的椭球形壳体，这些椭球形壳体与平面 S 相截，会在平面 S 上出现一系列的环带，这些环带就是前面所说的菲涅耳带。可见，在自由空间中，从波源 Q 辐射到达接收点 P 的能量，是通过以 Q、P 为焦点的一系列菲涅耳区来传播的。在实际传播中，只要能保证一定的菲涅耳区不受地形地物影响就可以当作是在自由空间传播了。由上节的知识可知，S 面上第一菲涅耳带产生的场强为自由空间场强幅值的 2 倍，而 1/3 个第一菲涅耳带产生的场强正好等于自由空间场强的幅值。因此，工程上常把第一菲涅耳和“最小”菲涅耳区（S 面上截面积为第一菲涅耳区面积的 1/3 的相应空间椭圆区）当作电波传播的主要空间区域，只要这个区域的波不被阻挡，就可以获得近似自由空间传播的条件。

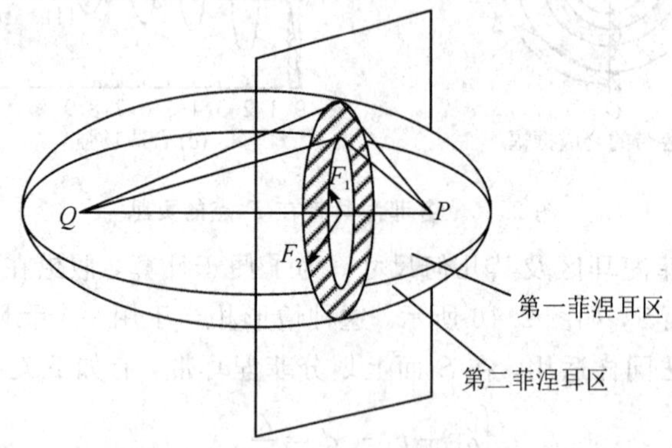

图 2.17　菲涅耳区

下面讨论菲涅耳区的半径。在图 2.17 中，设第 i 菲涅耳区半径为 F_i，由式(2.218)有

$$\sqrt{d_1^2+F_i^2}+\sqrt{d_2^2+F_i^2}=d_1+d_2+\frac{i\lambda}{2} \tag{2.219}$$

由于 $F_1 \gg d_1$ 和 $F_1 \gg d_2$，对式(2.219)应用二项式定理，并约去高阶项，可得

$$F_i = \sqrt{\frac{i\lambda d_1 d_2}{d}} \tag{2.220}$$

由式(2.220)可见，波长越短，距离越远，菲涅耳半径就越小。当 $i=1$ 时，可得第一菲涅耳半径

$$F_1 = \sqrt{\frac{\lambda d_1 d_2}{d}} \tag{2.221}$$

当波长和距离一定时，第一菲涅耳半径与 S 面的选取有关。当 $d_1=d_2=d/2$ 时，第一菲涅耳半径最大，有

$$F_{1\max} = \frac{1}{2}\sqrt{\lambda d} \tag{2.222}$$

令最小菲涅耳区半径为 F_0，根据其定义有

$$\pi F_0^2 = \frac{1}{3}(\pi F_1^2) \tag{2.223}$$

即

$$F_0 = \sqrt{\frac{1}{3}}F_1 \approx 0.577F_1 \approx 0.577\sqrt{\frac{\lambda d_1 d_2}{d}} \tag{2.224}$$

它表示接收到与自由空间传播相同信号需要的最小空中通道(最小菲涅耳椭球区)的半径。由式(2.224)可知，当 d 一定时，波长 λ 越短，椭球就越细长，最后退化为直线，这也是通常认为光的传播是直线传播的依据所在。

2.8　媒质对电波传播的影响

电波传播的实际环境总是涉及各种各样的媒质，一般来说，电波传播的过程就是电波与媒质相互作用的物理过程。电波要受到传输环境的吸收、散射、绕射、反射等影响，使接收点的场强下降即产生衰减，譬如，由于媒质随机分布与随机运动等特征导致衰落现象，由于媒质对电波作用的“色散效应”导致信号传输失真，媒质随机分布的统计结果出现“统计分层”导致电波传播方向改变，同时传播环境还会导致不需要的电磁信号进入接收系统，即产生噪声干扰。

2.8.1　传输损耗

由于大气对电波的吸收、散射，或由于球形地面和障碍物导致的电波绕射等，都会导致电波的能量损耗，这些损耗会使得接收点场强小于自由空间传播时的场强。在传播距离、工作频率、收发天线功率相同的情况下，接收点实际场强 E 与自由空间场强 E_0 的比值，定义为衰减因子 $\overline{A}$，即

$$\overline{A} = \frac{E}{E_0} = A\mathrm{e}^{-\mathrm{j}\psi_A} \tag{2.225}$$

式中 $A=|E|/|E_0|$ 是衰减因子的模，ψ_A 是其相位，在计算传输损耗时只需考虑 A 的情况。A 为(若用分贝表示，则 A 写成 A_{dB})

$$A_{\mathrm{dB}} = 20\lg\frac{|E|}{|E_0|} \tag{2.226}$$

一般情况下，$|E|<|E_0|$，故 A 为负数。衰减因子是一个很重要的量，它与工作频率、传播距离、媒质电参数、地形地物、大气分布、传播方式、时间等有关。

引入了衰减因子 A 后，则实际接收点的场强为

$$E=E_0A=\frac{\sqrt{60P_tG_t}}{r}A \tag{2.227}$$

相应的功率流密度 S 和接收功率 P_r 为

$$S=\frac{P_tG_t}{4\pi r^2}A^2 \quad (\mathrm{W/m^2}) \tag{2.228}$$

$$P_r=SA_eG_r=P_tG_tG_r\left(\frac{\lambda}{4\pi r}\right)^2A^2 \quad (\mathrm{W}) \tag{2.229}$$

在实际媒质中传播时，定义信道的传输损耗 L 为发射天线输入功率 P_t 与接收天线输出功率 P_r 之比，即

$$L=\frac{P_t}{P_r}=\left(\frac{4\pi r}{\lambda}\right)^2\cdot\frac{1}{A^2G_tG_r} \tag{2.230}$$

如用分贝表示，有

$$L=20\lg\left(\frac{4\pi r}{\lambda}\right)-A(\mathrm{dB})-G_t(\mathrm{dB})-G_r(\mathrm{dB}) \tag{2.231}$$

在式(2.230)中，由于 A 小于1，若用 dB 表示则式(2.231)中的 A 为负值，因此由上式中的 $-A$ 可知媒质对电波能量的吸收引起传输损耗增加。由上式可知，传输损耗与工作频率(波长)、传播距离、传播方式、媒质特性以及收发天线增益有关，一般为几十到两百分贝左右。

式(2.231)的前两项表明信道中功率的传输情况，称为基本传播损耗 L_b，即

$$L_b=20\lg\left(\frac{4\pi r}{\lambda}\right)-A(\mathrm{dB})=L_{bf}-A(\mathrm{dB}) \tag{2.232}$$

它表示收发天线为无方向性天线($G_t=G_r=1$)时，发射天线输入功率与接收天线输出功率的比值。L_b 与天线增益无关，仅与传播路径有关，因此又称为路径损耗，一般为 100～250 dB。若为自由空间传播，则 $A_{dB}=0$，式(2.232)退化为自由空间传输损耗 L_0(式(2.189))。

2.8.2 衰落现象

衰落是指信号电平随时间的随机起伏。衰落周期可以短到几分之一秒，也可以长到几天甚至几个月。根据衰落周期可以将衰落分为快衰落和慢衰落。引起衰落的原因很多，根据引起衰落的原因，又可以将衰落分为吸收型衰落和干涉型衰落。吸收型衰落是由传输媒质电参数变化使信号在媒质中的衰减发生相应的变化而引起的，由于这种衰落引起信号电平变化较慢，因此被称为慢衰落；而干涉型衰落主要是由随机多径传输引起的。在媒质中传播时，电波会通过不同的传输路径到达接收点，因而接收点场强是不同传输路径场强的干涉叠加，其合成场强的振幅和相位会发生随机起伏。由于这种随机起伏周期很短，信号电平变化很快，因此这种衰落被称为快衰落。

在实际中快衰落总是叠加在慢衰落上的，在短时间内慢衰落不易察觉，而快衰落表现比较明显。信号衰落情况如图 2.18 所示，其中图(a)为慢衰落，其时间单位为小时(h)，图(b)为快衰落，其时间单位为秒(s)。信号的衰落是随机的，因此，无法预知某一信号随时间变化的具体规律，只能掌握其随时间变化的统计规律。通常用场强中值、衰落深度、衰落速度、衰落持续时间等来表征衰落特性。

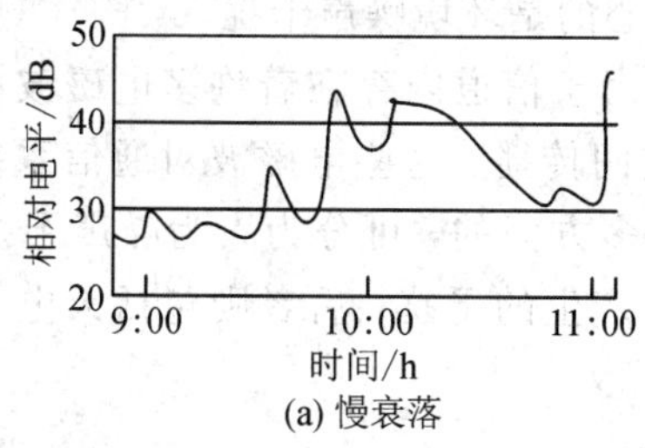

(a) 慢衰落

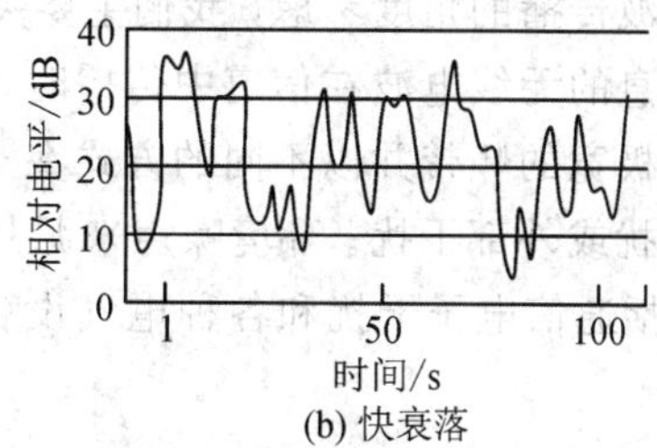

(b) 快衰落

图 2.18　信号衰落示意图

2.8.3　传输失真

由于电波传播环境媒质的色散效应及多径效应，使得电波在传输过程中会产生信号失真，失真包括振幅失真和相位失真。

色散效应是指由于不同频率的无线电波在媒质中的传播速度有差别而引起的信号失真。载有信号的无线电波总有一定频带，当电波通过媒质到达接收点时，各频率成分由于传播速度不同，因而不能保持原信号的相位关系，从而引起波形失真。具有色散效应的媒质称为色散媒质，反之就是非色散媒质。譬如，对频率大于 30 MHz 的电波，电离层为非色散媒质，而对于 30 MHz 以下的电波有色散效应，电离层为色散媒质。

多径传输同样会引起传输失真。这是因为接收点的信号是不同路径传来的电波场强之和，而这些电波的传输路径长度不同，因而到达接收点的时间延迟(简称时延)也不同，我们称最大的传输时延和最小的传输时延之差为多径时延，用 τ 表示。若多径时延过大，则会引起明显的信号失真。

2.8.4　传输方向改变

理想情况下，认为电波在无限大且均匀的线性媒质中直线传播。然而，实际的电波传播环境复杂多样，会使电波的传播方向发生变化。例如，电波在不同媒质分界面会发生反射和折射，媒质中不均匀体会使电波产生散射，球形地面和障碍物将使电波产生绕射。某些传输媒质的随机变化使电波射线的轨迹发生随机变化，从而使到达接收天线的射线入射角随机起伏，使接收信号产生严重的衰落。在研究实际传输媒质对电波传播的影响问题时，电波传播方向的变化也是重要的研究内容之一。

2.8.5　干扰与噪声

任何一个接收系统的最小可用信号电平是由系统的噪声电平决定的。尤其在发射功率受限的情况下，由于无线电波传输损耗较大，信号很微弱，此时噪声对无线电信号接收有非常重要的影响。

噪声可分为以下三类：

① 热噪声：由导体中带电粒子在一定温度下的随机运动引起。

② 串噪声：由调制信号通过失真元件引起。

③ 干扰噪声：由本系统或其他系统在空间传播的信号或干扰引起，这里主要指环境噪声的干扰。

从研究电波传播的角度考虑，我们主要关心的是环境噪声干扰。

当载有信息的无线电波在信道中传播时，由于信道内存在着许多电磁波源，它们辐射的电磁波占据极宽的频带并以不同的方式在空间传播。这些电磁波对通信系统而言，就称为环境噪声干扰或外部干扰。环境噪声来源是多方面的，可分为人为噪声干扰和自然噪声干扰，前者包括通信电子干扰和各种电气设备产生的干扰，后者则包括天电干扰、对流层干扰等。

2.9 射线路径与 K 因子

进入地球大气层的无线电波不断地被大气折射。随着高度的增加，大气密度逐渐减小，折射率发生变化。如图 2.19 所示，由于折射效应，射线路径将偏离几何直线，并将沿着路径弯曲。计算射线路径的方法是：假设一个等效值 R'_e 来代替实际地球半径 R_e(如标准大气下使 $R'_e \approx 1.33R_e$)，这样相对射线路径将是一条直线。为此，本节将推导电波射线路径的曲率半径，并给出 K 因子的定义。

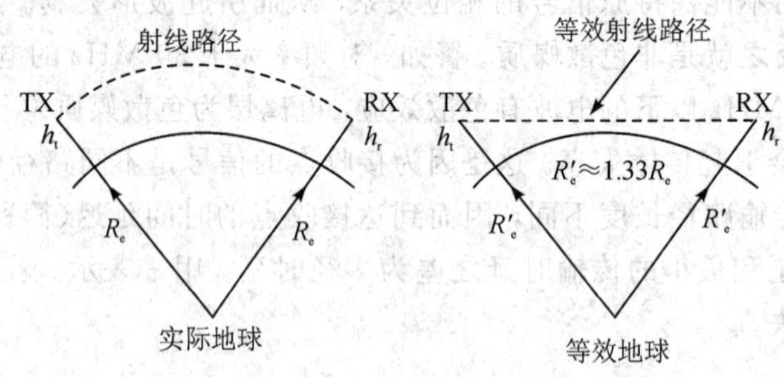

图 2.19　实际和等效地球的射线路径(图中 TX 为辐射天线，RX 为接收天线)

2.9.1 射线路径曲率

为了计算射线路径的曲率，如图 2.20 所示，空气被分成许多折射率大致恒定的薄层。大气中的光线路径满足以下关系：

$$nR\sin\varphi = c \quad (c \text{ 为常数}) \tag{2.233}$$

参考射线路径曲率(见图 2.20)和给定的符号，简单计算可得

$$AB = R(\mathrm{d}\varphi) = \frac{\mathrm{d}h}{\cos(\varphi_i + \mathrm{d}\varphi)} \tag{2.234}$$

$$R = \frac{\mathrm{d}h}{\cos\varphi_i \cdot \mathrm{d}\varphi} \tag{2.235}$$

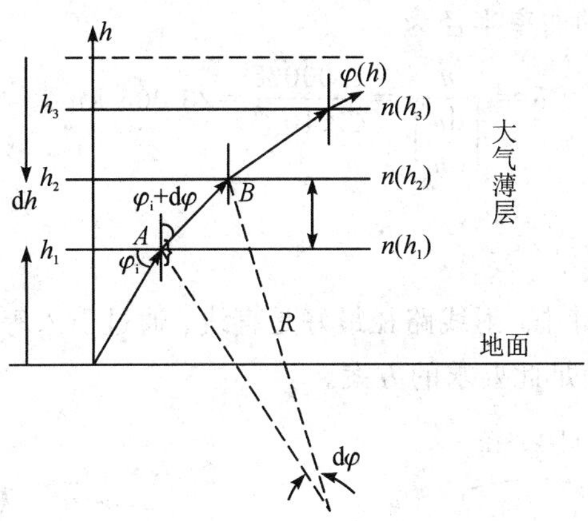

图 2.20　射线路径曲率

应用由式(2.233)设定的条件：

$$n\sin\varphi_i=(n+\mathrm{d}n)\sin(\varphi_i+\mathrm{d}\varphi)$$
$$=n\sin\varphi_i\cos\mathrm{d}\varphi+n\cos\varphi_i\sin(\mathrm{d}\varphi)+\mathrm{d}n\sin\varphi_i\cos(\mathrm{d}\varphi)+\mathrm{d}n\cos\varphi_i\sin(\mathrm{d}\varphi) \tag{2.236}$$

令 $\cos(\mathrm{d}\varphi)=1$，$\sin(\mathrm{d}\varphi)=\mathrm{d}\varphi$，式(2.236)变为

$$n\cos\varphi_i\,\mathrm{d}\varphi=-\mathrm{d}n\sin\varphi_i \tag{2.237}$$

由式(2.235)和式(2.237)可得

$$R=\frac{\mathrm{d}h}{-\dfrac{\mathrm{d}n}{n}\sin\varphi_i}=\frac{-n}{\dfrac{\mathrm{d}n}{\mathrm{d}h}\sin\varphi_i} \tag{2.238}$$

考虑到$\dfrac{\mathrm{d}n}{\mathrm{d}h}<0$，有

$$R=\frac{n}{\left|\dfrac{\mathrm{d}n}{\mathrm{d}h}\right|\sin\varphi_i} \tag{2.239}$$

对流层中的视距无线电链路，例如微波链路，通常有 $\varphi_i\approx\pi/2$ 和 $\sin\varphi_i\approx1$，从而有

$$R=\frac{n}{\left|\dfrac{\mathrm{d}n}{\mathrm{d}h}\right|} \tag{2.240}$$

对于标准对流层大气，基于 n 的法向变化，射线路径曲率半径 R 约为 25 000 km。

例 2.4　如果在 1 km 和 1.5 km 的高度，大气折射率分别为 1.000 25 和 1.000 23，无线电波的曲率半径是多少？

解：依题意，折射率差和高度差分别为

$$\Delta n=1.00025-1.00023=2\times10^{-5}$$
$$\Delta h=1.5-1=0.5\ \text{km}=500\ \text{m}$$

从而，折射率梯度为

$$\frac{\mathrm{d}n}{\mathrm{d}h}=\frac{\Delta n}{\Delta h}=4\times10^{-8}$$

利用式(2.240)可得电波的曲率半径为

$$R=\frac{n}{\left|\frac{\mathrm{d}n}{\mathrm{d}h}\right|}=\frac{1.00025}{4\times10^{-8}}=25\ 006\ \text{km}。$$

2.9.2 K 因子

在视距无线电链路设计中，射线路径最好是直线。通过引入等效地球半径 R_e' 可以实现该假设，图 2.21 给出了满足此要求的方案。

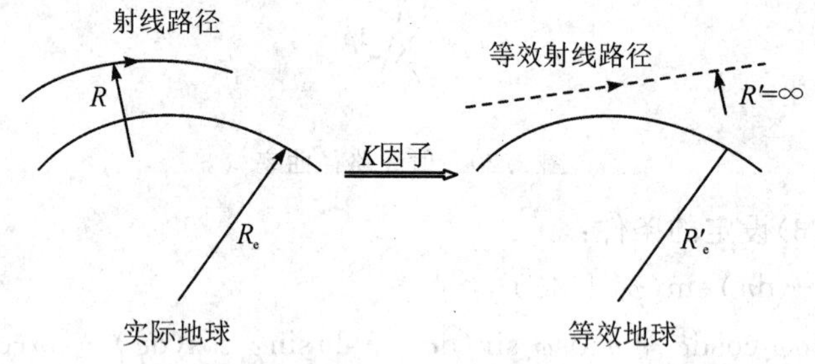

图 2.21 实际和等效地球的射线路径简图

为了得到类似的结论，要求相对曲率相等。由于每个曲线的曲率与其半径之间的成反比关系，我们有

$$\frac{1}{R_e}-\frac{1}{R}=\frac{1}{R_e'}-\frac{1}{R'} \tag{2.241}$$

式中，R_e 和 R_e' 表示地球的实际半径和等效半径，而 R 和 R' 分别是路径的实际半径和等效半径。考虑到 $R'=\infty$，有

$$R_e'=\frac{R\cdot R_e}{R-R_e} \tag{2.242}$$

K 因子的定义为等效地球半径 R_e' 与其实际值 R_e 的比值：

$$K=\frac{R_e'}{R_e}=\frac{R}{R-R_e} \tag{2.243}$$

标准情况下，因为 $R=25\ 000$ km 和 $R_e=6370$ km，K 因子的标准值为 4/3=1.33。同时，根据 K 因子与大气折射率垂直梯度的关系可导出：

$$K=\left(1+R_e\frac{\mathrm{d}n}{\mathrm{d}h}\right)^{-1} \tag{2.244}$$

例 2.5 设 $R=25\ 000$ km 和 $R_e=6370$ km，求 K、R_e' 和 R'。

解：由式(2.243)可得 K 因子和等效地球半径分别为

$$K=\frac{R}{R-R_e}=\frac{25\ 000}{25\ 000-6370}=1.342$$

$$R_e'=KR_e=1.342\times6370\approx8548\ \text{km}$$

由式(2.241)可得电波曲线的等效曲率半径的计算如下：

$$\frac{1}{R'}=\frac{1}{R_e'}-\frac{1}{R_e}+\frac{1}{R}\Rightarrow R'\approx\infty$$

思　考　题

2.1　推导线性、均匀、各向同性、有源空间的波动方程。

2.2　自由空间的波动方程可写成

$$\nabla^2 \boldsymbol{E} + \omega^2 \mu_0 \varepsilon_0 \boldsymbol{E} = 0$$

若 $\boldsymbol{E} = \boldsymbol{E}_0 e^{-jk_0 \cdot r}$（设 $\boldsymbol{E}_0$ 为常矢量），

(1) 写出该矢量满足波动方程的条件；

(2) 写出该矢量满足麦克斯韦方程的解的条件；

(3) 计算该电磁波的磁场 $\boldsymbol{H}$；

(4) 讨论该电磁波的性质。

2.3　推导自由空间传输损耗公式，并说明其物理意义。

2.4　某地面站接收空间卫星所发射的信号，卫星高度为 500 km，工作频率 136 MHz，发射功率为 1 W，天线增益为 3 dB。假设电波在自由空间传播，求：

(1) 地面站处的功率密度；

(2) 接收点场强；

(3) 自由空间传播损耗；

(4) 若地面站天线增益 $G_r = 30$ dB，所收到的信号功率是多少？

2.5　设某发射天线输入端电流为 5 A，输入电阻为 70 Ω，增益系数 $G_t = 2$，工作波长为 2 m，假设电波在自由空间中传播，求：

(1) 在天线最大辐射方向，$r = 50$ km 处 P 点的功率密度及电场场强的大小；

(2) 在 P 点处置一同类型的接收天线，接收机在匹配条件下可能获得最大接收功率；

(3) P 点的自由空间损耗。

第3章 对流层电波传播

大多数无线电传播是在地球大气层的低层的对流层进行的。一些点对点、点对多点和点对面的无线电系统，包括 UHF、SHF 和 EHF 波段的视距无线电链路，VHF 和 UHF 波段的移动无线电网络，以及电视和调频音频广播。由于这些通信系统的广泛使用，研究对流层及其对电波传播的影响对无线电专家和科学家来说极其重要。本章从地球大气介绍出发，介绍电波在对流层中的传播，以及大气和地面对电波传播的影响，包括大气引起的折射、衰减，地面的反射、绕射等。

3.1 地球大气

3.1.1 主要参量

地球大气由多种分子组成，包括氧气、氮气、碳化合物、惰性气体和水蒸气，它们的数量、组合和分布受到自然现象(如太阳效应、季节变换、地球的自转和轨道运动、大气湍流)以及由动植物和地球内部活动引起的地表活动和变化等的影响。

对流层中的地球大气主要由以下三个关键因素定义：温度 T(单位为开尔文 K)、湿度或水蒸气压 e(单位为毫巴 mb)、大气压 P(单位为 mb)，它们都是高于平均海平面的高度 h(单位为 m)的参数。

3.1.2 对流层下部大气参数

考虑到对流层在无线电通信中的关键作用，其下部主要参数的标准值定义如下：海平面气压约 1000 mb、温度约 17℃(相当于 290 K)、相对湿度 RH＝60%、压力变化率 $\mathrm{d}P/\mathrm{d}h=$ 12 mb/100 m、温度变化率 0.65℃/100 m。

对流层的主要参数都是高度的函数，对于高度低于 2 km 的对流层，有以下方程：

$$T(h)=290-6.5h \tag{3.1}$$

$$e(h)=8-3h \tag{3.2}$$

$$P(h)=950-117h \tag{3.3}$$

式中，h 是高度，单位 km，T 是温度，单位 K，e 和 P 的单位是 mb。

在地球大气中，相对磁导率 μ_r 几乎是恒定的，等于 1，但相对介电常数 ε_r 是一个变量，相对介电常数的值取决于对流层特征参数，具体由下面方程求出：

$$\varepsilon_r=1+\frac{155.1}{T}\left[P+\frac{4810e}{T}\right]\times10^{-6} \tag{3.4}$$

以上等式适用于海平面上和高度 1 km 以下的对流层。利用上述公式，海平面和 1 km 高度对流层的 ε_r 值为 $\varepsilon_{r(0)}=1.000\ 57(h=0)$ 和 $\varepsilon_{r(1)}=1.000\ 502(h=1\ \mathrm{km})$。比较 $\varepsilon_{r(0)}$ 和

$\varepsilon_{r(1)}$ 可知，对于总高度低于 2 km 范围内的对流层，ε_r 的变化可忽略不计。

3.1.3　标准地球大气参数

定义标准地球大气是为了能够计算地球大气中气体混合物引起的无线电波损耗，并确定温度、大气压和水蒸气气压随高度的变化。经过长期的调查和深入的研究，基于 ITU-R P.835-8 的建议，最后根据美国标准大气的参考位置定义了参考大气条件。在本标准中，温度和地球表面压力为

$$P_0 = 1013.25\ \text{hPa},\quad T_0 = 288.15\ \text{K} \tag{3.5}$$

根据这一定义，地球大气层被分为 7 个连续层。这些层的温度随高度的变化速率如图 3.1 所示。

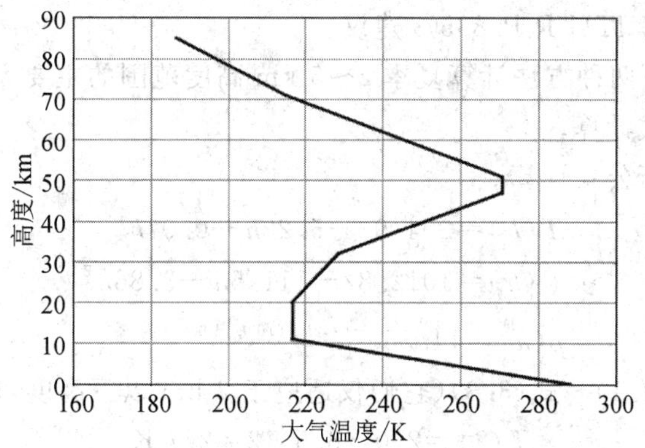

图 3.1　大气温度随高度的变化

根据该模型，以开尔文计算的温度速率 $T(h)$ 与高度 h（单位为 km）之间的关系等于：

$$T(h) = T_i + L_i(h - H_i) \tag{3.6}$$

$$T_i = T(H_i) \tag{3.7}$$

式中，L_i 是高度 H_i 处的温度梯度，其不同大气压层的温度梯度如表 3.1 所示。此外，除了高度外，大气压力还取决于位置（纬度）和日期所在的季节。

表 3.1　不同大气压层的温度梯度

i	H_i/km	温度梯度 L_i/(K/km)
0	0	−6.5
1	11	0
2	20	+1.0
3	32	+2.8
4	47	0
5	51	−2.8
6	71	−2.0
7	85	—

大气的热力学稳定性在 85 km 以上的高度会崩溃，作为这些方程基础的流体静力学方程不再有效。大气水蒸气气压（简称水蒸气压）的计算公式如下：

$$\rho(h)=\rho_0 e^{(-h/h_0)} \tag{3.8}$$

式中，$h_0=2$ km，$\rho_0=7.5$ g/m^3，与大气压相似，水蒸气压也取决于一年中测量地的位置、高度和季节。应该注意的是，当高度增加到特定的值时，水蒸气压呈指数下降。式(3.8)也可以用来计算其他大气气体引起的衰减，只是其中 $h_0=6$ km。

3.1.4 非标准大气参数

地球上其他地区(美国除外)大气主要参数的确切值可通过实际实验确定。由于这项实际实验尚未在地球上的大多数地区进行，因此，ITU-R 将地区分成了南/北纬度小于 22°的地区、北半球或南半球纬度在 22°至 45°之间的地区、南/北纬度大于 45°的地区三类，并给出了确定了一年中不同时期和高于平均海平面 100 km 高度的 $T(h)$、$P(h)$和 $\rho(h)$的计算公式，相关资料可参考 ITU-R P.835-3 建议。

例 3.1 利用以下两种方法计算夏季 2～5 km 高度范围的主要大气参数：

(1) 使用基本公式计算；

(2) 使用下面的新公式计算。

$$T(h)=294.98-5.22h-0.07h^2$$

$$P(h)=1012.82-111.5h+3.86h^2$$

$$\rho(h)=14.35e^{-0.42h-0.02h^2+0.001h^3}$$

解：(1) 利用式(3.1)～式(3.3)(它们仅适应于 2 km 以下高度)，有

$$T(2)=290-6.5\times2=277\ \text{K}$$

$$e(2)=8-3\times2=2\ \text{mb}$$

$$P(2)=950-117\times2=716\ \text{mb}$$

(2) 将所给的公式应用于 2 km 高度，有：

$$T'(2)=294.98-5.22\times2-0.07\times4=284.3\ \text{K}$$

$$P'(2)=1012.82-111.5\times2+3.86\times4=805.14\ \text{hPa}$$

$$\rho'(2)=14.35e^{-0.42\times2-0.02\times4+0.001\times8}=5.76\ \text{hPa}$$

将所给的公式应用于 5 km 高度，有：

$$T'(5)=267.13\ \text{K}$$

$$P'(5)=551.52\ \text{hPa}$$

$$\rho'(5)=1.2\ \text{hPa}$$

3.2 大气折射

在地球大气中传播的电波总是会经历波的折射现象。随着高度的增加，大气密度及其折射率降低。大气的非均匀性导致波传播路径的偏差，因此它们不会在直线方向上传播得很远。当折射率的大小线性变化时，射线路径将是半径恒定的圆弧。

3.2.1 大气折射率

对流层是指靠近地面的低空大气层，表征对流层特性的基本参量是温度、湿度和压强

等气象参量。对流层主要靠地面加热。地面受热后，通过地面热辐射和空气的对流，对流层才被自下而上地加热，因此，对流层温度平均来说是随高度递减的。对流层中的水汽是靠地面上的水分蒸发形成的，因此，其湿度也是随高度递减的，而且下降速度非常快。由于大气密度分布的特点，大气压强也随高度递减。

媒质对电波传播的影响，通常体现在两个电参量——介电常数 ε 和电导率 σ。在整个电波波段，除厘米波的高频段以及毫米波外，对流层的电导率都可以认为是 0，因此，对流层的电特性仅由介电常数 ε 或其折射率

$$n=\sqrt{\frac{\varepsilon}{\varepsilon_0}}=\sqrt{\varepsilon_r} \tag{3.9}$$

来表示。通常我们认为对流层的折射率 $n=\sqrt{\varepsilon_r}=1$，这只是一个近似结果。实际上大气的折射率与空气的温度、湿度和压强有关，它接近于 1 但不等于 1。将式(3.4)代入式(3.9)，有

$$n=\sqrt{\varepsilon_r}=\left[1+\frac{155.1}{T}\left(P+\frac{4810e}{T}\right)\times 10^{-6}\right]^{1/2} \tag{3.10}$$

用二项式展开上述表达式并取前两项，有：

$$n=1+\frac{77.6}{T}\left(P+\frac{4810e}{T}\right)\times 10^{-6} \tag{3.11}$$

式中，n 是大气折射率，P 为大气压强(mb)，e 为水汽压强(mb)，T 为绝对温度(K)。考虑到 n 接近于 1(其差值一般在 $10^{-4}\sim10^{-6}$)，通常为了方便，定义折射指数

$$N=(n-1)\times 10^{6} \tag{3.12}$$

称其为 N 单位，于是有

$$N=\frac{77.6}{T}\left(P+\frac{4810e}{T}\right) \tag{3.13}$$

一般，温带地区紧贴地面的大气折射指数为 310～320 N 单位。按照该定义，海平面和高度 1 km 处大气折射指数分别为 $N_0=289(h=0)$ 和 $N_1=251(h=1\ \text{km})$。

通常来说，影响电波传播的主要因素是大气折射指数 N 的垂直分布。将式(3.13)对高度 h 求微分，可得到折射指数梯度的表达式

$$\frac{\mathrm{d}N}{\mathrm{d}h}=77.6\left[\frac{1}{T}\frac{\mathrm{d}P}{\mathrm{d}h}-\left(\frac{P}{T^2}+\frac{9620e}{T^3}\right)\frac{\mathrm{d}T}{\mathrm{d}h}+\frac{4810}{T^2}\frac{\mathrm{d}e}{\mathrm{d}h}\right] \tag{3.14}$$

由式(3.14)可见，温度 T、湿度 e 和压强 P 不同时，折射指数梯度也不同。通常大气压强总是随高度的升高而减小，且与气象条件关系不大，所以上式第一项几乎为一负常数，而温度和湿度受气象条件影响明显，而且变化也比较剧烈，因此折射指数梯度主要由温度和湿度梯度来决定。一般来说，折射指数梯度随高度的升高而下降。

国际航空委员会规定：海面上气压为 1013 mb、气温为 288 K、$\mathrm{d}T/\mathrm{d}h=-6.5$℃/km、相对湿度为 60%、水汽压强为 10 mb、$\mathrm{d}e/\mathrm{d}h=-3.5$ mb/km 时的大气叫标准大气。把这些数值代入式(3.14)，可得标准大气下的折射指数梯度

$$\frac{\mathrm{d}N}{\mathrm{d}h}=-0.039\ \text{N 单位}/\text{m}=-39\ \text{N 单位}/\text{km} \tag{3.15}$$

或标准大气的折射率梯度为

$$\frac{\mathrm{d}n}{\mathrm{d}h}=\frac{\mathrm{d}N}{\mathrm{d}h}\times 10^{-6}=-0.039\times 10^{-6}\ 1/\mathrm{m} \tag{3.16}$$

电波在标准大气或混合比较均匀的大气中传播时，称为标准传播。

例 3.2　基于式(3.4)计算标准大气下，2 km 高处大气 n 和 N 的值。

解：高度为 $h=2$ km 时，温度、压强和湿度分别为

$$T=277\ \mathrm{K},\ \rho=716\ \mathrm{mb},\ e=2\ \mathrm{mb}$$

将其代入式(3.4)可得相对折射率为

$$\varepsilon_r=1+\frac{155.1}{T}\left[716+\frac{4810\times 2}{277}\right]\times 10^{-6}=1.00042$$

从而可得 n 和 N 值为

$$n=\sqrt{\varepsilon_r}=1.00021$$

$$N=(n-1)\times 10^{6}=210$$

3.2.2　射线方程

由上一节的讨论可知，对流层折射率虽然接近于 1，但并不等于 1，而且折射率(或介电常数和电导率)是时间和空间的函数。因此，对流层实际上是一种电参数随空间和时间变化的非均匀媒质。理论分析可知，折射率在一个波长内变化很小，因此，电波在对流层中的传播满足几何光学条件，可以利用射线理论来分析电波的折射。

在讨论电波在对流层中的折射前，先推导一下非均匀媒质中的波动方程，再在此基础上推导电波在非均匀媒质中传播时所满足的程函方程和射线方程。若设媒质为线性、无耗、非均匀、各向同性、无源媒质，则此时麦克斯韦方程组为

$$\begin{cases}\nabla\cdot \boldsymbol{D}=0\\ \nabla\times \boldsymbol{E}=-\mathrm{j}\omega\boldsymbol{B}\\ \nabla\times \boldsymbol{H}=\mathrm{j}\omega\boldsymbol{D}\\ \nabla\cdot \boldsymbol{B}=0\end{cases} \tag{3.17}$$

考虑到 $\boldsymbol{D}=\varepsilon\boldsymbol{E}$，$\boldsymbol{B}=\mu\boldsymbol{H}$，有

$$\begin{cases}\nabla\cdot (\varepsilon\boldsymbol{E})=0\\ \nabla\cdot (\mu\boldsymbol{H})=0\\ \nabla\times \boldsymbol{E}=-\mathrm{j}\omega\mu\boldsymbol{H}\\ \nabla\times \boldsymbol{H}=\mathrm{j}\omega\varepsilon\boldsymbol{E}\end{cases} \tag{3.18}$$

对第三式两边同时取旋度，并考虑到第四式，可得

$$\nabla\times\nabla\times\boldsymbol{E}-\omega^{2}\mu\varepsilon\boldsymbol{E}=0 \tag{3.19}$$

利用常矢量方程 $\nabla\times\nabla\times\boldsymbol{A}=\nabla(\nabla\cdot\boldsymbol{A})-\nabla^{2}\boldsymbol{A}$ 和 $\nabla\cdot(\varepsilon\boldsymbol{E})=\varepsilon\,\nabla\cdot\boldsymbol{E}+\boldsymbol{E}\cdot\nabla\varepsilon$，并考虑到第一式，可得非均匀媒质中的波动方程为

$$\nabla^{2}\boldsymbol{E}+\omega^{2}\mu\varepsilon\boldsymbol{E}=-\nabla\left[\frac{1}{\varepsilon}(\boldsymbol{E}\cdot\nabla\varepsilon)\right] \tag{3.20}$$

由于 μ、ε 是空间位置的函数，波动方程不容易求解，通常采用近似的处理方法，其中获得广泛应用的方法是高频情况下的几何光学近似法。当电波的波长很短，且 μ、ε 的空间变化足够慢时，只在比波长大得多的尺度范围内才能显示出来这种变化。这样可以假定，

场所在的局部区域可近似为均匀媒质，而在其中传播的电波，其局部的波阵面可视为平面。

高频情况下，可设 $\boldsymbol{E}=\boldsymbol{E}_0 \mathrm{e}^{\mathrm{j}k_0\psi}$ 和 $\boldsymbol{H}=\boldsymbol{H}_0 \mathrm{e}^{\mathrm{j}k_0\psi}$，式中 $\boldsymbol{E}_0$、$\boldsymbol{H}_0$ 是空间位置的函数，$k_0=\omega/c=2\pi/\lambda_0$ 为传播常数，ψ 是空间位置的函数。将其代入麦克斯韦方程组(3.18)，有

$$\begin{cases}\nabla\psi\times\boldsymbol{H}_0-c\varepsilon\boldsymbol{E}_0=-\dfrac{1}{\mathrm{j}k_0}\nabla\times\boldsymbol{H}_0\\[2ex]\nabla\psi\times\boldsymbol{E}_0+c\mu\boldsymbol{H}_0=-\dfrac{1}{\mathrm{j}k_0}\nabla\times\boldsymbol{E}_0\\[2ex]\boldsymbol{E}_0\cdot\nabla\psi=-\dfrac{1}{\mathrm{j}k_0}\left(\dfrac{\nabla\varepsilon}{\varepsilon}\cdot\boldsymbol{E}_0+\nabla\cdot\boldsymbol{E}_0\right)\\[2ex]\boldsymbol{H}_0\cdot\nabla\psi=-\dfrac{1}{\mathrm{j}k_0}\left(\dfrac{\nabla\mu}{\mu}\cdot\boldsymbol{H}_0+\nabla\cdot\boldsymbol{H}_0\right)\end{cases}\tag{3.21}$$

根据光学定义，几何光学近似条件是 $\lambda_0\to 0$，$k_0\to\infty$，因此式(3.21)等号右边均为 0。或者，结合我们讨论的情况，即若 $\boldsymbol{E}_0$ 和 $\boldsymbol{H}_0$ 在空间变化缓慢，则 $\nabla\cdot\boldsymbol{E}_0$ 和 $\nabla\cdot\boldsymbol{H}_0$ 值都很小；再加上电参数 μ、ε 在一个范围内变化很小，有 $|\nabla\varepsilon|\lambda_0/\varepsilon\gg 1$，$|\nabla\mu|\lambda_0/\mu\gg 1$，从而当 k_0 较大时，等式右端均近似为 0。两种方法都能得到几何光学近似下的场方程：

$$\begin{cases}\nabla\psi\times\boldsymbol{H}_0-c\varepsilon\boldsymbol{E}_0=0\\\nabla\psi\times\boldsymbol{E}_0+c\mu\boldsymbol{H}_0=0\\\boldsymbol{E}_0\cdot\nabla\psi=0\\\boldsymbol{H}_0\cdot\nabla\psi=0\end{cases}\tag{3.22}$$

大多媒质为非磁性媒质，即 $\mu=\mu_0$，则第二式求出 $\boldsymbol{H}_0$ 后代入第一式，得

$$\nabla\psi\times(\nabla\psi\times\boldsymbol{E}_0)+\varepsilon_r\boldsymbol{E}_0=0\tag{3.23}$$

式中，$\varepsilon_r=\varepsilon/\varepsilon_0$ 为媒质的相对介电常数，且有 $\varepsilon_r=n^2$，n 为媒质的折射率。考虑到常矢量方程 $\boldsymbol{A}\times(\boldsymbol{B}\times\boldsymbol{C})=\boldsymbol{B}(\boldsymbol{A}\cdot\boldsymbol{C})-\boldsymbol{C}(\boldsymbol{A}\cdot\boldsymbol{B})$，以及式(3.22)的第三式，可得

$$[n^2-|\nabla\psi|^2]\boldsymbol{E}_0=0\tag{3.24}$$

为使 $\boldsymbol{E}_0$ 有非零解，必须有

$$|\nabla\psi|^2=n^2\tag{3.25}$$

即

$$|\nabla\psi|=n\tag{3.26}$$

上式即为程函方程，简称程函，ψ 即为光程函数。$\psi(x, y, z)=c$(c 为常数)的曲面为几何波阵面，也可简称为波面。若 n 已知，刚可以由程函方程获得程函。

利用程函方程可以导出射线所满足的射线方程。如图 3.2 所示，由于 $\mathrm{d}\boldsymbol{r}/\mathrm{d}l$ 总是垂直于波阵面，其中 $\boldsymbol{r}$ 为波阵面上某点的位置矢量，l 为沿射线方向的距离，再考虑程函方程(3.26)，可得

$$\nabla\psi=n\frac{\mathrm{d}\boldsymbol{r}}{\mathrm{d}l}\tag{3.27}$$

上式两边同时对 l 求导，得

$$\frac{\mathrm{d}}{\mathrm{d}l}\left[n\frac{\mathrm{d}\boldsymbol{r}}{\mathrm{d}l}\right]=\frac{\mathrm{d}}{\mathrm{d}l}[\nabla\psi]=\nabla\left[\frac{\mathrm{d}\psi}{\mathrm{d}l}\right]\tag{3.28}$$

考虑到

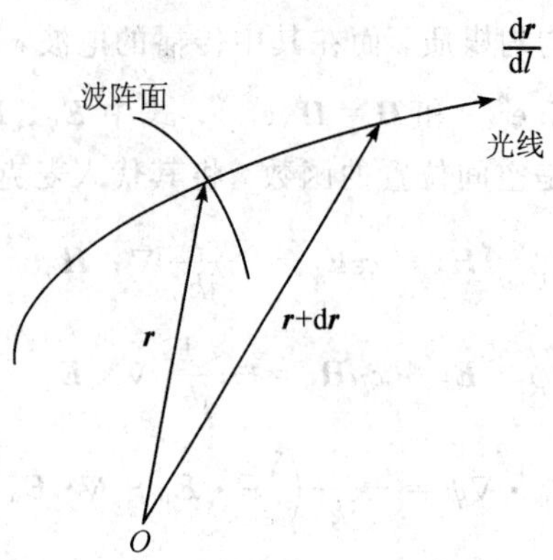

图 3.2　射线方程的推导

$$\psi(r)=\int n(r)\mathrm{d}l \tag{3.29}$$

最终有

$$\frac{\mathrm{d}}{\mathrm{d}l}\left[n\frac{\mathrm{d}\boldsymbol{r}}{\mathrm{d}l}\right]=\nabla n(r) \tag{3.30}$$

上式即为射线满足的射线方程。

3.2.3　球面分层大气中的折射

在较低的大气层中，大气折射率 n 沿高度的变化程度远远大于沿水平方向的变化程度。因此，一般情况下，可以认为大气的折射率 n 在球面分层上是水平均匀的，也即 n 仅是观测点高度 h 或观测点至地心距离 r 的函数，与水平坐标无关，因而有

$$n=n(r)=n(h) \tag{3.31}$$

式中，$r=r_0+h=R_e+h_s+h$ 为地心到观测点的距离，h 为从地面算起的高度，$r_0=R_e+h_s$，R_e 为地球半径，h_s 为地面海拔高度。在这种球面分层大气中，根据式(3.30)可知，折射率梯度为

$$\nabla n=\frac{\mathrm{d}n}{\mathrm{d}\boldsymbol{r}}\cdot\frac{r}{r} \tag{3.32}$$

显然，它的方向是沿着地心至观察点的矢径 $\boldsymbol{r}$ 的方向。考虑到

$$\frac{\partial}{\partial l}[\boldsymbol{r}\times(n)\boldsymbol{l}_0]=\frac{\partial\boldsymbol{r}}{\partial l}\times(n)\boldsymbol{l}_0+\boldsymbol{r}\times\frac{\partial}{\partial l}[(n)\boldsymbol{l}_0] \tag{3.33}$$

式中，$\boldsymbol{l}_0$ 为沿射线的单位矢量，有 $\boldsymbol{l}_0=\partial\boldsymbol{r}/\partial l$，因此有 $\partial\boldsymbol{r}/\partial l\times(n)\boldsymbol{l}_0=0$。而第二项中，由于 $\partial[n\,\boldsymbol{l}_0]/\partial l=\partial[n\mathrm{d}\boldsymbol{r}/\mathrm{d}l]/\partial l=\nabla n$，同时考虑到式(3.32)有 $\frac{\partial[n\,\boldsymbol{l}_0]}{\partial l}=\frac{\mathrm{d}n}{\mathrm{d}r}\frac{\boldsymbol{r}}{r}$，将其代入第二项有 $\boldsymbol{r}\times\frac{\partial[(n)\boldsymbol{l}_0]}{\partial l}=\boldsymbol{r}\times\frac{\mathrm{d}n}{\mathrm{d}r}\frac{\boldsymbol{r}}{r}=0$，综合可知，等号右边等于 0。

从而有

$$\boldsymbol{r}\times(n\boldsymbol{l}_0)=\boldsymbol{c}(\boldsymbol{c}\text{ 为常矢量}) \tag{3.34}$$

上式表明，$\boldsymbol{r}\times(n\,\boldsymbol{l}_0)$ 这个矢量的方向相同，也即 $\boldsymbol{r}$ 和 $\boldsymbol{l}_0$ 所在平面的取向不变，因此射线是平面曲线。同时，$\boldsymbol{r}\times(n\,\boldsymbol{l}_0)$ 的大小为常数，即

$$nr\sin\varphi=c(c\text{ 为常数}) \tag{3.35}$$

式中，φ 是从地心引出的矢径 $\boldsymbol{r}$ 与射线的夹角，即射线的天顶角。通常习惯使用射线的仰角 θ 进行计算，显然有 $\theta=\pi/2-\varphi$，则式(3.35)变成

$$nr\cos\theta=c\,(c\ \text{为常数}) \tag{3.36}$$

如果设发射点折射率为 n_0，射线仰角为 θ_0，初始出发点至地心的距离为 $r_0=R_e+h_s$，则有

$$nr\cos\theta=n_0 r_0\cos\theta_0 \tag{3.37}$$

上式即为球面分层大气的折射定理，即斯奈尔定律。若球面半径无限大，则此时球面退化为平面，考虑到 $r/r_0=1+h/r_0\approx1$，式(3.37)也就退化为平面分层大气下的折射定理，即

$$n\cos\theta=n_0\cos\theta_0 \tag{3.38}$$

3.2.4　射线的曲率半径

曲率半径是衡量曲线弯曲程度的物理量。曲率半径越小，曲线就越弯曲。其数学定义为

$$\rho=\lim_{\Delta\beta\to0}\frac{\Delta l}{\Delta\beta}=\frac{\mathrm{d}l}{\mathrm{d}\beta} \tag{3.39}$$

式中，Δl 是曲线上的单元曲线长，$\Delta\beta$(单位为弧度)是单元曲线头尾两点切线之间的夹角，如图 3.3 所示。

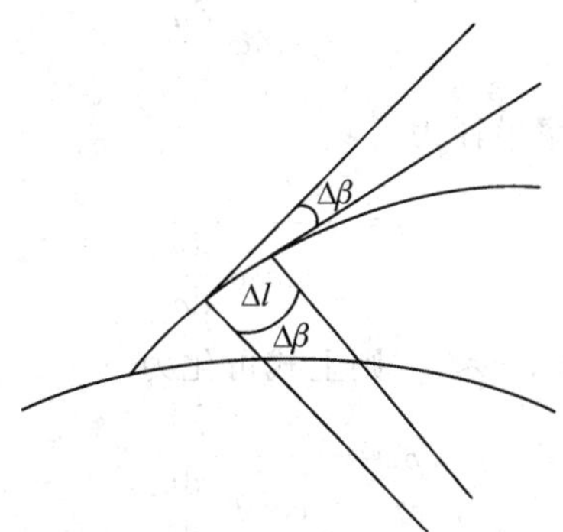

图 3.3　射线曲率半径参数关系图

由于对流层可视为电参数随高度变化的不均匀媒质，假设把球面对流层大气分成许多薄层，如图 3.4 所示，每层厚度为 Δh，若令 Δh 足够小，则每层中的折射率 n 可视为常数，而且由于各层折射率不同(随高度的升高而减小，即 $n_1>n_2>\cdots>n_m$)，同时考虑到在不大的区域内各层是平行的，则可利用平面分层大气的折射定理，有

$$n\sin\varphi=(n+\Delta n)\sin(\varphi+\Delta\varphi) \tag{3.40}$$

将上式等号右边展开，忽略二阶小量，并考虑到 $\cos\Delta\varphi\approx1$，$\sin\Delta\varphi\approx\Delta\varphi$，有

$$n\sin\varphi\approx n\sin\varphi+n\cos\varphi\Delta\varphi+\sin\varphi\Delta n \tag{3.41}$$

整理可得

$$\cos\varphi\Delta\varphi=-\frac{\sin\varphi\Delta n}{n} \tag{3.42}$$

由射线曲率计算公式(3.39)，可得图 3.4 中射线 ab 的曲率为

$$\rho=\frac{ab}{\Delta\varphi} \tag{3.43}$$

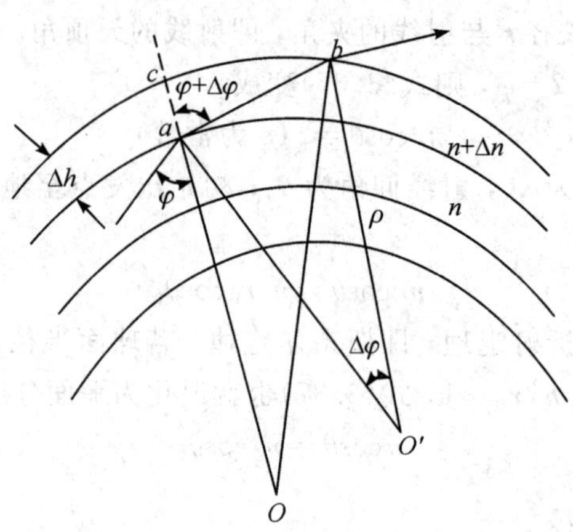

图 3.4 分层大气中射线曲率半径参数关系图

在三角形 Δabc 中，有

$$ab=\frac{\Delta h}{\cos(\varphi+\Delta\varphi)}\approx\frac{\Delta h}{\cos\varphi} \tag{3.44}$$

将式(3.42)和式(3.44)代入式(3.43)，并考虑到 $\Delta n=(\mathrm{d}n/\mathrm{d}h)\Delta h$，可得

$$\rho=\frac{n}{-\sin\varphi\dfrac{\mathrm{d}n}{\mathrm{d}h}} \tag{3.45}$$

若用仰角 θ 表示，则射线的曲率半径为

$$\rho=-\frac{n}{\cos\theta\dfrac{\mathrm{d}n}{\mathrm{d}h}} \tag{3.46}$$

在微波视距传播中，常有 $\theta\approx\theta_0$，$n\approx1$，则上式可化为

$$\rho=-\frac{1}{\cos\theta_0\dfrac{\mathrm{d}n}{\mathrm{d}h}} \tag{3.47}$$

上式表明，射线的曲率不是由折射率决定的，而是由折射率梯度 $\mathrm{d}n/\mathrm{d}h$ 决定的。折射率梯度越大，射线曲率半径越小，射线就越弯曲。如果仰角 $\theta_0=90°$，曲率半径变为无穷大，此时射线不再弯曲。而当仰角 $\theta_0=0°$时，曲率半径为

$$\rho\approx-\frac{1}{\mathrm{d}n/\mathrm{d}h}=-\frac{1}{\dfrac{\mathrm{d}N}{\mathrm{d}h}\times10^{-6}} \tag{3.48}$$

如果 $\mathrm{d}n/\mathrm{d}h=-1/R_0=-1.57\times10^{-4}(1\cdot\mathrm{km}^{-1})$，此时射线曲率半径 $\rho=R_0$，射线平行于地球表面。此时，$\mathrm{d}n/\mathrm{d}h$ 的值被称为大气折射率的临界梯度。

3.2.5 等效地球半径

由于实际大气是非均匀媒质，电波在其中传播的轨迹都是曲线，这使得我们不能直接利用 3.2.3 节中的公式来计算实际大气中的电波传播问题，因为这些公式都假定大气为均匀媒质，电波在其中沿直线传播。为了能在研究实际大气中电波传播问题时，继续使用前面的公式，引入了等效地球半径因子来进行修正，该方法认为电波在实际大气中仍沿直线

传播，所不同的是不在实际地球上空，而是在等效地球上空传播，真实轨迹和等效轨迹示意图如图 3.5 所示，其中，图 3.5(a)表示通过 A 点的射线的真实轨迹；而图 3.5(b)表示等效的直线轨迹和等效地球半径。

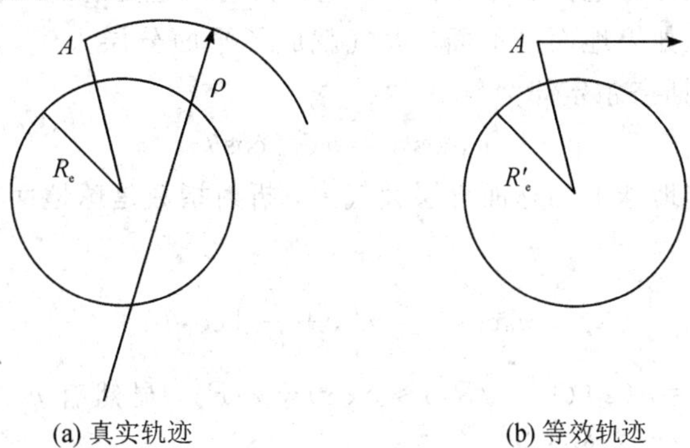

图 3.5　真实等效地球半径

下面我们推导等效地球半径计算公式。在均匀媒质中，n 为常数，此时，斯奈尔定律为

$$R_e\cos\theta_0 = r\cos\theta = (R_e + h)\cos\theta \tag{3.49}$$

或

$$\cos\theta_0 = \left(1 + \frac{h}{R_e}\right)\cos\theta \tag{3.50}$$

在均匀大气中，射线是一条直线，上述方程是直线方程。

对于线性球面分层大气，

$$n = n_0 + gh \tag{3.51}$$

斯奈尔定律为

$$\cos\theta_0 = \left(1 + \frac{gh}{n_0}\right)\left(1 + \frac{h}{R_e}\right)\cos\theta = \left[1 + \frac{h}{R_e} + \frac{g}{n_0}\left(1 + \frac{h}{R_e}\right)h\right]\cos\theta \tag{3.52}$$

对于微波视距传播，满足 $h \ll r_0$，同时考虑到 g 也是很小的数，略去 h 的二次方项，有

$$\cos\theta_0 = \left[1 + \left(\frac{1}{R_e} + \frac{g}{n_0}\right)h\right]\cos\theta = \left[1 + \frac{h}{R'_e}\right]\cos\theta \tag{3.53}$$

式中 R'_e 称为等效地球半径，

$$R'_e = \frac{R_e}{1 + R_e g/n_0} = KR_e \tag{3.54}$$

K 和 R_e 都是常数。K 或称为 K 因子，定义为等效地球半径 R'_e 和实际地球半径 R_e 的比，即

$$K = \frac{R'_e}{R_e} \tag{3.55}$$

或用折射率梯度表示为

$$K = \frac{1}{1 + R_e g/n_0} \tag{3.56}$$

对比式(3.50)和式(3.53)可见，二式形式完全类似，若以 R'_e 代替地球真实半径，则电波在真实大气中的传播可以等价为在以 R'_e 为半径的等效地球的均匀大气中传播。

3.2.6 等效平地面

在很多情况下，把球形地面看作平面后，电波折射问题处理起来会更方便。为此，引入了修正折射率的概念。如果地面是平面，大气就成了平面分层大气，折射指数是高度 z 的函数，$n=n(z)$，此时斯奈尔定律为

$$n_0\cos\theta_0=n(z)\cos\theta \tag{3.57}$$

另一方面，在真实地球上的球面分层大气中，折射指数是球地面上高度 h 的函数，$n=n(h)$，斯奈尔定律为

$$n_0\cos\theta_0=n\left(1+\frac{h}{R_e}\right)\cos\theta \tag{3.58}$$

上式，令 $z=h$，$m(z)=n(z)(1+z/R_e)\approx n(z)+z/R_e$，显然有 $m_0=m(0)=n(0)=n_0$，此时斯奈尔定律，即式(3.58)变为

$$m_0\cos\theta_0=m(z)\cos\theta \tag{3.59}$$

上式说明，在真实地球上，球面大气中的射线传播可以等价为射线在等效平面地上平面分层大气中的传播。式中 m 为修正折射率，定义为

$$m(h)=n(h)+\frac{h}{R_e} \tag{3.60}$$

式中，n 为大气折射率，h 为位置高度，R_e 为实际地球半径，h 和 R_e 单位相同。将 m 代入射线曲率半径公式，有

$$\rho=\frac{-1}{\dfrac{dm}{dh}}=-\frac{1}{\dfrac{dn}{dh}+\dfrac{1}{R_e}} \tag{3.61}$$

由于 m 接近于 1，使用时不是很方便，因此引入修正折射指数

$$M=(m-1)\times10^6=\left[(n-1)+\frac{h}{R_e}\right]\times10^6=N+\frac{h}{R_e}\times10^6 \tag{3.62}$$

引入修正折射指数或修正折射率的方便之处在于，可以根据 $M(z)$曲线形状确定折射的性质。由式(3.62)可知，

$$\frac{dM}{dN}=\frac{dN}{dh}+\frac{1}{R_e}\times10^6 \tag{3.63}$$

若取 $R_e\approx6370$ km，有 $1/R_e=0.157\times10^{-3}$(km)，则

$$\frac{dM}{dN}=\frac{dN}{dh}+157\ \text{N/km} \tag{3.64}$$

3.2.7 折射的类型

如前所述，射线的曲率半径，也就是射线的弯曲程度，取决于折射率随高度的变化。为直观起见，可将射线的曲率半径与地球半径进行比较，利用其比值 ρ/R_e 对折射进行分类，其中射线曲率半径 $\rho=-1/\left(\dfrac{dN}{dh}\times10^{-6}\right)$，地球半径 $R_e\approx6370$ km。折射现象的分类示意图如图 3.6 所示。

(1) 若$\dfrac{dN}{dh}<0$ 时，电波射线向下弯曲，其方向与地面相同，因此称为正折射；

(2) 若$\frac{dN}{dh}=-39$ N/km，此时$\frac{\rho}{R_e}\approx 4$，这种情况称为标准折射，$K=4/3$；

(3) 若$\frac{dN}{dh}=-157$ N/km，此时$\frac{\rho}{R_e}=1$，射线与地面平面，称为临界折射，$K=\infty$；

(4) 若$\frac{dN}{dh}<-157$ N/km，则$\frac{\rho}{R_e}<1$时，射线弯向地面，再经地面反射，可传到很远的地方，称为超折射，此时$K<0$；

(5) 若$\frac{dN}{dh}=0$时，大气折射指数不随高度变化，大气成了均匀媒质，电波在其中沿直线传播，此时射线无折射，其曲率半径$\rho=\infty$，$K=1$；

(6) 若$\frac{dN}{dh}>0$时，大气折射指数随高度增加，$\frac{\rho}{R_e}<0$，电波射线向上，整体呈凹状，称为负折射，此时$K<1$。

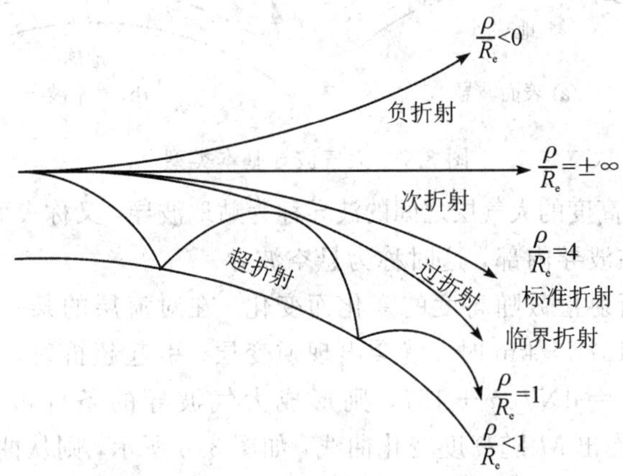

图 3.6　折射现象的分类

表 3.2 总结了折射现象的分类表，以及折射与$\frac{dN}{dh}$和K的关系。

表 3.2　折射现象的分类表

	正折射					无折射	负折射
	超折射	临界折射	过折射	标准折射	次折射		
dN/dh	<-157	-157	$-39\sim-157$	-39	$0\sim-39$	0	>0
K	<0	∞	$-4/3\sim+\infty$	4/3	$1\sim4/3$	1	<1
射线半径 R/km	$R<R_e$	$R=R_e$	—	$R=2500$	—	$R=\infty$	—
等效地球半径 R'_e/km	$R'_e<R_e$	$R'_e=\infty$	—	$R'_e=8500$	—	$R'_e>R_e$	—

3.2.8 大气波导

1. 波导形成

由于称为波导的非均匀大气的出现，在有些地区，标准大气模型不再适用。这些异常情况发生在空气折射率随高度的升高而非线性下降的地方，在这种情况下，密度较高的空气出现在密度较低的层上。

如图 3.7(a)所示，在特殊条件下，入射光线将被折射回地球表面，经地面反射后再一次进入大气，然后再折射回地面，这一过程将多次重复，直到它到达地球附近薄层内的接收点，这种现象被称为波导，此时的大气被称为波导层，此时的波被称为受限波，而受限波将在导波介质中长距离传播，其衰减远小于自由空间传播。

图 3.7 大气波导基本类型

这种在地面和某一高度的大气层之间的波导称为贴地波导，又称表面波导。如图 3.7(b)所示，折射也可以发生在波导内部，这时称为悬空波导。

如前所述，大气折射指数随高度的变化而变化。在对流层的某一高度范围内，当折射指数梯度 $\mathrm{d}N/\mathrm{d}h<-157$ N/km 时，就会出现逆变层，引起超折射，并可能产生大气波导传播。考虑到 $\mathrm{d}M/\mathrm{d}N=\mathrm{d}N/\mathrm{d}h+157$，则形成大气波导的条件可以用 M 指数表示为 $\mathrm{d}M/\mathrm{d}h<0$。很明显，作出 M 随高度变化曲线，如图 3.8 所示，则从曲线上一眼便知哪个高度范围内会出现大气波导传播条件，因此用 M 指数梯度来判断大气波导是否出现更为方便，在 h_1 和 h_2 的高度范围内会出现波导传播条件。

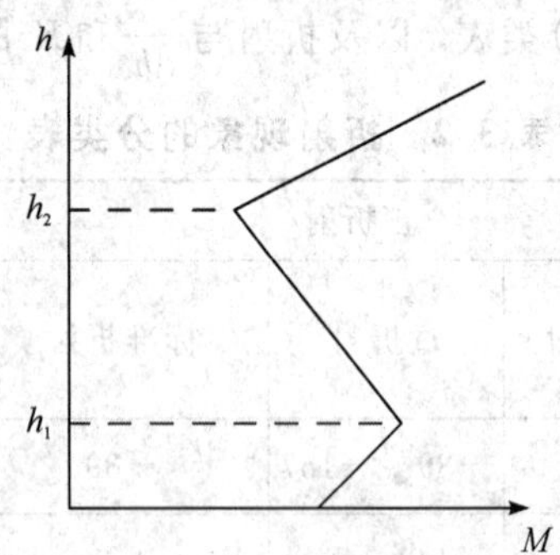

图 3.8 M-h 曲线

如前所述，折射指数是温度 T、湿度 e、压强 p 的函数，所以有

$$\frac{\mathrm{d}N}{\mathrm{d}h}=\frac{\partial N}{\partial p}\frac{\mathrm{d}p}{\mathrm{d}h}+\frac{\partial N}{\partial T}\frac{\mathrm{d}T}{\mathrm{d}h}+\frac{\partial N}{\partial e}\frac{\mathrm{d}e}{\mathrm{d}h} \tag{3.65}$$

考虑到压强随高度的变化相对比较稳定，可以将大气波导条件用温度梯度和湿度梯度表示：

$$\frac{\mathrm{d}T}{\mathrm{d}h} \geqslant \frac{-157-\left(\dfrac{\partial N}{\partial p}\dfrac{\mathrm{d}p}{\mathrm{d}h}+\dfrac{\partial N}{\partial e}\dfrac{\mathrm{d}e}{\mathrm{d}h}\right)}{\dfrac{\partial N}{\partial T}} \tag{3.66}$$

$$\frac{\mathrm{d}e}{\mathrm{d}h} \leqslant \frac{-157-\left(\dfrac{\partial N}{\partial p}\dfrac{\mathrm{d}p}{\mathrm{d}h}+\dfrac{\partial N}{\partial T}\dfrac{\mathrm{d}T}{\mathrm{d}h}\right)}{\dfrac{\partial N}{\partial e}} \tag{3.67}$$

对于标准大气，有$\partial N/\partial p=0.27$ N 单位/mb、$\partial N/\partial T=-27$ N 单位/K、$\partial N/\partial e=4.5$ N 单位/mb、$\mathrm{d}p/\mathrm{d}h=-120$ N 单位/km、$\mathrm{d}e/\mathrm{d}h=-3.7$ N 单位/km，将这些数据代入式(3.66)，可得用温度梯度所表示的大气波导条件：

$$\frac{\mathrm{d}T}{\mathrm{d}h} \geqslant 8.5℃/100\ \mathrm{m} \tag{3.68}$$

这意味着，温度随高度升高而增加且其梯度大于 8.5℃/100 m 时才能出现大气波导，这种温度随高度升高而增加的反常现象称为温度逆增。

类似地，将这些数据代入式(3.67)，可得用湿度梯度表示的大气波导条件：

$$\frac{\mathrm{d}e}{\mathrm{d}h} \leqslant -2.9\ \mathrm{mb}/100\ \mathrm{m} \tag{3.69}$$

意味着，在正常情况下，湿度梯度小于-2.9 mb/100 m 时就会形成大气波导。显然，湿度沿高度的这种递降比通常要强烈得多。考虑到大气波导的厚度一般是 100 m 左右，因此上两式都使用百米作为高度的单位。

综上所述，温度的逆增(也称为逆温)和湿度递降都会形成大气波导条件，与之相应的大气过程主要有：空气的对流、下沉、地面的辐射冷却和蒸发。

对流过程包括以下几种情况：

(1) 空气对流。第一种是干热的空气流向湿冷的表面。譬如：当从沙漠地区来的干热空气流过湿冷的海面时，一方面，当贴近地面的空气将热量传给了海平面使自身温度有所下降，而较高高度上的空气仍然保持干热的状态；另一方面，海面由于受热而蒸发，水汽进入贴近海面的空气层。这使离地面较高的空气温度高且湿度小，而贴近海面的却相反，于是温度逆增层和湿度递降层同时存在，形成大气波导条件。

第二种是来自水面的湿冷空气吹向干热的陆地。此时，因为在较高的高度上空气是干热的，贴近陆地的空气中显然会出现湿度递降层和温度逆增层。

第三种是干冷的空气吹向湿热的表面。此时表面的蒸发将水汽带入干冷空气中，形成梯度很大的湿度递降层，如果湿度随高度的递降的影响足以抵偿温度随高度的下降的影响，也会产生大气波导条件。

(2) 下沉过程。下沉是指高压条件下空气的下降。下降时空气绝热压缩加热，从而形成稳定的逆温层，而在某一高度范围内空气干热，从而容易形成温度逆增层和湿度递降层，从而形成大气波导。这种波导多出现在离地面一定高度上，称为悬空波导，与此对应的，贴近地面的波导称为地面波导或贴地波导。

(3) 地面的辐射冷却过程。白天被晒热的地面对大气加热，夜间地面辐射降温并使低层大气降温，从而形成逆温层。当温度梯度达到要求，就形成了辐射波导。此类波导是表面波导的一种情况。

(4) 蒸发过程。海面与潮湿地面的水汽蒸发可使各种逆温层下面的水汽增加，因而逆温层中的水汽压梯度变大，有助于形成波导。在海面上蒸发很快，且水汽分子随高度的增加而很快扩散。当水汽梯度满足要求时，则形成蒸发波导。蒸发波导是海面上的表面波导，波导厚度很薄，一般在 40 m 以内。

大气波导是一个随机出现的事件，它的出现(随时间、高度、厚度和强度等的变化)都是随机的。根据我国的大气波导出现概率的不同，在我国形成了四个波导频繁区和四个无波导区。其中波导频繁区是指波导年出现概率高于 5%的地区，包括香港为代表的南部沿海，以台湾为代表的东南沿海，以上海为代表的东部沿海，和以哈密为代表的西北地区。而无波导区是指年出现概率小于 1%的地区，包括青藏高原、四川盆地和云贵高原，天山以北地区，黄土高原和内蒙古高原，东北平原。

2. 大气波导传播理论

根据分层介质的斯奈尔定律和平地面假设，平面分层示意图如图 3.9(a)所示，以下关系成立：

$$n(z)\sin\varphi_i(z)=c(c\ \text{为常数}) \tag{3.70}$$

式中，$n(z)$为空气折射率，$\varphi_i(z)$为高度 z 处的入射角。在实际情况下，球面分层示意图如图 3.9(b)所示，对具有球面分层大气的球形地球，斯奈尔定律变为以下形式：

$$n(z)(R_e+z)\sin\varphi_i(z)=c(c\ \text{为常数}) \tag{3.71}$$

将上式对 z 求微分，可得

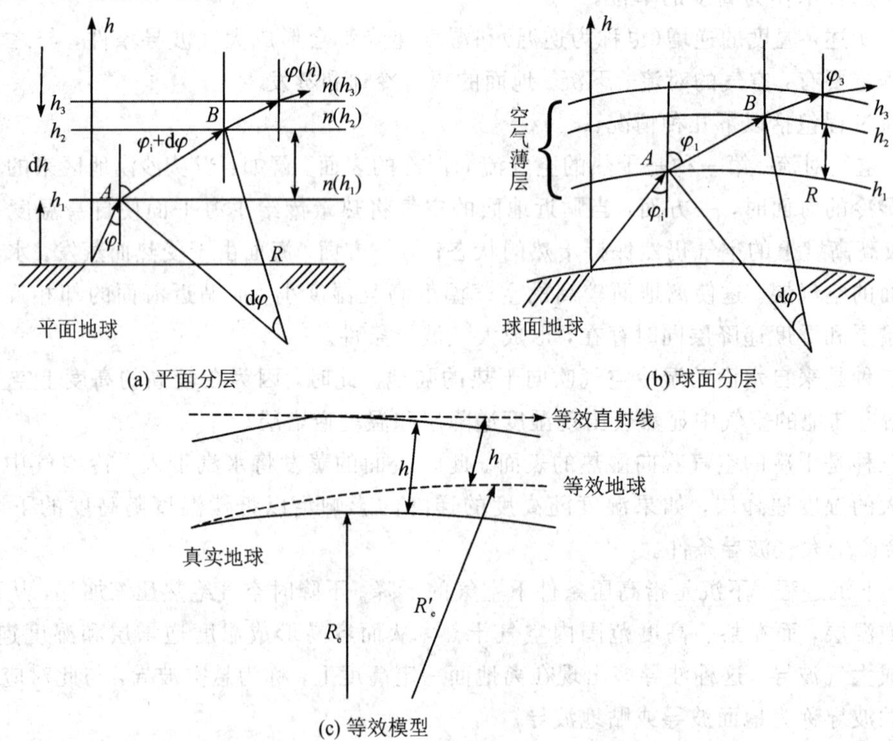

图 3.9　无线电波在大气中的传播模型假设

$$d\varphi_i = -\tan\varphi_i\left(\frac{dn}{n} + \frac{dz}{R_e + z}\right) \tag{3.72}$$

令 $\varphi_i = 90°$，可得

$$\frac{dn}{n} + \frac{dz}{R_e + z} \approx 0 \tag{3.73}$$

利用上式，折射率梯度为

$$\frac{dn}{n} = -\frac{dz}{R_e + z} \tag{3.74}$$

通常有 $z \ll R_e$，则

$$\frac{dn}{dz} \approx -\frac{n}{R_e} \tag{3.75}$$

对于标准大气，折射率梯度的平均值较小，可以认为是 $1/R'_e$，其中 R'_e 为等效地球半径：

$$\frac{dn}{dz} = -\frac{1}{R'_e} \tag{3.76}$$

注意，R_e 和 R'_e 的比率被称为视线无线电链路中的 K 因子：

$$K = \frac{R'_e}{R_e} \tag{3.77}$$

为了计算空气波导内的射线轨迹，可以遵循类似于光缆和介质板的程序。大气波导内的修正折射率为抛物线型，N_0 和 N_1 的典型值为 1 和 1.3×10^{-7} (m^2)，可表示如下：

$$N(z) = N_0 + N_1 \cdot (h - z) \cdot z \tag{3.78}$$

如图 3.10(a)所示，辐射射线的入射角为 φ_i。在高度 $z > h/2$，角度 φ 由满足以下关系的斯奈尔定律给出：

$$N(z) \cdot \sin\varphi = N\left(\frac{h}{2}\right)\sin\varphi_i \tag{3.79}$$

在 $\varphi = \pi/2$ 的峰值点，上述公式简化为

$$N(z) = N\left(\frac{h}{2}\right)\sin\varphi_i \tag{3.80}$$

在峰值点 $z = z_p$ 求解式(3.78)，可得

$$z_p = \frac{h}{2}\left[1 + \left(1 + \frac{4N_0}{h^2 N_1}\right)^{1/2} \cdot (1 - \sin\varphi_i)^{1/2}\right] \tag{3.81}$$

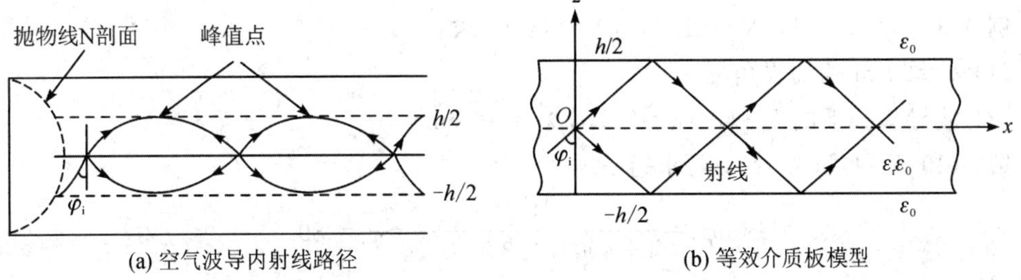

(a) 空气波导内射线路径　(b) 等效介质板模型

图 3.10　波导层内的射线路径

对于小的 φ_i，当它小于临界值 φ_c 时，射线将穿透波导层而无法被捕获。“临界”φ_c 定

义为 $\varphi_i=\varphi_c$ 下光线在 $z=h$ 处折射的角度。因此，公式(3.81)简化为

$$\sin\varphi_c=\frac{4N_0}{4N_0+h^2N_1} \tag{3.82}$$

参考图 3.10，很明显，所有频率对应的角度 $\varphi_i<\varphi_c$ 的射线都被捕获，而只有部分频率下的角度对应于波导中的波导模。大气波导的导波机理与介质板相似，但更为复杂。

图 3.10(b)为等效介质板模型，其中应用了带有场分量 E_z、E_x 和 H_y 的 TM 模式。H_y 分量可以表示为

$$H_y=\begin{cases}A\left[\mathrm{e}^{\mathrm{j}kz\cos\varphi_i}+\mathrm{e}^{-\mathrm{j}kz\cos\varphi_i}\right]\mathrm{e}^{-\mathrm{j}kx\sin\varphi_i} & |z|<h/2\\ B\mathrm{e}^{-\mathrm{j}k_0|z|\cos\varphi_t-\mathrm{j}k_0x\sin\varphi_t} & |z|>h/2\end{cases} \tag{3.83}$$

为了使穿过边界表面 $z=\pm h/2$ 的电场切向分量在所有 x 值处都匹配，要求

$$k_0\sin\varphi_t=k\sin\varphi_i \tag{3.84}$$

即向上和向下传播的介质波在板内 z 方向形成驻波解。只有在每个电介质一空气界面上有全反射时，才有可能出现这个解。这要求角度 φ_i 大于临界解 φ_c，φ_c 由以下公式给出：

$$k\sin\varphi_c=k_0\Rightarrow\varphi_t=90° \tag{3.85}$$

$\varphi_i>\varphi_c$ 导致 $\cos\varphi_t$ 变成了纯虚数，从而介质板外的场为倏逝场。为了方便，令 $k\sin\varphi_i=\beta$，$k\cos\varphi_i=\gamma=\sqrt{k^2-\beta^2}$，$\mathrm{j}k_0\cos\varphi_t=\alpha=\sqrt{\beta^2-k_0^2}$。$H_y$ 可以表示成以下形式：

$$H_y=\begin{cases}2A\cos\gamma z\,\mathrm{e}^{-\mathrm{j}\beta x} & |z|<h/2\\ B\mathrm{e}^{-\alpha|z|-\mathrm{j}\beta x} & |z|>h/2\end{cases} \tag{3.86}$$

利用 $\mathrm{j}\omega\varepsilon E_x=-\partial H_y/\partial z$，可得电场 x 分量

$$E_x=\begin{cases}\left(\dfrac{2\gamma k_0^2A}{\mathrm{j}\omega\varepsilon_0k^2}\right)\sin\gamma z\,\mathrm{e}^{-\mathrm{j}\beta x} & |z|<h/2\\ \left(\dfrac{\alpha\beta}{\mathrm{j}\omega\varepsilon_0}\right)\mathrm{e}^{-\alpha|z|-\mathrm{j}\beta x} & |z|>h/2\end{cases} \tag{3.87}$$

在 $z=h/2$ 处 H_y 和 E_x 连续，要求满足特征方程

$$\gamma\tan\gamma\frac{h}{2}=\frac{k}{k_0}\alpha \tag{3.88}$$

以及以下关系式

$$\gamma^2+\alpha^2=K^2-K_0^2 \tag{3.89}$$

决定了 γ 和 β 的允许值，对应于介质板内的波导模式。

例 3.3 设 $N_0=1$，$N_1=1.3\times10^{-7}(\mathrm{m}^2)$，求：

(1) $h=20$ m 的临界角 φ_c；

(2) 波导模式下的 h 和 φ_i($\alpha=2.75$，$\lambda_0=10$ cm)

解：(1) 利用式(3.82)，可求得 φ_c：

$$\sin\varphi_c=\frac{4}{4+400\times1.3\times10^{-7}}\Rightarrow\varphi_c=89.7°$$

(2) 首选要利用 $\alpha^2=\beta^2-k_0^2$，$\gamma^2=k^2-\beta^2$ 计算 γ 和 β，然后，利用式(3.88)计算 h，最终计算可得：

$$h=4.72\text{ m}$$

$$\cos\varphi_{\mathrm{i}}=\frac{\gamma}{k}\Rightarrow\varphi_{\mathrm{i}}=89.47^{\circ}$$

3. 波导内的波传播

如前所述，当在一层薄薄的大气层上形成一层稠密而厚重的空气时，在对流层的下部就会出现波导现象。这个事实可以用该位置的空气折射率的垂直梯度小于－157 N/km 来解释。

波导的本质很重要，因为它对无线电波的异常传播(特别是对地面或极低角度的地-空链路传播)有影响。波导层为具有足够高的频率、能够传播到远超出其视线范围的无线电波信号提供了一种介质。一个潜在的缺点是对其他服务的干扰。空气波导在多径干涉的产生中也起着关键作用。

1）波的仰角

当发射机天线位于水平分层的波导内部时，低仰角的无线电波在波导层中被捕获。对于具有恒定垂直折射率梯度的表面波导，临界角 α 根据梯度定义如下：

$$\alpha=\sqrt{2\times10^{-6}\left|\frac{\mathrm{d}M}{\mathrm{d}h}\right|\times\Delta h}\tag{3.90}$$

式中

$$M=N+\frac{1000h}{R_0}=(n-1)\times10^{6}+\frac{1000h}{R_0}\tag{3.91}$$

$$\frac{\mathrm{d}M}{\mathrm{d}h}=\frac{\mathrm{d}N}{\mathrm{d}h}+\frac{1000}{R_0}\tag{3.92}$$

上述方程中，α 为波的临界仰角(单位为 rad)，M 为修正折射率，h 为海拔高度(单位为 m)，R_e 为地球半径(单位为 km)。

图 3.11 显示了不同波导层厚度下，波导层内被捕获波的最大仰角。该角度可通过减小折射率数的梯度(小至－157 N/km 以下)、增加波导层厚度等方式增加。

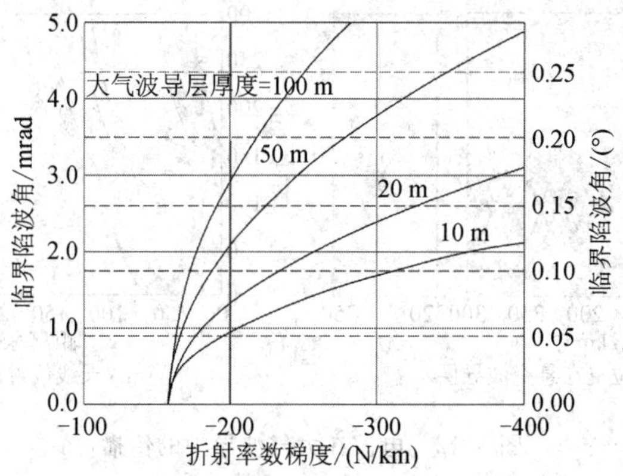

图 3.11　波导耦合的最大仰角

基于射线追踪法，可以描述出电波射线在波导中的轨迹，从而对电波大气波导的传播特性进行研究。图 3.12 给出了部分仿真结果，其中每个图左边为射线轨迹，右边为 M 曲线。

从图中可以看出，电波在大气波导内传播需要满足以下条件：首先，必须存在大气波导，即存在 $\mathrm{d}M/\mathrm{d}h<0$ 的大气层结；其次，电波的发射仰角必须小于穿透角。另外，要形成

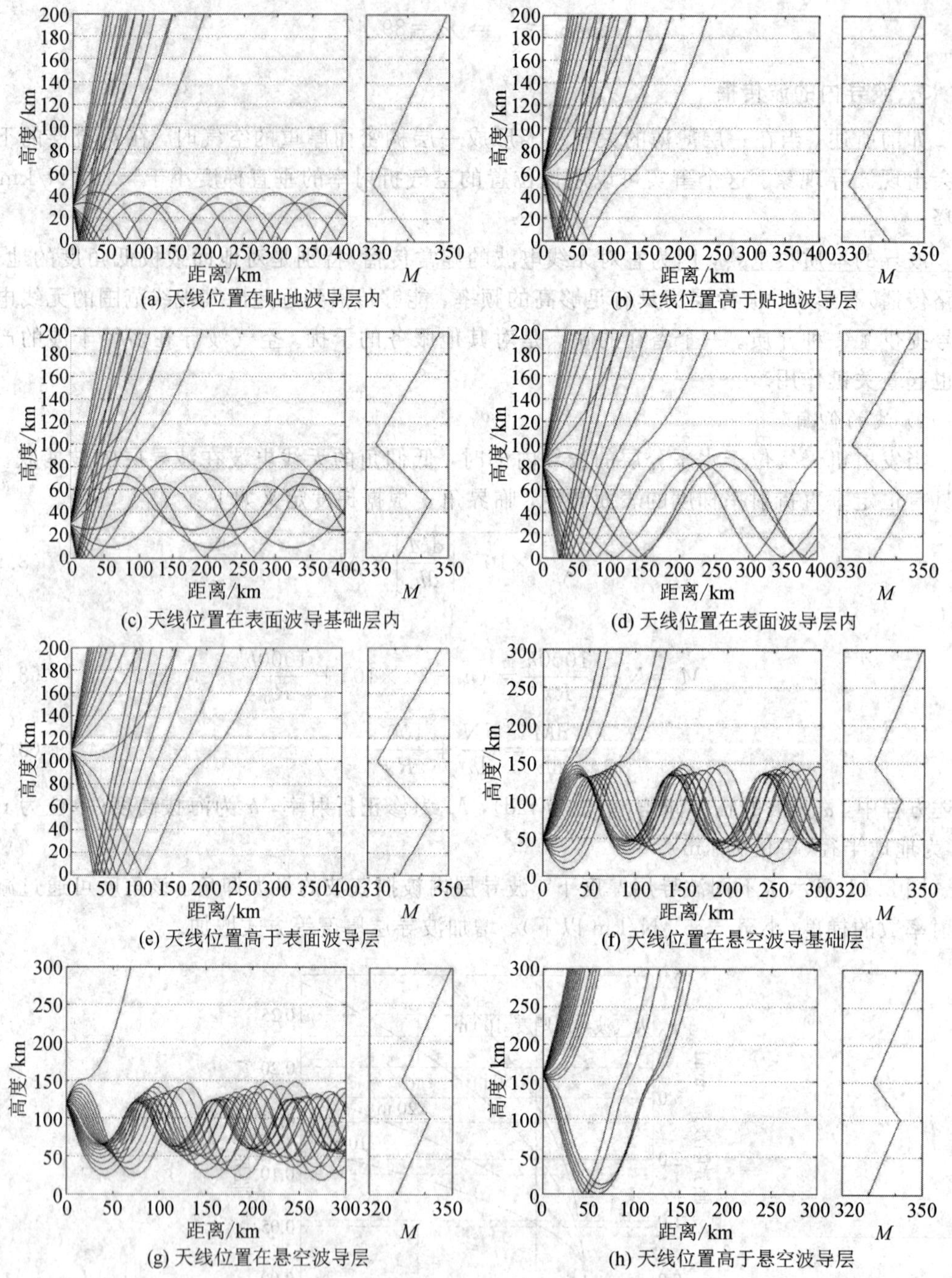

(a) 天线位置在贴地波导层内　(b) 天线位置高于贴地波导层
(c) 天线位置在表面波导基础层内　(d) 天线位置在表面波导层内
(e) 天线位置高于表面波导层　(f) 天线位置在悬空波导基础层
(g) 天线位置在悬空波导层　(h) 天线位置高于悬空波导层

图 3.12　电波在大气波导中的传播

波导传播，电波波长必须小于临界波长(即波导中传播的最长波长)：

$$\lambda_{\max}=\frac{16\sqrt{2}}{9}\times10^{-3}\sqrt{\left|\frac{\mathrm{d}M}{\mathrm{d}h}\right|}\,h_{\mathrm{r}}^{\frac{3}{2}} \tag{3.93}$$

式中，h_{r} 为全反射点的高度。

2）最小陷波频率

波导的形成并不一定意味着有效的波耦合和长距离传播。除了天线仰角小于临界角 α 的必要条件外，波频率应大于一个称为临界频率的特定值。临界频率的取值与波导层的物理厚度和空气折射率的变化有关。如果波的频率小于临界频率，波就不能在波导内有效传播，并且基本上不会产生良好的耦合。利用电磁场理论及其基本方程，可以计算出对流层波导中波的临界频率。图 3.13 显示了表面和悬空波导 $f_{\min}$ 值与折射率梯度的关系。

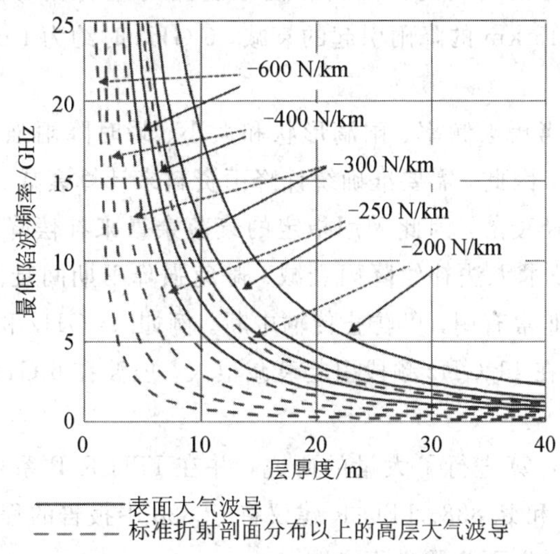

图 3.13　波导中的最小耦合频率

例 3.4　沿海地区地面以上 20 m 高度的空气折射率梯度为 −200 N/km，因此会产生一个表面波导。

（1）求可以穿过波导层的波的仰角。

（2）使用图 3.11 中的图表计算仰角。

（3）求进入波导层的耦合波的最小频率。

解：（1）由题意知，折射率梯度和 M 梯度分别为

$$\frac{\mathrm{d}N}{\mathrm{d}h}=-200(\mathrm{N/km})=-0.2(\mathrm{N/m})$$

$$\frac{\mathrm{d}M}{\mathrm{d}h}=-0.2+\frac{1000}{6370}=-0.043$$

从而，可得波的仰角为

$$\alpha=\sqrt{2\times10^{-6}\times0.043\times20}=1.31\ \mathrm{mrad}=0.075^{\circ}$$

（2）使用图 3.11 中的图表和题中信息 −200 N/km，可得临界角为 0.074°，与计算结果接近。

（3）根据图 3.12，耦合波进入波导层所需的最小频率为 7 GHz。

3.3　对流层电波衰减

本节讨论由雨、雪、冰雹、云、雾等环境现象以及不同粒子和气体引起的衰减。这些效应通常出现在高达 100 GHz 的频带上，并影响大多数无线电通信系统。应该注意的是，除

了这些损耗外，上一章讨论的自由空间损耗也会影响接收信号电平。

3.3.1 降雨引起的衰减

降雨引起的衰减(降雨衰减)在所有频率下都会发生，但在小于 8 GHz 的频率下可以忽略不计。在 8～10 GHz 的频率范围内，衰减很小，并且与降雨量成正比。在频率超过 10 GHz 时，这种影响是相当大的，在设计视距链路时应将其考虑在内。例如，强度为 50 mm/h、路径长度为 15 km 的降雨引起的衰减，6 GHz 时约为 1 dB，8 GHz 时约为3 dB，15 GHz 时约为 16 dB。

计算降雨衰减时需考虑波频率、雨滴形状和大小、瞬时降雨强度、降雨影响路径长度以及波极化类型等因素。因此，需要准确统计降雨资料来计算衰减。计算时需要注意：当暴雨时，大气中不存在多径衰落，因此采用指定的衰落余量来补偿降雨衰减；天线空间分集(SD)和频率分集(FD)技术无法补偿降雨衰减；避免强降雨期间衰落的适当分集方法是交叉频带分集(CBD)，它非常有用，可防止传输中断。例如，6 GHz 和 11 GHz 频段可以用作 CBD 分集。虽然强降雨在 11 GHz 频段引起衰减很大，但波在 6 GHz 波段遭受非常小的降雨衰减，很容易传播。

人们对降雨衰减的计算进行了大量的研究，并在 ITU-R P 系列建议中介绍了相关成果，包括 P. 676、P. 837 和 P. 838。ITU-R 建议将 P. 838 中报告的程序作为计算雨衰减的一种实用方法。本程序通过以下步骤进行说明：

第一步，使用统计数据确定超过 0.01%时间的降雨强度(mm/h)，用 R 或 $R_{0.01}$ 表示。在缺乏统计数据的情况下，这些参数的近似值可通过采用 ITU-R 建议 P. 563 中提供的特殊图表获得。

第二步，表 3.3 给出了不同频率下垂直和水平极化的 K 和 α 值，如果已知频段和波的极化，可使用表 3.3 获得 K 和 α 系数，然后可使用以下公式计算得出降雨比衰减 γ_R(单位：dB/km)：

$$\gamma_R = KR^{\alpha} \tag{3.94}$$

第三步，等效路径长度是受降雨影响的路径的一部分，用 d_e 表示，根据以下实用公式计算：

$$d_e = \frac{90}{90 + d} \times d \tag{3.95}$$

式中，d 是实际路径长度，d_e 是等效路径长度，单位均为 km。

第四步，超过 0.01%时间的衰减系数根据以下公式计算：

$$A_{0.01} = \gamma_R \cdot d_e (\text{dB}) \tag{3.96}$$

3.3.2 云雾衰减

1. 总体考虑

随着对无线电通信需求的不断增加，在微波系统和卫星通信中利用高频段，即 SHF 和 EHF 频段，变得越来越普遍。一般来说，云和雾是由直径小于 0.1 mm 的非常小的液滴组成的，它可以削弱频率约为 100 GHz、波长为 3 mm 的波的传播。要确定云雾造成的损耗，应确定单位体积中的水量。云雾损耗可按以下公式计算：

$$\gamma_c = K_l \cdot M \tag{3.97}$$

式中，γ_c 为云或雾的比衰减，单位为 dB/km，K_l 为比衰减率，单位为(dB/km)/(g/m^3)，M 为云或雾的水密度。

对于低于 10 GHz 的频率，衰减完全可以忽略不计，在 10～100 GHz 的频率范围内，衰减很小，并且与比衰减指数成比例变化。对于高于此范围的频率，损耗确实很高，应在计算中加以考虑。能见度为 300 m 左右的中度雾的水密度为 0.05 g/m^3，能见度为 50 m 的大雾，水密度约为 0.5 g/m^3。

表 3.3 K 和 α 值(以频率表示)

α_V	α_H	K_V	K_H	频率/GHz
0.8592	0.9691	0.0000308	0.0000259	1
0.949	1.0664	0.0000998	0.0000847	2
1.2476	1.6009	0.0002461	0.0001071	4
1.5728	1.59	0.0004871	0.0007056	6
1.4745	1.481	0.001425	0.001915	7
1.3797	1.3905	0.00345	0.004115	8
1.2156	1.2517	0.01129	0.01217	10
1.1216	1.1825	0.2455	0.02386	12
1.044	1.1233	0.05008	0.04481	15
0.9847	1.0568	0.09611	0.09164	20
0.9491	1.9991	0.1533	0.1571	25
1	1.021	0.167	0.187	30
0.8761	0.9047	0.3224	0.3374	35
0.8421	0.8673	0.4274	0.4431	40
0.8123	0.8355	0.5375	0.5521	45
0.7871	0.8084	0.6472	0.66	50
0.7486	0.7656	0.8515	0.8606	60
0.7215	0.7345	1.0253	1.0315	70
0.7021	0.7115	1.1668	1.1704	80
0.6876	0.6944	1.2795	1.2807	90
0.6765	0.6815	1.368	1.3671	100
0.6609	0.664	1.4911	1.4866	120
0.6466	0.6494	1.5896	1.5823	150

续表

α_V	α_H	K_V	K_H	频率/GHz
0.6343	0.6382	1.6443	1.6378	200
0.6262	0.6296	1.6286	1.6286	300
0.6256	0.6262	1.582	1.586	400

2. 比衰减率

为了计算云雾的比衰减率，可使用以下数学模型，该模型基于瑞利分布和频率高达1000 GHz的介电函数$\varepsilon(f)$模型：

$$K_l=\frac{0.819f}{\varepsilon''(1+\eta^2)} \tag{3.98}$$

式中，f是频率，单位为GHz，水的介电常数是一个复数。

图3.14给出了频率在5～200 GHz、温度范围为−8℃～+20℃时，K_l随频率的变化。对于云，应使用相同图表并取温度为0℃。

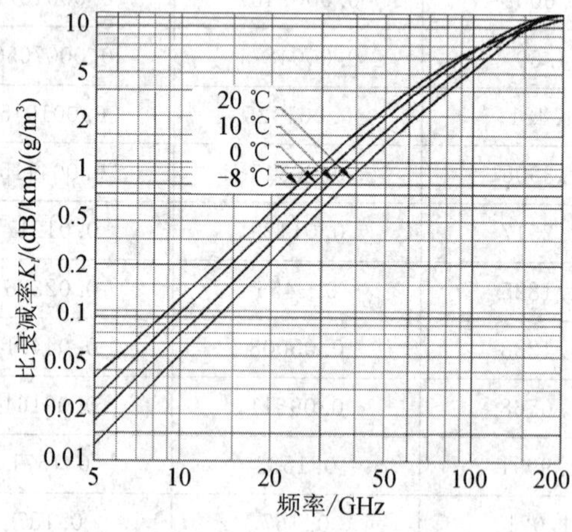

图3.14 K_l随频率的变化

3. 卫星通信中的云损耗

由于云的形成不是一个确定的过程，因此有必要对其概率和其中的水量进行估计，以计算相应的衰减。在卫星通信中，鉴于站点相对于云层的位置，无线电波将穿过整个云层。因此，应测量或估算横截面为1 m²的垂直于云的圆柱体内的水量，以计算云衰减。该值用L表示，单位为kg/m²。

为了计算特定位置的云衰减，需要单位圆柱体中水量和该点位置(包括经度和纬度)的统计数据。可以通过局部测量获得精确值。当没有测量数据时，可以使用ITU-R建议P.840-3中提供的图形来获得。这些图形提供针对1%、5%、10%和20%这4种标称概率下的数据。图3.15给出了对应于10%标称概率下的相应测量数据的图形。对于其他概率值，可参考ITU-R建议。在该图中，单位圆柱云的水含量以kg/m²为单位，概率为10%，由世界各地的计数器给出。

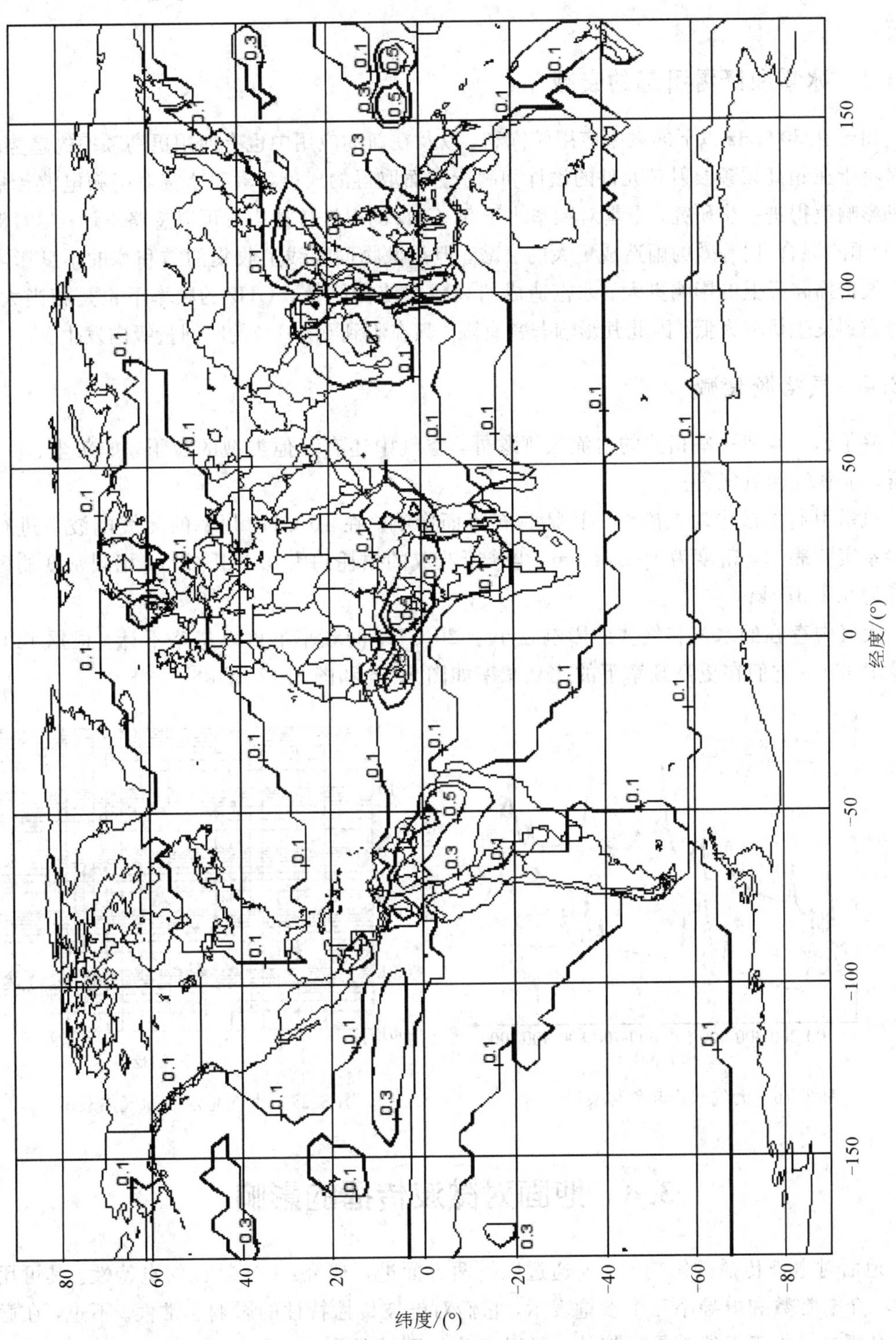

图 3.15　云液态水的归一化总柱状物(单位：kg/m^2)超过一年的百分比

在地面微波传输过程中，主要的波不通过云层，这种影响可以通过公式(3.97)具体计算。

3.3.3　冰雹和降雪引起的衰减

由于在 30 GHz 以下的频率应用较饱和，以及在新的应用中也有使用更高频率的趋势，特别是鉴于在超高频频段射频元件的设计和制造方面取得的成就，雪和冰雹对高频电波传播的不利影响值得进一步研究。干雪对频率小于 50 GHz 的电波传播影响可以忽略不计。尽管湿雪(雪和雨的混合)比等效的雨造成更大的衰减，但是抛物面天线上收集的雪和冰的不良影响比雪在波传播路径上的影响更大。冰雹造成的衰减即使在低于 2 GHz 的频率下也是相当大的，但考虑到发生概率太低，因此其影响非常有限，只在不到 0.001%的时间量级内发生。

3.3.4　气溶胶衰减

除了云、雾和一些相关的对流层现象外，空气中还有其他类型的粒子，如灰尘、沙子、烟雾、水蒸气和氧气等。

风暴引起的沙尘对电磁波的传播具有负面影响。在 10 GHz 频率的无线电波上进行的实验室实验表明，密度为 10^{-5} g/cm^3 尘埃所造成的损耗约为 0.4 dB/km，相同密度的砂粒损耗为 0.1 dB/km。

大气中存在的水汽和气体的影响在小于 20 GHz 的频率下可以忽略不计，根据 ITU-R 建议 P.676，它们在更高频率下的比衰减率如图 3.16 和图 3.17 所示。

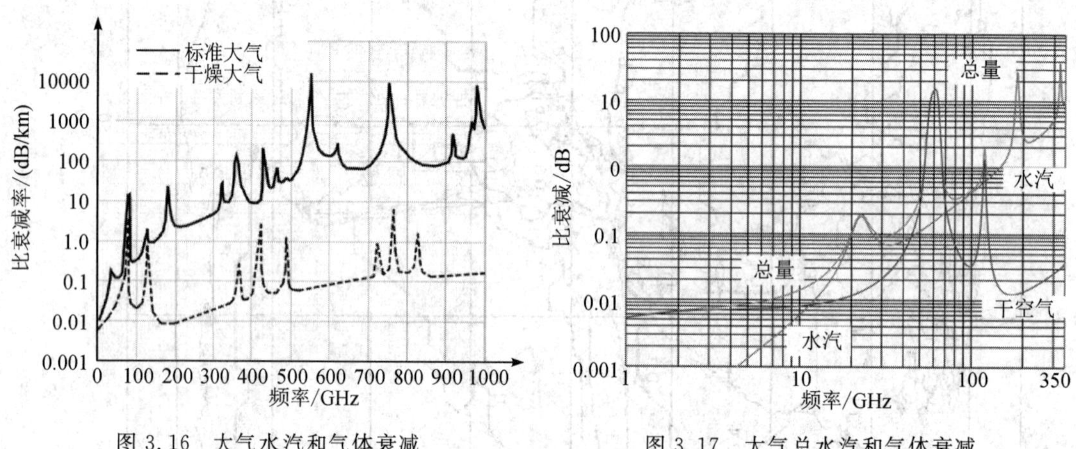

图 3.16　大气水汽和气体衰减

图 3.17　大气总水汽和气体衰减

3.4　地面对微波传播的影响

地面对电波传播的影响，主要通过以下两方面进行研究：(1) 地面的电特性。其可用磁导率、介电常数和电导率三个参量表示，它们对电波传播特性的影响非常大。不过，在微波视距传播中，由于天线都是高架的，可以忽略地面波的影响，因此地面的电特性仅影响地面反射波的振幅和相位。(2) 地表面的物理结构，包括地形、地物等。相比于地质，地形对电波传播的影响更重要。下面主要讨论地球曲率、地形起伏等对微波视距传播的影响。

3.4.1　地面的反射

1. 反射方程

当电磁波遇到不同介质的表面时，会出现反射现象。反射特性取决于入射角、波的极化、反射面材质、波的频率、反射面粗糙度等。当反射面与射线波长相比是平坦的，就会发生反射。例如，频率为 1 GHz 波的波长约为 30 cm，因此粗糙度小于 3 cm 的表面可看作平坦表面。

反射系数定义为反射波振幅与入射波振幅之比，可根据斯奈尔定律和边界条件计算。水平极化波和垂直极化波的反射方程和公式在很多电磁学书籍中都有阐述。根据图 3.18，入射角、反射角、折射角和掠射角用 θ_i、θ_r、θ_t 和 ψ 表示，反射率系数可分别计算如下：

$$\theta_i = \theta_r \tag{3.99}$$

$$R_H = \frac{\eta\cos\theta_i - \eta_0\cos\theta_t}{\eta\cos\theta_i + \eta_0\cos\theta_t} \tag{3.100}$$

$$R_V = \frac{\eta\cos\theta_t - \eta_0\cos\theta_i}{\eta\cos\theta_t + \eta_0\cos\theta_i} \tag{3.101}$$

在上述方程中，R_V 和 R_H 分别为水平极化和垂直极化的反射系数，$\eta_0 = 120\pi$ 是空气的固有阻抗，η 是第二环境的特性阻抗。ψ 是掠射角，有

$$\psi = 90 - \theta_i \tag{3.102}$$

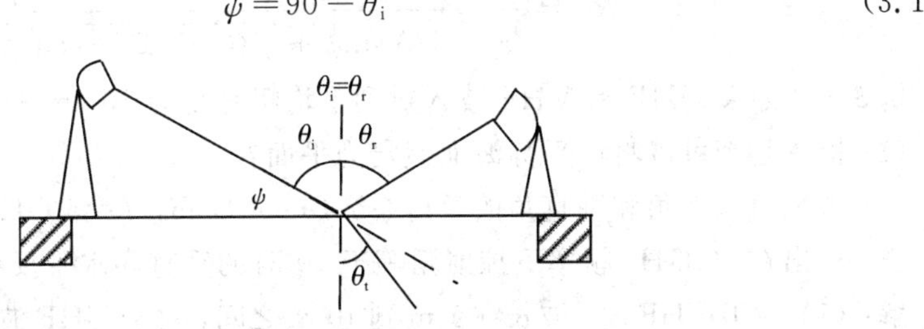

图 3.18　电波的反射

一般来说，此时相对介电常数是一个复值，定义为 $\varepsilon_{rc} = \varepsilon_r - j\sigma/(\omega\varepsilon_0)$，$\mu_r$ 等于 1，因此，介质特性阻抗的值如下：

$$\eta = \sqrt{\frac{\mu}{\varepsilon}} = \sqrt{\frac{\mu_0}{\varepsilon_0(\varepsilon_r - j\chi)}},\ \chi = \frac{\sigma}{\omega\varepsilon_0} \tag{3.103}$$

反射系数 R_V 和 R_H 随入射角和不同频率的典型变化如图 3.19 所示。在该图中，约在 15°处 R_V 取最小值。在这种情况下，入射波几乎完全透射，没有波被反射，这个角称为布儒斯特角，用 θ_B 表示。

以下关于反射系数的结论很重要：

① 对于垂直入射，$\theta_i = 0$，或 $\psi = 90$：

$$R_H = R_V = \frac{\eta - \eta_0}{\eta + \eta_0} \tag{3.104}$$

② 对于切向入射，$\theta_i \approx 90$，或 $\psi \approx 0$：

$$R_H = R_V = -1 \tag{3.105}$$

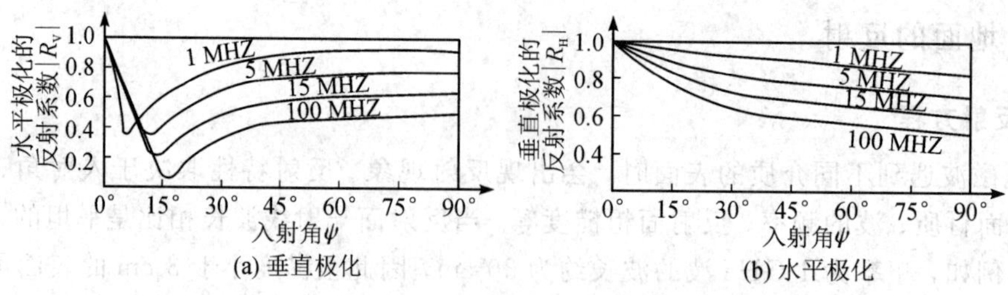

(a) 垂直极化 (b) 水平极化

图 3.19 反射系数的典型变化

③ 从图 3.19 可以看出，R_H 在整个范围内随 ψ 的变化很小。

④ 在布儒斯特角，R_V 的值几乎为零。

⑤ 对于有耗地面，所得结果是有效的和适用的，前提是真空介电常数替换为 $\varepsilon_c = \varepsilon_0[\varepsilon_r - j\sigma/(\omega\varepsilon_0)]$。在这种情况下，布儒斯特角 θ_B 转换为准布儒斯特角，意味着反射系数值不为零，但它是一个最小值，取决于 σ 和 ω 的值。

式(3.100)和式(3.101)是用入射角和折射角表示的，很多情况下，反射系数表达式是基于掠射角的，应用数学规则和角度之间的关系可以简化为以下形式：

$$R_H = \frac{\sin\psi - \sqrt{(\varepsilon_r - j\chi) - \cos^2\psi}}{\sin\psi + \sqrt{(\varepsilon_r - j\chi) - \cos^2\psi}} \tag{3.106}$$

$$R_V = \frac{(\varepsilon_r - j\chi)\sin\psi - \sqrt{(\varepsilon_r - j\chi) - \cos^2\psi}}{(\varepsilon_r - j\chi)\sin\psi + \sqrt{(\varepsilon_r - j\chi) - \cos^2\psi}} \tag{3.107}$$

例 3.5 如果 UHF 和 VHF 波入射到平均粗糙度为 10 cm 的平静海面上，$\varepsilon_r = 75$。

(1) 检查是否可以将该平静海面假定为平面？

(2) 求发射水平角和垂直角的反射系数($\sigma = 4$ S/m，$f = 5$ GHz)

(3) 求出在 10 GHz 频率下掠射角等于 30°时的垂直和水平反射系数。

解：(1) 对于 VHF 波，波长在 1 m 到 10 m 之间，对于 UHF 波，波长在 10 cm 到 100 cm 之间，因此，对于 VHF 甚至是较低的 UHF 频率，平静的海面表现为平坦的表面，而对于高 UHF 频率，平静的海面并不表现为平坦的表面。

(2) 对于入射角等于 90°(相当于零掠射角)，其结果为

$$R_H = R_V = -1$$

入射角等于 90°时，η 计算如下。首先，

$$\chi = \frac{\sigma}{\omega\varepsilon_0} = 14.4$$

为了简单起见，与 $\varepsilon_r = 75$ 相比，$\chi = 14.4$ 可以忽略。然后，可以得出结论：

$$\eta = \frac{\eta_0}{\sqrt{75}} = 0.0116\eta_0$$

$$R_H = R_V = \frac{\eta - \eta_0}{\eta + \eta_0}$$

(3) 对于这种情况，使用式(3.106)和式(3.107)可得 R_V 和 R_H 的值如下：

$$R_H = -0.876, \quad R_V = -0.627$$

2. 多径接收

当从不同的路径接收到无线电波时，会出现多径接收现象。最简单的情况是同时接收入射波和来自平面的反射波。这种现象在无线电通信中很常见，在各种通信系统中，如视距微波传输、超高频无线电、电视无线电波和雷达系统，多径接收现象的影响是相当大的。

如图 3.20 所示，当发射机和接收机天线位于平坦地面以上的低高度时，同时接收入射波和反射波会导致接收信号的衰落。当表面平坦时，反射信号可以建模为接收到来自虚拟发射器的信号，该虚拟发射器位于真实发射器相对于地面的对称镜像点处。影响多径效应的主要因素如下：

(1) 如果掠射角 ψ 接近零，水平和垂直极化的反射系数几乎均为 1。

(2) 视距路径和反射路径的发射机天线增益，分别表示为 G_{td} 和 G_{tr}。

(3) 视距路径和反射路径的接收机天线增益，分别表示为 G_{rd} 和 G_{rr}。

(4) 视距路径和反射路径之间的距离差 Δd。

(5) 接收端的总场强为入射波和反射波的矢量和，为

$$
\begin{aligned}
E_t = E_d + E_r &= G_{td} \cdot G_{rd} \cdot \frac{e^{-jkd_0}}{4\pi d_0} + G_{tr} \cdot G_{rr} \cdot \frac{e^{-jk(d_0+\Delta d)}}{4\pi d_0} \\
&= G_{td} \cdot G_{rd} \cdot \frac{e^{-jkd_0}}{4\pi d_0}\left[1 + R\frac{G_{tr} \cdot G_{rr}}{G_{td} \cdot G_{rd}} \cdot e^{-jk\Delta d}\right]
\end{aligned}
\tag{3.108}
$$

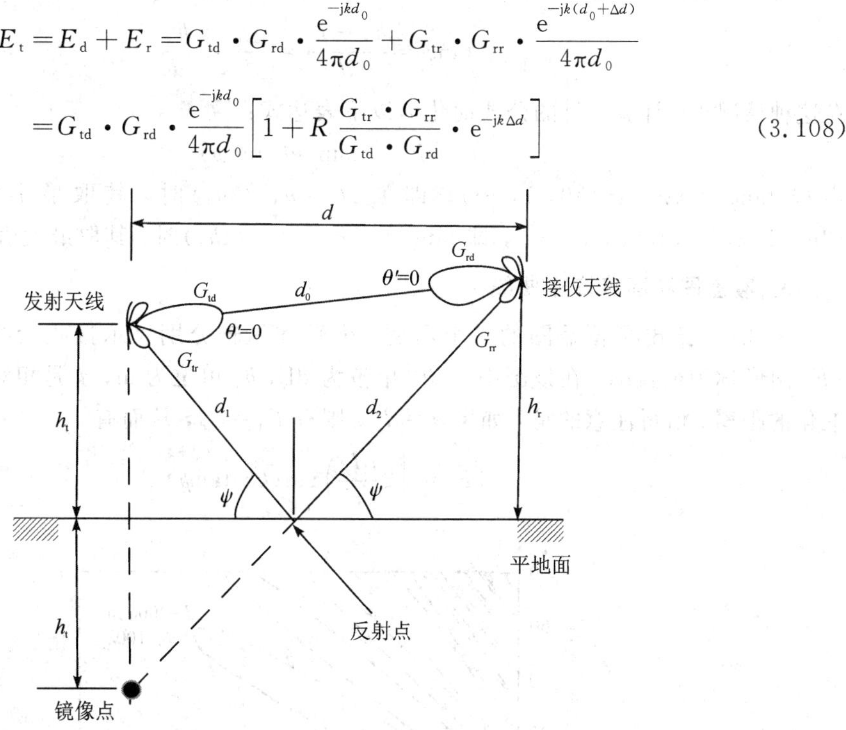

图 3.20　多径接收的基本几何概念

括号内的表达式称为路径增益因子(PGF)，用 F 表示，变化范围为 0 到 2(即 $0 \leqslant F \leqslant 2$)。$F=0$ 表示入射波和反射波是反相的，相互完全抵消。$F=2$ 意味着入射波和反射波是同相的，相互完美地加强。

通过将发射器和接收器放在近似相同高度且接近地平面处，并将它们设置为面对面的方向(LOS 传输的正常情况)。在这种情况下，利用泰勒级数并进行一些简化和数学运算，可得

$$
d_0 = \sqrt{d^2 + (h_r - h_t)^2} \approx d + \frac{1}{2} \times \frac{(h_r - h_t)^2}{d} \tag{3.109}
$$

$$d_1+d_2=\sqrt{d^2+(h_r+h_t)^2}\approx d+\frac{1}{2}\times\frac{(h_r+h_t)^2}{d} \tag{3.110}$$

联立以上两个方程，可得距离差公式：

$$\Delta d\approx\frac{2h_t h_r}{d} \tag{3.111}$$

从而可得路径增益因子为

$$\begin{aligned}|F|&=|1-\mathrm{e}^{2jkh_t h_r/d}|=|\mathrm{e}^{-jkh_t h_r/d}(\mathrm{e}^{+jkh_t h_r/d}-\mathrm{e}^{-jkh_t h_r/d})|\\&=2|\sin(kh_t h_r/d)|\end{aligned} \tag{3.112}$$

接收功率与 PGF 的平方成正比，其表达式如下：

$$P_r\propto|F|^2=4\sin^2\left(\frac{kh_t h_r}{d}\right)\approx 4\times\left(\frac{kh_t h_r}{d}\right)^2 \tag{3.113}$$

很明显，最后一个近似是基于 $h_r\ll d$，$h_t\ll d$ 和 $R=-1$ 的事实，该假设在实际应用中通常能够满足。

若 h_t 比 h_r 小，则有

$$\tan\psi=\frac{h_r-h_t}{d}=\frac{\Delta h}{d}\approx\frac{h_r}{d} \tag{3.114}$$

在这种情况下，计算 $|F|$ 的公式简化为以下表达式：

$$|F|=2\sin(kh_t\tan\psi) \tag{3.115}$$

当 $kh_t\tan\psi=n\pi$，$(n=0, 1, \cdots)$，即 $\tan\psi=n\lambda/(2h_t)$ 时，其取最小值。当 $kh_t\tan\psi=(2n+1)\pi/2$，$(n=0, 1, \cdots)$，即 $\tan\psi=(2n+1)\lambda/(4h_t)$ 时，其取最大值。

3. 覆盖图和高度增益曲线

图 3.21 给出了覆盖图的一个示例。横轴和纵轴分别表示接收天线的距离和高度的 $|F|$ 图形称为覆盖图。在该图中，$|F|$ 单位为 dB，h_r 单位为 m，d 是相对于基准距离 d_0 标准化的距离。值得注意的是，如果 $d=d_0$，则有 $E_t=E_d$，从而有

$$|F|=\left|2\left(\frac{d_0}{d}\right)\sin(kh_t\tan\psi)\right| \tag{3.116}$$

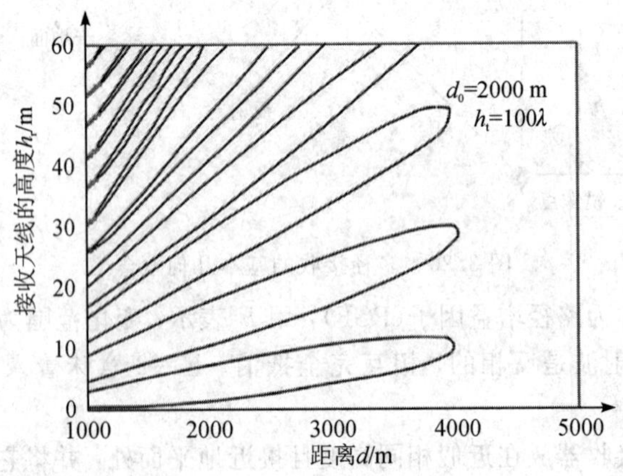

图 3.21　覆盖图示例

另一种表示接收电场的方法是路径增益因子(PGF)图，该图显示在特定天线高度处接收场强(单位 dB)随 d 的变化。图 3.22 给出了一个示例。PGF 值的变化表明，最大值点对应于 PGF＝2，这会导致接收信号增益额外增加 6 dB；最小值点对应于 PGF＝0，此处入射波和反射波完全相互抵消。实际上，最大和最小位置可能会受到多个反射路径引起的变化的影响。该方法用于确定无线电广播系统中接收天线的适当高度。

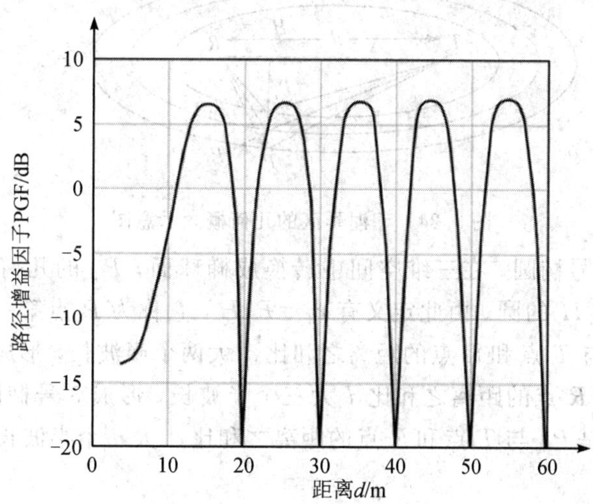

图 3.22　天线高度增益曲线

例 3.6　一个频率为 5 GHz(C 波段)、高度 6 m 的雷达天线监测机场区域。如果 3 km 外距离地面 2 m 处有物体，求：

(1) 入射角；

(2) PGF 值(设 $R=-1$)；

(3) 相对于视距信号，接收信号电平的降低。

解：(1) 对于给定的情况，可以假定地面是平坦的。因此，由图 3.23 可得：

$$\lambda=\frac{c}{f}=6\ \text{cm}$$

$$\tan\psi=\frac{6}{X_{\text{r}}}=\frac{2}{3-X_{\text{r}}}\Rightarrow X_{\text{r}}=2.25\ \text{km}$$

$$\psi=\tan^{-1}\left(\frac{6}{2250}\right)=0.15°$$

(2) 由式(3.112)，可得

$$|F|=\left|2\sin\left(\frac{kh_{\text{t}}h_{\text{r}}}{d}\right)\right|=2\sin\frac{2\pi\times6\times2}{0.06\times300}=0.81$$

(3) 接收信号电平与 $|F|$ 成正比，因此损耗比(LR)可以写成：

$$\text{LR}=20\lg|F|\Rightarrow\text{LR}=-1.83\ \text{dB}$$

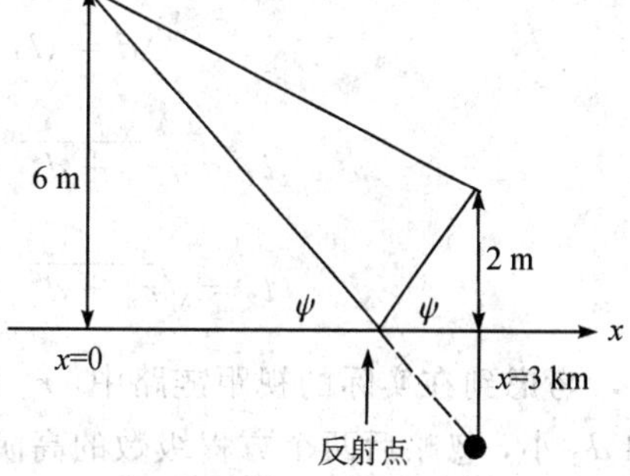

图 3.23　例 3.6 几何示意图

4. 菲涅耳区

菲涅耳区几何概念如图 3.24 所示，发射机天线位置用 T 表示，接收机天线位置用 R

表示，主信号路径假定为 $TR=d$。在这种情况下，如果 P_1 与点 T 和 R 的距离之和比 d 大一个半波长的点，即：

$$P_1T + P_1R = d + \frac{\lambda}{2} \tag{3.117}$$

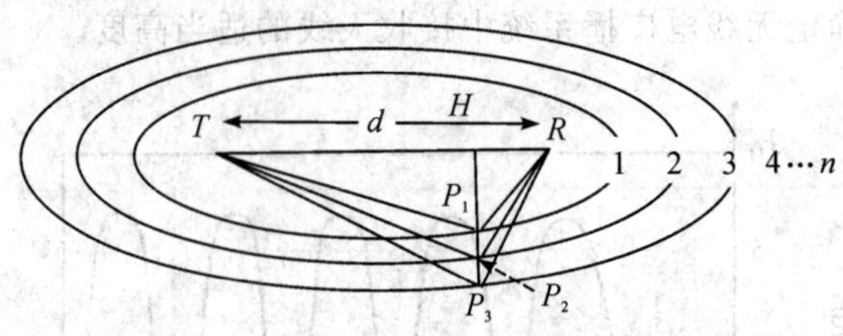

图 3.24 菲涅耳区的几何概念示意图

这些点的轨迹形成 1 号椭圆，在三维空间中转换成椭球面，P_1 的几何位置形成一个以 H 为中心、半径等于 P_1H 的圆。由此定义有 $r_1=P_1H$，它称为 P 点第一菲涅耳半径。同样，P_2 点的轨迹是它们与 T 点和 R 点的距离之和比 d 大两个半波长，形成 2 号椭圆；P_3 点的轨迹是 P_3 与 T 点和 R 点的距离之和比 d 大三个半波长，形成 3 号椭圆；依此类推，一般来说，点 P_n 的轨迹是 P_n 与 T 点和 R 点的距离之和比 d 大 n 个半波长，形成第 n 号椭圆，其满足如下方程：

$$P_nT + P_nR = d + n\cdot\frac{\lambda}{2} \tag{3.118}$$

在三维空间中，形成椭球面的点 P_n 的几何位置称为第 n 菲涅耳区，其在路径 H 点的半径 $r_1=P_1H$ 为 P_1 点第一菲涅耳半径，$r_2=P_2H$ 为 P_2 点第二菲涅耳半径，…，$r_n=P_nH$ 为 P_n 点第 n 菲涅耳半径。根据图 3.24，菲涅耳半径取决于发射器和接收器之间的路径长度 d、点 H 的位置或 d_1 和 d_2 的长度、波长 λ 和菲涅耳区数 n。

5. 菲涅耳半径计算

如图 3.25 所示，第 n 菲涅耳半径 r_n 满足以下关系：

$$\Delta d = (l_1 + l_2) - (d_1 + d_2) = n\frac{\lambda}{2} \tag{3.119}$$

$$l_1 = \sqrt{r_n^2 + d_1^2} \Rightarrow l_1 \approx d_1\left[1 + \frac{1}{2}\left(\frac{r_n}{d_1}\right)^2 + \cdots\right] \tag{3.120}$$

$$l_2 = \sqrt{r_n^2 + d_2^2} \Rightarrow l_2 \approx d_2\left[1 + \frac{1}{2}\left(\frac{r_n}{d_2}\right)^2 + \cdots\right] \tag{3.121}$$

考虑到在实际的视距链路中，r_n 通常比 d_1 和 d_2 小，忽略后两个方程级数的高阶项，得

$$r_n = \sqrt{n \times \frac{d_1d_2}{d_1 + d_2} \times \lambda} \tag{3.122}$$

从而，第一菲涅耳半径($n=1$)为

$$r_1 = \sqrt{\frac{d_1d_2}{d_1 + d_2} \times \lambda} \tag{3.123}$$

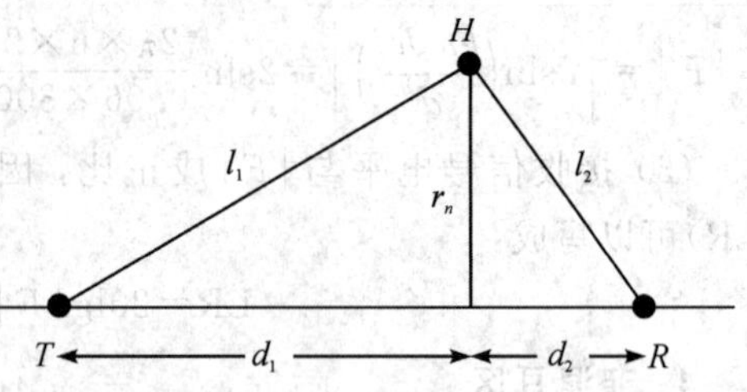

图 3.25 第 n 菲涅耳半径

同样，第 n 菲涅耳的半径可以通过以下公

式简单计算：

$$r_n = r_1\sqrt{n} \tag{3.124}$$

需要注意的是，尽管 T 点和 R 点之间的路径通常不是直线和水平的，但上述方程在大多数实际情况下有效且可接受。

菲涅耳半径在视距微波传输中具有重要意义，即假设 P_1 为反射点且反射系数等于 -1，则 R 点和 T 点之间路径上入射波和反射波的相位差为 360°，即接收器上的主信号和反射信号是同相的。这是因为，其中 180°相位差由于反射产生，另外 180°相位差由于路径长度差等于 $\lambda/2$ 产生。因此，接收机接收到的信号电平甚至比只有视距接收时的信号电平还要高。类似地，假设反射点为 P_2 且反射系数等于 -1，则入射波和反射波的相位差为 360°+180°，因此它们是反相信号，并且彼此急剧衰减。最终，奇数(1，3，5，…)表面的菲涅耳区形成点的几何位置，它们的反射波与入射波同相并相互增强，而偶数(2，4，6，…)的椭球面形成点的几何位置，它们的反射波相对于入射波具有相反的相位并相互衰减。

除了反射现象外，其他一些现象，如折射现象、障碍物的衰减、电波路径余隙视距准则都可以以菲涅耳半径为基础进行描述和计算。在图 3.26 中，对于三个取不同值的反射系数，给出了由反射波和障碍物衰减引起的主信号电平的增减量。值得注意的是，刃形障碍物的反射系数为 0，而对一般障碍物假定为 -0.43，以及对如海水表面等光滑障碍物假定为 -1。

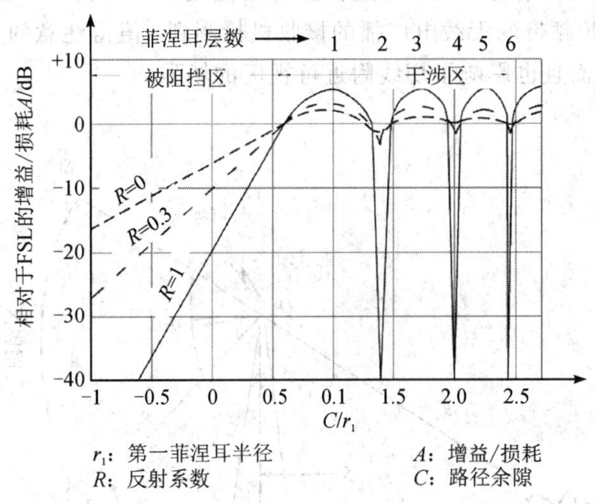

图 3.26　电波增益/损耗随路径余隙的变化

例 3.7　在 2.4 GHz 频段的 25 km 点对多点(P-MP)通信链路中，求：

(1) 距离发射机 10 km 处的第一和第四菲涅耳半径。

(2) 平面上某点与发射机和接收机的距离之和大于发射机和接收机之间视距半个波长的点的轨迹。

(3) 传输路径中线第一和第四菲涅耳半径。

解：(1) 由题意知

$$\lambda = 12.5\ \text{cm},\ d_1 = 10\ \text{km},\ d_2 = 15\ \text{km}$$

将其代入式(3.123)，可得第一菲涅耳半径为

$$r_1=\sqrt{\frac{10\times 15}{25}\times 10^3\times 0.125}=27.39\ \text{m}$$

由式(3.124)可得第四菲涅耳半径

$$r_4=r_1\times\sqrt{n}=54.78\ \text{m}$$

(2) 轨迹是一个椭圆，焦点位于 R 和 T 处，参数如下：

$$2c=25\ \text{km},\ 2a=25+\lambda/2,\ 2b\approx 5\sqrt{\lambda},\ \lambda=1.25\times 10^{-4}\ \text{km}$$

(3) 传输路径中线第一和第四菲涅耳半径分别为

$$R_1=\sqrt{\frac{12.5\times 12.5}{25}\times 10^3\times 0.125}=27.95\ \text{m}$$

$$R_4=R_1\times\sqrt{n}=55.9\ \text{m}$$

3.4.2 电波的绕射

绕射现象最初是针对可见光波进行研究的，由于光波和无线电波具有相同的本质，两者都遵循电磁定律，因此，绕射机制被用于包括移动无线电在内的多种无线电系统中。本节从理论上研究绕射现象，并给出相应的方程。如图 3.27 所示，当无线电波遇到障碍物时，会发生绕射，其辐射方向超出了光的几何光学原理研究的范围，即，一部分波能穿透进入黑暗不可见的区域。在某些情况下，这种能量的量是相当大的，并且可被用于无线电系统以及 VHF 和 UHF 频带的无线电广播的接收机检测到。值得注意的是，这种现象不仅影响了阴影区的场强，而且也影响了切线附近可视区的场强。

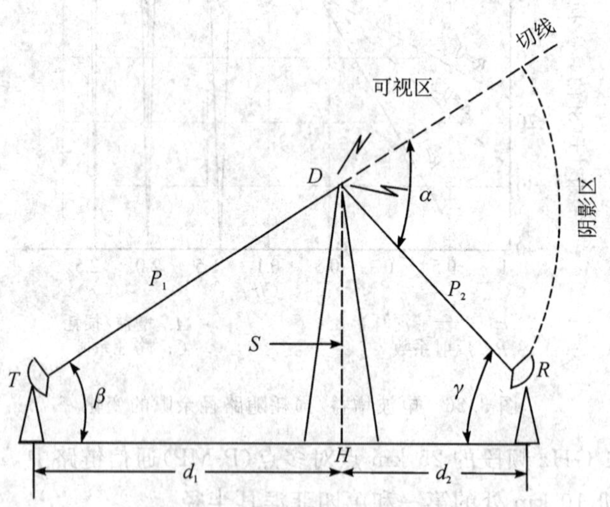

图 3.27 电波绕射原理图

绕射的主要因素很多，如图 3.27 所示，包括线 TD 的延伸(称为边界线或切线，其上方被称为可视区，以下被视为不可见或阴影区)、边界线和 DR 线之间的角度(称为偏离角，用 α 表示)、虚拟直线路径 TR 与实际路径 TDR 之间的相位差(用 φ 表示)、实际路径长度 (P_1+P_2) 和虚拟路径长度 (d_1+d_2) 之间的长度差(用 Δ 表示)。

1. 绕射参数

为了分析电波的绕射，定义了绕射参数 V，它是偏离角 α、发射器和接收器之间的距离、波长等因素的函数。由图 3.27 可得：

$$P_1=\sqrt{d_1^2+S^2}=d_1+\frac{S^2}{2d_1},\quad P_2=\sqrt{d_2^2+S^2}=d_2+\frac{S^2}{2d_2} \tag{3.125}$$

$$\Delta=(P_1+P_2)-(d_1+d_2)=\frac{S^2}{2}\left(\frac{d_1+d_2}{d_1d_2}\right) \tag{3.126}$$

$$\phi=\frac{2\pi}{\lambda}\times\Delta=\frac{\pi}{2}\left[\frac{2(d_1+d_2)}{\lambda d_1d_2}\right]S^2=\frac{\pi}{2}V^2 \tag{3.127}$$

考虑到 $S\ll d_1$ 和 $S\ll d_2$，有

$$\alpha=\beta+\gamma=\frac{S}{d_1}+\frac{S}{d_2}=S\cdot\frac{d_1+d_2}{d_1d_2} \tag{3.128}$$

应用上述各项，可得

$$S=\alpha\frac{d_1d_2}{d_1+d_2} \tag{3.129}$$

$$\phi=\frac{\pi\alpha^2}{\lambda}\cdot\frac{d_1d_2}{d_1+d_2} \tag{3.130}$$

$$V=\alpha\sqrt{\frac{2d_1d_2}{(d_1+d_2)\lambda}}=S\sqrt{\frac{2(d_1+d_2)}{\lambda d_1d_2}} \tag{3.131}$$

2. 绕射区的场

对于边界线周围绕射区域的场强，没有一种直接简单的计算方法，但是如果障碍物是光滑的，并且接收点位于阴影(不可见)区域足够深，则可以使用以下简单方程计算场：

$$F=V(X)\cdot U(Z_1)\cdot U(Z_2) \tag{3.132}$$

式中，衰减的主要因素是函数 $V(X)$，它有严格的解析表达式。其值也可从图 3.28 中获得。

$$V(X)=2\sqrt{\pi X}\cdot e^{-2.02X} \tag{3.133}$$

函数 $U(Z_1)$ 和 $U(Z_2)$ 可利用图 3.29 获得。在上述曲线和方程中，X 为距离因子，Z 为天线

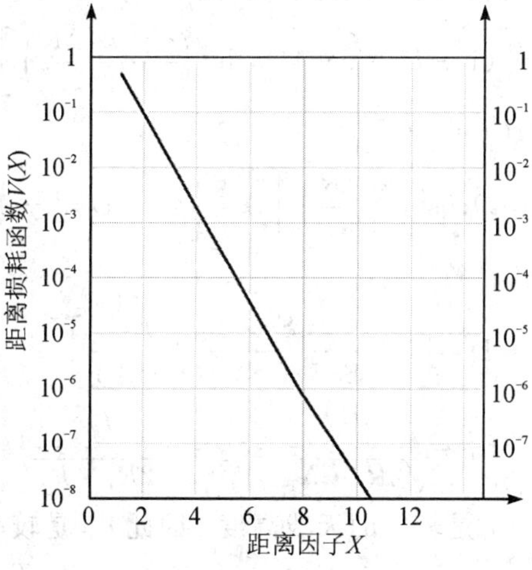

图 3.28　距离损耗函数 $V(X)$

高度因子(Z_1 表示发射机天线，Z_2 表示接收机天线)。

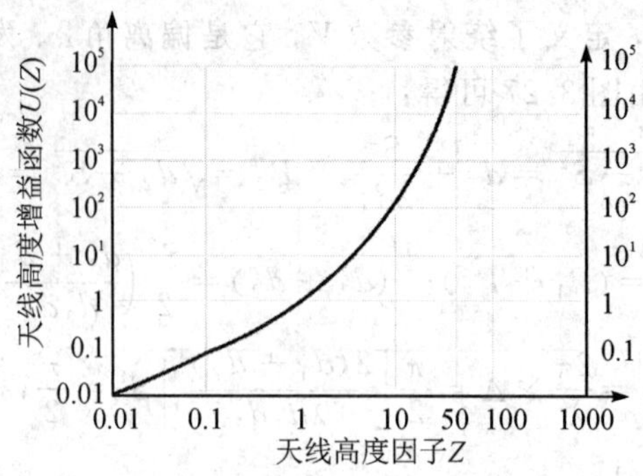

图 3.29 天线高度增益函数

要计算 X 和 Z，首先应使用下式计算每个特定情况下的长度(L)和高度(H)参数：

$$L=2\left(\frac{R_e'^2}{4k_0}\right)^{1/3},\quad H=2\left(\frac{R_e'}{2k_0^2}\right)^{1/3} \tag{3.134}$$

式中，R_e' 是等效地球半径，$k_0=2\pi/\lambda$ 是波数。对于 K 因子等于 4/3 的标准情况，上述方程简化为

$$L=28.41\lambda^{1/3}(\text{km}),\quad H=47.55\lambda^{2/3}(\text{m}) \tag{3.135}$$

式中，λ 单位为 m。基于上述假设，可根据距离和天线高度，利用下式计算 X 和 Z 值：

$$X=\frac{d}{L},\quad Z_1=\frac{h_1}{H},\quad Z_2=\frac{h_2}{H} \tag{3.136}$$

3. 干涉区的场

第 3.4.1 节中多径传播方程可用于计算干扰区域内的场强。唯一需要额外考虑的是由反射引起的光线发散机制，这会导致接收器位置处反射波的衰减，因此使用公式(3.112)，通过引入反射系数 ρ 和相位 ϕ 将路径增益因子 F 改为以下表达式：

$$F=\left|1+D\rho e^{j\phi-jk_0\Delta R}\right| \tag{3.137}$$

应用进一步的数学运算和简化，上述方程式可转换为

$$F=\left[(1+D\rho)^2-4D\rho\sin^2\left(\frac{\phi-k_0\Delta R}{2}\right)\right]^{1/2} \tag{3.138}$$

假设平坦地面的反射系数为($\phi=180°$，$\rho=1$)，有

$$F=\left[(1+D)^2-4D\cos^2\left(\frac{k_0\Delta R}{2}\right)\right]^{1/2}=\left[(1+D)^2-4D\cos^2\left(\frac{\pi}{2}\zeta\right)\right]^{1/2} \tag{3.139}$$

式中光滑表面的 D 可用下式计算：

$$D=\left[1+\frac{4S_1\cdot S_2^2\cdot T}{S(1-S_2^2)(1+T)}\right]^{-1} \tag{3.140}$$

$$S_1=\frac{d_1}{\sqrt{2R_e\cdot h_1}},\ S_2=\frac{d_2}{\sqrt{2R_e\cdot h_2}} \tag{3.141}$$

式(3.140)和式(3.141)中，h_1 是较小的天线高度，因此 h_2 是较高的天线高度。

$$S=\frac{d}{\sqrt{2R_e\cdot h_1}+\sqrt{2R_e\cdot h_2}}=\frac{d}{d_{RH}}=\frac{S_1T+S_2}{1+T} \tag{3.142}$$

$$T = \sqrt{\frac{h_1}{h_2}} \ (h_1 < h_2 \Rightarrow T < 1) \tag{3.143}$$

离传输路径两个端点距离为 d_1 和 d_2 的反射点可用下面公式计算：

$$d_1 = \frac{d}{2} + P\cos\left(\frac{\phi + \pi}{3}\right), \quad d_2 = d - d_1 \tag{3.144}$$

式中

$$\phi = \cos^{-1}\left[\frac{2R_e(h_1 - h_2)d}{P^3}\right] \tag{3.145}$$

$$P = \frac{2}{\sqrt{3}}\left[R_e(h_1 + h_2) + \frac{d^2}{4}\right]^{1/2} \tag{3.146}$$

也有文献利用下面的方法进行计算：

$$k_0 \Delta R = \frac{2kh_1h_2}{d}(1 - S_1^2)(1 - S_2^2) = \gamma\zeta\pi \tag{3.147}$$

式中

$$\gamma = \frac{4h_1^{3/2}}{\lambda\sqrt{2R_e}} = \frac{h_1^{3/2}}{1030\lambda} \tag{3.148}$$

$$\zeta = \frac{h_2/h_1}{d/d_T}(1 - S_1^2)(1 - S_2^2) \tag{3.149}$$

$$d_T = \sqrt{2R_e h} \tag{3.150}$$

4. 中间路径区域的场

如前所述，没有简单的方法来计算中间路径区域的场强。它可以通过使用图形，并以可接受的精度应用插值来获得。为此，根据前面提出的方法，计算不可见区域(阴影区)中的两个或多个点的 F 值，以及干涉区域中两个或多个点的 F 值，然后绘制一条曲线，这些点给出特定情况下 F 与距离的关系。该方法可概括为以下步骤：

(1) 在不可见区域中选择两个或多个点，如，$d_1 = 2d_T$，$d_2 = 3d_T$，并计算这些点的 F 值。

(2) 在干涉区域中选择两个或多个点，并计算这些点的 F 值。

(3) 使用曲线拟合和插值方法绘制 $20\lg F$ 随归一化距离 d/d_T 变化的曲线。

(4) 在中间路径区域，用给定的归一化距离求出所需点的 $20\lg F$。

例 3.8　在微波中继中，发射天线和接收器天线的高度分别为 30 m 和 20 m。对于 10 GHz 频率，已知标准传播条件和以下参数：

$$d = d_T, \quad d = 1.1d_T$$
$$\gamma\zeta = 1, \quad \gamma\zeta = 0.5$$
$$D = 0.75, \quad D = 0.6$$

(1) 求等效接收路径增益 F。

(2) 绘制给定跳跃的 F 随归一化距离的曲线。

(3) 已知天线增益为 $G_t = 40$ dBi、$G_r = 38$ dBi，发射功率等于 500 mW，距离等于 30 km，求天线的接收信号功率。

解：(1) 可使用式(3.135)计算标准情况下的参数 L、H 和雷达视距：

$$L = 13.2\ \text{km},\ H = 10.24\ \text{m}$$

$$d_T = \sqrt{2R'_e \cdot h_t} = 4.12\sqrt{h_t} = 22.52\ \text{km}$$

使用公式(3.136)获得参数 X 和 Z，

$$X = \frac{3d_T}{L} = 5.12,\quad Z_1 = \frac{h_1}{H} = 2.93,\quad Z_2 = \frac{h_2}{H} = 1.95$$

利用图 3.28 和图 3.29，可得

$$20\lg V(X) = -70\ \text{dB},\quad 20\lg U(Z_1) = 19\ \text{dB},\quad 20\lg U(Z_2) = 13\ \text{dB}$$

最后利用式(3.132)计算 F：

$$20\lg F = 20\lg V(X) + 20\lg U(Z_1) + 20\lg U(Z_2) = -38$$

即

$$F = 0.0126$$

(2) 按以下步骤绘制 F 曲线：

第一步，在 $d = 3d_T$ 的暗区求 F 值：

$$20\lg F = -38\ \text{dB}$$

同时，计算 $d = 2d_T$ 的 F：

$$X = 3.41,\ Z_1 = 2.93,\ Z_2 = 1.95$$

$$\Rightarrow 20\lg V(X) = -47,\ 20\lg U(Z_1) = 19,\ 20\lg U(Z_2) = 13$$

$$\Rightarrow 20\lg F = -1\ \text{dB}$$

第二步：利用式(3.139)，得到以下结果：

$$d = 2d_T \Rightarrow F = 1 + D = 1.75 \Rightarrow 20\lg F = 4.86\ \text{dB}$$

$$d = 1.1d_T \Rightarrow F = \sqrt{1 + D^2} = 1.166 \Rightarrow 20\lg F = 1.334\ \text{dB}$$

第三步：根据计算结果绘制图 3.30。

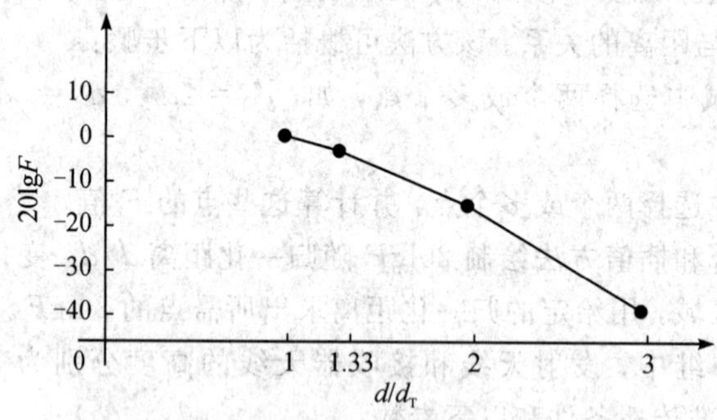

图 3.30 路径增益 F

(3) 考虑到本例中 $d_T = 22.5$，$d/d_T = 1.33$，根据图，很明显 $20\lg F = -3$ dB 和 $F = 0.7$。因此，应用以下方程式得出：

$$P_r = \frac{P_t G_t G_r \lambda^2}{4\pi d^2} \times F^2 1$$

$$10\lg P_r = 10\lg P_t + G_t + G_r + 20\lg\lambda + 20\lg F - 10\lg(4\pi d^2)$$

$$P_r = P_t(\text{dB}_m) + G_t + G_r - 34 + 20\lg F - 10\lg(4\pi d^2)$$

$$P_r = 30 + 40 + 40 - 34 + (-3) - 100.5 = -27.5\ \text{dBm}$$

3.4.3　障碍物的衰减

通常，当发射机和接收机之间的直接路径中存在障碍物时，可以通过以下两种方法在接收机处检测无线电波：

(1) 通过障碍物并受到相关衰减。

(2) 利用绕射的方式，此时波遇到障碍物边缘，进入障碍物后的暗区。

上述两种方法在特定条件下都有各自的应用。对于特定应用(如无线通信和广播系统)，当发射天线的波束宽度像扇形或各向同性天线一样宽时，绕射现象占主导地位，因为不同路径(包括直线和绕射路径)以相同功率传输，同时与波长相比，由于自然障碍物的厚度较大，直线视距路径的损耗较大。在 UHF/SHF 频段和雷达传输中，点对点或点对多点链路等视距传输，由于使用高频定向天线，绕射机制不适用，在障碍物厚度与波的穿透深度比值不太高的情况下，考虑障碍物损耗是一种较好的方法。

1. 绕射条件下的障碍物损耗

第 6 章将详细讨论各种障碍物损耗，本节总结了以下简单实用的方法。

1) *刃形障碍物*

以下经验公式给出了长度为 d 的有障碍无线链路的场强 E 和辐射功率 EIRP 之间的关系：

$$E(\mathrm{dB}) = 104.8 + 10\lg \mathrm{EIRP}(\mathrm{kW}) - 20\lg d(\mathrm{km}) - L_{\mathrm{ke}}(\mathrm{dB}) \tag{3.151}$$

式中，L_{ke} 是刃形障碍物的衰减(损耗)，可以从表 3.4 中获得不同绕射参数(V)下的值。

表 3.4　刃形衰减与绕射参数的关系

V	0	1	2	3	4	5	10	20
L_{ke}/dB	6	13	19	22	25	27	33	39

除上述表格公式外，还有另一种方法，即根据图 3.31 所示的图形计算刃形障碍物的衰减。在该方法中，根据障碍物高度与第一菲涅耳半径之比得到衰减值 A_0。当 $h_0/r_1<3$ 时，

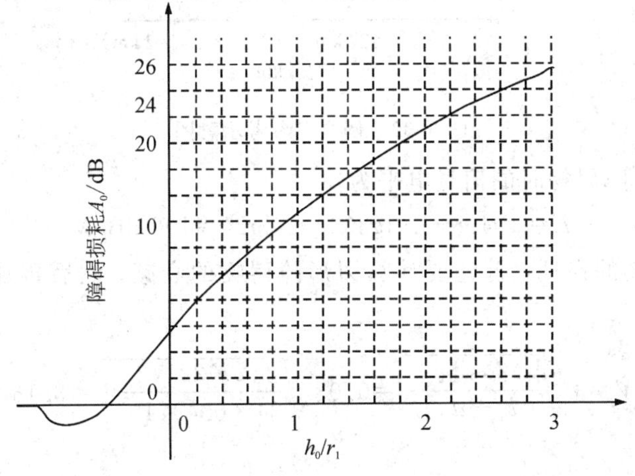

图 3.31　刃形衰减与障碍物相对高度的关系

所给出的曲线是有效的。$h_0/r_1 \geqslant 3$ 时可用以下公式计算，其计算精度可接受：

$$L_{ke}(\text{dB}) = 16 + 20\lg\left(\frac{h_0}{r_1}\right) \tag{3.152}$$

式中，h_0 为射线路径上障碍物的高度，r_1 为障碍物所在位置第一菲涅耳半径，两者的单位应相同。

2）圆形或光滑障碍物

为了计算圆形或光滑障碍物引起的衰减，除了 L_{ke} 外，还应根据下式考虑附加损耗：

$$L_{ex} = 11.7 \times \sqrt{\pi \frac{R}{\lambda}}\ (\text{dB}) \tag{3.153}$$

式中，R 为圆形障碍物的平均半径(单位为 m)，λ 为波长(单位为 m)，L_{ex} 为由圆形障碍物引起的附加衰减(单位为 dB)。方程(3.153)适用于山区、建筑物和森林中的光滑障碍物。下式适用于没有建筑物和树木的区域：

$$L_{ex} = 7.5 \times \sqrt{\pi \frac{R}{\lambda}}\ (\text{dB}) \tag{3.154}$$

例 3.9 根据图 3.32 及其数据，对于一个电视发射和接收系统：

(1) 求接收器位置的电场强度。

(2) 如果接收器灵敏度为 70 dB μV/m，验证接收信号是否可检测。

(3) 哪种解决方案能正确接收信号？

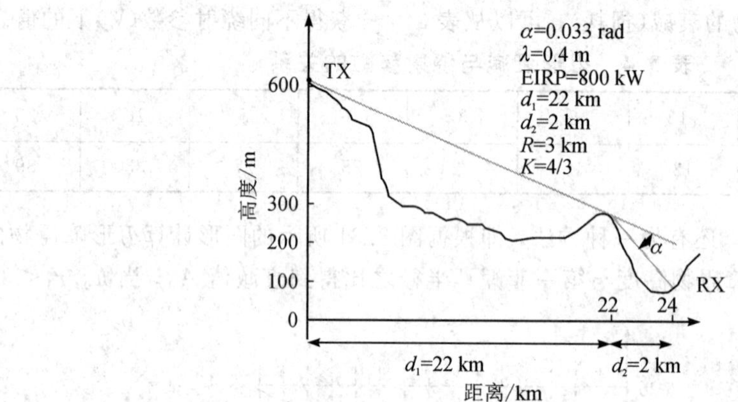

图 3.32 例 3.9 参考示意图

解：(1) 不考虑障碍物时的信号电平为

$$E = 104.8 + 10\lg 800 - 20\lg 24 = 106\ \text{dB}\mu\text{V}$$

为了计算光滑障碍物的损耗，首先要计算刃形障碍物的衰减，然后再加上附加的损耗项。由式(3.131)可得

$$V = \alpha\sqrt{\frac{2d_1 d_2}{(d_1+d_2)\lambda}} = 0.03\sqrt{\frac{2\times 22\times 2}{24\times 0.4\times 10^{-3}}} = 3.16$$

由表 3.4 有

$$L_{ke} = 23\ \text{dB}$$

由式(3.154)可计算得到附加损耗为

$$L_{ex}=7.5\times\sqrt{\pi\frac{R}{\lambda}}=38\ \text{dB}$$

从而，接收场强为

$$E_r=45\ \text{dB}\mu\text{V/m}$$

可以使用以下公式将 E_r 值转换为 V/m 单位：

$$20\lg E_r(\text{dB}\mu\text{V/m})=45\Rightarrow E_r=177.8\ \mu\text{V/m}=1.78\times10^{-4}\ \text{V/m}$$

(2) 由于接收到的信号电平小于电视接收机的灵敏度电平，所以不能被电视接收机检测到。

(3) 为了提高固定发射机参数的接收信号电平，可以进行以下修改：增加接收机天线高度，导致角度 α 减小，从而导致损耗值 L_{ex} 和 L_{ke} 减小；使用方向性天线(八木类型或类似天线)，获得更高的增益，从而增加接收机的信号电平。

2. 受阻电波路径

有时无线电波遇到障碍物，无法使用绕射理论，例如，当无线路径中存在厚度为 d 的墙时。对于类似情况，可通过以下步骤计算接收信号电平：

(1) 计算固定障碍物厚度 d 和频率 f，

(2) 计算无线电波穿透深度 δ，

(3) 使用以下公式计算障碍物损耗 L_o：

$$L_o(\text{dB})=6\times\frac{d(\text{m})}{\delta(\text{m})}\tag{3.155}$$

(4) 应用链路功率(包括发射机功率、接收机灵敏度、自由空间损耗、天线增益和其他损耗等)的运算关系计算接收信号电平。

基于 ITU-R 建议，图 3.33 给出了不同环境下无线电波穿透深度与频率的关系图。如图所示，穿透深度除了取决于障碍物的材料外，还取决于频率，并随频率的增大而迅速减小。

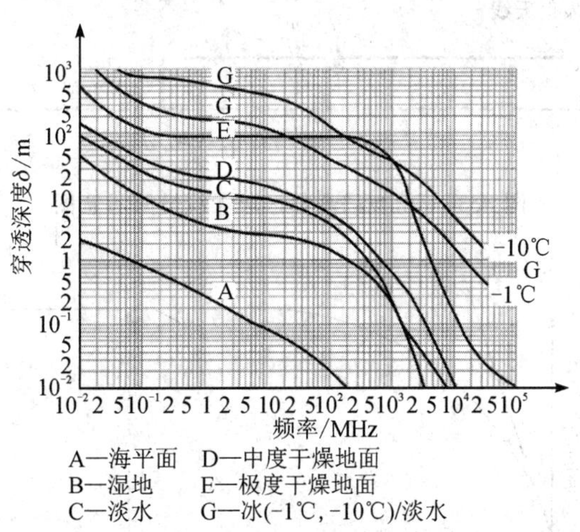

图 3.33　穿透深度随频率的变化关系图

3.4.4 森林和植被区

1. 总述

在某些情况下，无线电通信需要在森林和植被等绿色区域进行，在这些地方，无线电波在其传播路径上会遇到树木和植被。这种情况经常发生在无线网络和点对区域系统中，因此应该清楚地识别这种障碍物对无线电波传播的影响，并仔细考虑其对无线电系统设计的影响和限制。一般来说，在地面和卫星通信中，植被覆盖和森林对传输的损耗是相当大的，特别是对点对区域无线系统来说，其影响非常显著。

由于这类问题的产生条件复杂，很难给出一个严格形式的方程和直接的解。不过，在实际测量和现场试验的基础上，可给出一些非常有用的解和方程。在地面通信中，当一个无线电台位于森林地区、花园或者长满树木和植被的公园时，除了前面所述的损耗外，无线电波还会遭受其他衰减。此类损耗取决于植被比损耗指数(单位为 dB/m)，主要产生原因是无线电波通过或遇到树木和植被覆盖的区域时的能量散射。同时，该类损耗还取决于最大植被损耗 A_m(单位 dB)，在此，给出了信号穿过森林、丛林和林地的其他机制造成的损耗的上限。

图 3.34 为植被和森林区域无线链路示意图，树木和植被造成的额外损耗 A_e 与距离的关系如图 3.35 所示，可由下式得出：

$$A_e = A_m\left[1 - e^{-\gamma d/A_m}\right](\text{dB}) \tag{3.156}$$

式中，d 为植被和植物内部无线电链路的长度(单位为 m)，γ 为短路径的比损耗指数(单位为 dB/m)，A_m 为森林或植被区内无线电链路的最大损耗值。

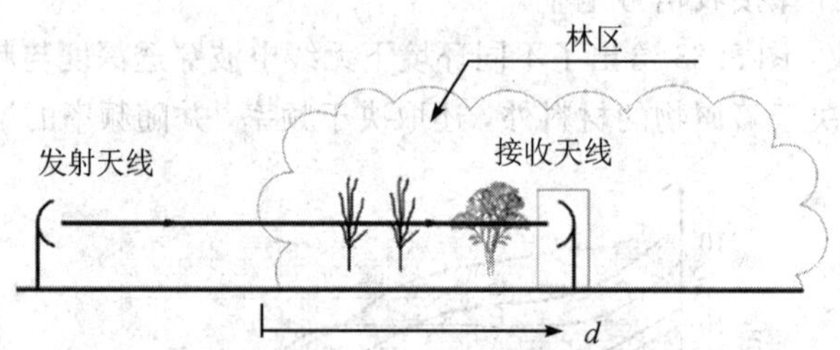

图 3.34 植被和森林区域无线链路示意图

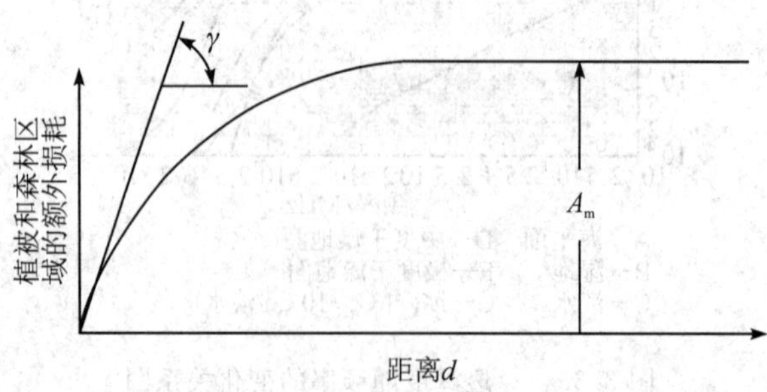

图 3.35 植被和森林区域的额外损耗与距离关系图

值得注意的是，A_e 是除了基于不同机制的其他类型的损耗(如自由空间损耗)外的一种额外的衰减。具体来说，如果路径结构使得第一菲涅耳区域的等效半径不满足开放路径标准，则 A_e 是自由空间和绕射损耗之和以外的额外损耗；在高频(高于 10 GHz)下，大气气体吸收电波发生时，A_e 是指自由空间、绕射和大气吸收损耗之和以外的额外损耗；对被地面覆盖物或杂波阻塞的无线电基站而言，A_m 是指杂波损耗。

2. VHF/UHF 频段

树木的比衰减率取决于该地区树木的类型、结构和密度，一般情况下该值的近似值随频率的变化如图 3.36 所示，在小于 1 GHz 的频率下，垂直极化的比衰减率大于水平极化的比衰减率；而在更高频率下，两种极化类型的比衰减率大致相同。在 A_e 远小于 A_m 的特殊条件下(此时 $\gamma d/A_m \ll 1$)，利用泰勒级数展开第一项，方程(3.156)可以简化为

$$A_{e\gamma} \approx + \gamma d \tag{3.157}$$

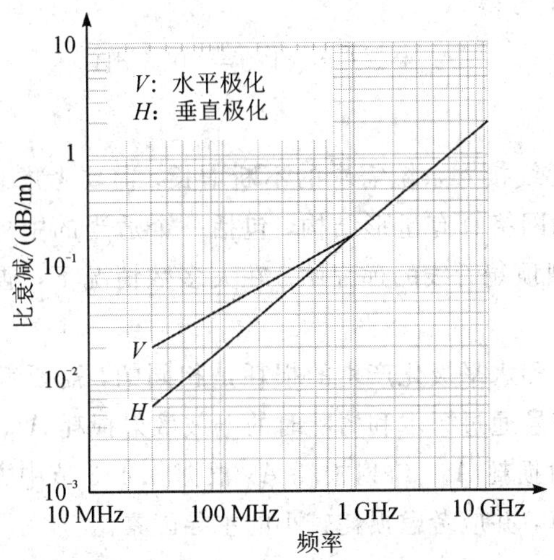

图 3.36　植被和森林区域的比衰减率随信号频率的变化

衰减的最大值 A_m 是频率的函数：

$$A_m = A_1 f^{\alpha} \tag{3.158}$$

A_1 和 α 是在 900 MHz 和 2000 MHz 频率下定义的实验系数。在如巴西里约热内卢等树木覆盖的热带地区，基站发射机天线的平均高度为 15 m、接收器天线平均高度为 2.4 m，则：

$$A_1 = 0.18\ \text{dB}, \quad \alpha = 0.752 \tag{3.159}$$

在中等植被地区(如法国)，基站发射天线平均高度为 25 m，接收器天线平均高度为 1.6 m，使用以下值计算 A_m：

$$A_1 = 1.15\ \text{dB}, \quad \alpha = 0.43 \tag{3.160}$$

通过最近测量值求得的标准差为 8.7 dB。该值可用于利用概率论和统计方法进行的无线电系统设计中。A_m 的变化范围：在 900 MHz 频率时限制在 2 dB 内，在 2000 MHz 频率下限制在 8.5 dB 内。

基于上述结果，对于高达 1000 MHz 的高频无线电系统设计，可用以下简单实用的方程：

$$A_m = \sqrt{f} \tag{3.161}$$

式中，A_m 单位为 dB，f 单位为 MHz。

例 3.10　在森林地区使用工作频率为 410～430 MHz 的无线电通信系统的手持式接收器，求：

(1) 垂直极化的比衰减率。

(2) 80 m 范围内森林树木的损耗。

(3) 树木额外损耗的最大值。

解：(1) 利用图 3.36，有

$$\gamma_V = 0.1\ \text{dB/m}$$

(2) 损耗为

$$L_V = 0.1 \times 80 = 8\ \text{dB}$$

(3) 利用式(3.161)，可得

$$A_m = \sqrt{f} = \sqrt{420} = 20.5\ \text{dB}$$

3. SHF/EHF 频段

随着近年来对宽带无线接入系统需求的不断增长，需要考虑森林、丛林、公园和绿色植被区的损耗。电波传输网络具有星形结构，包括一个适当的中央集线器、天线以及一些在特殊位置安装的有小型顶端天线的远程站。在大多数情况下，遇到树后的信号是由接收器检测到的。

在这种情况下，垂直和水平极化产生的损耗是相同的，需要考虑以下两种不同机制的损耗：其一是当无线电信号通过树木和树叶时的电波散射损耗 A_s；其二是当无线电信号遇到大量树木时的电波绕射损耗 A_d。绕射损耗 A_d 根据 3.4.3 节中方法计算。上述两种损耗应根据具体情况进行计算，并应考虑损耗较小的主导因素。

散射损耗按下式计算：

$$A_s = R_\infty d + K\left[1 - e^{-\frac{R_0 - R_\infty}{K}d}\right] \tag{3.162}$$

式中，R_0 是 A_s 的初始斜率，有

$$R_0 = a \cdot f \tag{3.163}$$

R_∞ 是 A_s 的最终斜率，有

$$R_\infty = \frac{b}{f^c} \tag{3.164}$$

K 值可通过以下等式获得

$$K = K_0 - 10\lg\left[A_0\left(1 - e^{-\frac{A_{\min}}{A_0}}\right)\left(1 - e^{-f \cdot R_f}\right)\right] \tag{3.165}$$

以上方程证明了在 GHz 范围内，A_s 对频率的依赖性。参数 a、b、c、K_0、R_f 和 A_0 的值见表 3.5。

表 3.5　计算 A_s 的树参数

参数	有叶树	无叶树
a	0.2	0.16
b	1.27	2.59
c	0.63	0.85
K_0	6.57	12.6
R_f	0.0002	2.1
A_0	10	10

A_{min} 表示波辐射的最小覆盖面积，可通过面积宽度乘以覆盖发射器和接收器天线的树木和植物的平均高度来计算。以上因素的最小值是根据发射机和接收机天线的方位/仰角(A_z/El)方向图的半功率(−3 dB)波束宽度来计算的。根据上述事实和图 3.36，如果 θ_t 和 ϕ_t 分别为与发射机天线的 A_z/El 有关的半功率波束宽度角，θ_r 和 ϕ_r 为接收天线的类似波束宽度角，可得

$$\begin{aligned}A_{min} &= \min(h_t, h_r, h_V)\times\min(W_t, W_r, W_V)\\ &=\min\left[2r_1\tan\left(\frac{\phi_t}{2}\right), 2r_2\tan\left(\frac{\phi_r}{2}\right), h_V\right]\times\min\left[2r_1\tan\left(\frac{\theta_t}{2}\right), 2r_2\tan\left(\frac{\theta_r}{2}\right), W_V\right]\end{aligned} \tag{3.166}$$

通常 $r_1 \gg r_2$，而且由于接收天线的半功率波束宽度(由于方向性的原因)是很小的值，所以上式中包括 r_1 的项可以忽略不计。

在计算了 A_s 和 A_d 之后，应计算以下两个因素：障碍物上边缘造成的绕射损耗 A_d/h，根据所提供的方程计算出的侧边绕射损耗 A_d/w。然后选择 A_s、A_d/h 和 A_d/w 中占优势的一个。在图 3.37 中，给出了最小辐射面积在 0.5～2 m^2，频率等于 5 GHz、10 GHz 和 40 GHz 时，由植被和有叶树引起的损耗衰减。图 3.38 还给出了类似情况下植被和无叶树的损耗值。

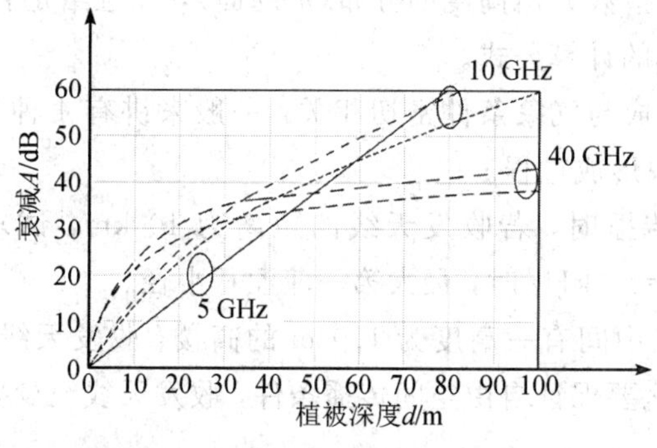

图 3.37　植被和有叶树造成的损耗

对森林地区极化效应的研究结果表明，当 3 GHz 频段的无线电波通过丛林或植被区的树木时，特别是长距离传播时，其极化会发生很大的变化。另外，如果森林中树木之间的路径长度增加，则接收到的原始和垂直极化信号电平降低，并且低于接收机的灵敏度阈值，

导致信号传输中断。

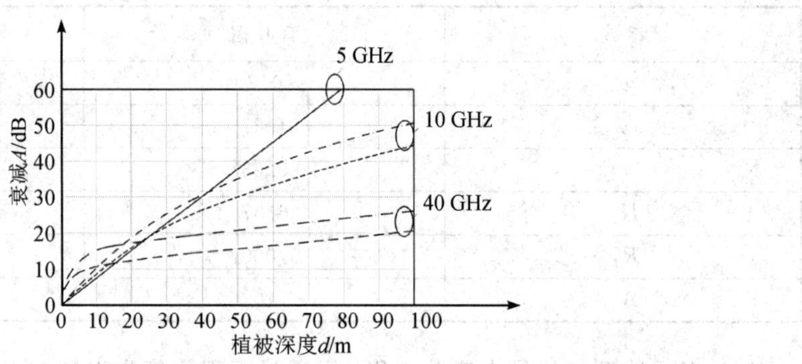

图 3.38　植被和无叶树造成的损耗

例 3.11　工作在 10 GHz 频段的远程站无线网络天线位于主站天线所辐射的波需要穿过的约 40 m 长树的地方，如果半功率波宽度的最小面积等于 2 m^2，顶边和侧边的绕射损耗都等于 35 dB，求：(1) 夏季有叶树的损耗。(2) 冬天无叶树的损耗。

解：(1) 使用图 3.37，对于有叶树，$d=40$ m，$A_{\min}=2$ m^2，$f=10$ GHz，可得：

$$A_s=40\ \text{dB}$$

将该值与 A_d 进行比较，很明显 $A_d/h=30$ dB 是主要值。

(2) 使用图 3.38，对于无叶树，$d=40$ m，$A_{\min}=2$ m^2，$f=10$ GHz，可得：

$$A_s=30\ \text{dB}$$

将该值与 A_d 进行比较，很明显 $A_s=30$ dB 是主要值。

思　考　题

3.1　大气折射指数的梯度决定了射线的弯曲程度，说明临界折射、超折射、标准折射、过折射、次折射和负折射的定义及发生的条件。

3.2　已知大气折射指数 n 沿高度的分布(n 剖面)，并且给定目标的初始仰角 θ_0 和高度 h_T，推导水平距离 D 的计算公式。

3.3　大气波导的形成与气象条件密切相关，一般来讲有 4 种气象条件易于形成大气波导，简要说明各种气象形成过程。

3.4　在自由空间传播时，若收发天线的距离为 10 km，试求当 $f=10$ GHz、$f=1$ GHz、$f=1$ MHz、$f=10$ kHz 时，最大第一菲涅耳半径。

3.5　若收发天线正中间有一高度为 100 m 的高楼，收发天线相距 1 km，高度相同，电波频率为 2 GHz，那么要保证自由空间传播条件，收发天线至少要多高？

第 4 章　电离层电波传播

电离层从距地球约 50 km 的高度开始，一直延伸到 600 km 的高度。如果无线电波穿过这一层或以某种方式进入其中，将受到这一层的特定现象的影响。受到这些现象影响的最常见的通信系统是那些在中频和高频无线电传播波段工作的系统，以及卫星通信(空间通信)系统，这些系统中的一个或两个终端都位于地面上。与其他地球大气层相似，电离层中的主要现象高度影响无线电频率，与其呈非线性关系。本章主要讨论无线电波在电离层中传播的主要现象。

4.1　电离层中的电离

4.1.1　电离与等离子体态

电离层中电离气体的数量远高于惰性气体，其最重要的特性也是由电离气体导致的。该层能有效地改变影响无线电波传播的主要因素，即电特性。电离层包含一种称为第四态或等离子体态的物质特殊态。由于电离层具有绝大多数等离子体的性质，因此，电离层研究人员和等离子体专家之间的关系非常密切。由于可见光世界的大部分物质都处于等离子体态，故对等离子体的研究对无线电波的传播和等离子体世界的感知都具有重要意义。

地球的等离子体环境，更确切地说是电离层，并不是一个简单的静态层。地球受到不同宇宙射线的辐射和轰击，其中一些射线的振幅很大，能传递大量的能量，使电子从分子中分离出来，形成正负离子。单位体积中的自由电子数称为等离子体密度或电子密度。图 4.1 给出了该参数随高度的变化。

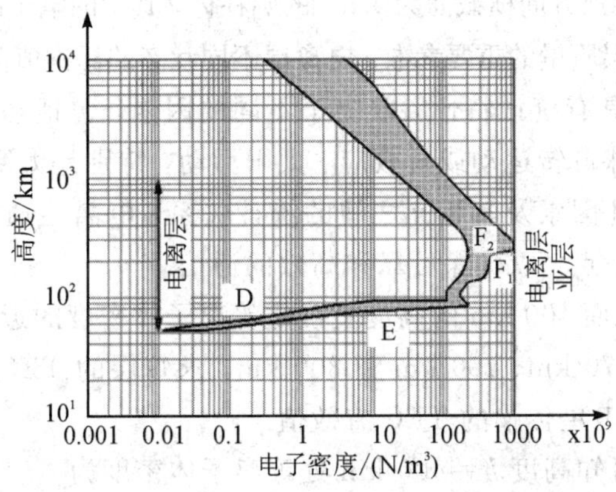

图 4.1　电离层电子密度随高度的变化曲线

4.1.2 电离层分类

宇宙射线使大气中的不同分子电离，使不同高度的电离层分层成不同的子层，如图4.2所示。在距地表 60～90 km 的高度，等离子体密度通常有相当大的值（在 10^9 el/m^3 范围内），称为 D 层。在 90～150 km 的高度，也就是所谓的 E 层，等离子体密度达到了它的相对最大值，之后开始下降，直到再次达到了它的最大值，这就是所谓的 F 层，在它之外是磁层。白天，由于太阳照射的作用，F 层分为两个子层，称为 F_1（高度约为 150～200 km）和 F_2（高度约为 200～500 km）。这两个子层在夜间再次合并成一层。

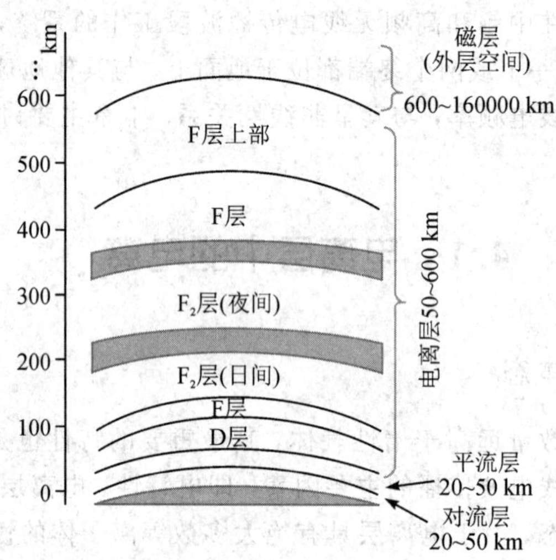

图 4.2 地球电离层结构

4.1.3 电离层现象

无线电波穿过或进入电离层时，会受到不同现象（如法拉第旋转、传播延迟/群延迟、折射/反射、色散、吸收、闪烁等）的影响。前四个现象取决于电离层的等离子体状态。

在电离层中取太阳天顶方向横截面为 1 m^2 的圆柱体，其中的电子的总数称为 TEC，单位是 el/m^2。TEC 是评价电离层质量的重要参数。电离层不同状态的标称值范围为 10^{16}～10^{18} el/m^2。

大多数电离层现象具有统计特性，取决于不同的因素，包括经纬度和磁方位、地球轨道运动或季节效应、地球自转运动或日效应、太阳活动，特别是太阳黑子的数量、磁暴、地磁场效应等。考虑到上述因素及其相互之间的统计关系，电离层通信受到很多不稳定因素的影响，必须考虑到这一点，以确保可靠和高效的通信。

例 4.1 （1）在离地面 400 km 的高度上确定等离子体密度的近似值。（2）如果 D 层、E 层和 F 层的高度分别为 70 km、100 km 和 300 km，求每层的 TEC 值。（3）利用仰角等于 45°的无线电波，求进行卫星传输的 TEC 有效值。

解：（1）由图 4.1 可知高度 $h=400$ km 处等离子体密度为

$$1.1\times10^{11}\ \text{el/m}^3\leqslant P_D\leqslant5\times10^{11}\ \text{el/m}^3$$

（2）每层厚度为

$$W_D=20\ \text{km},\ W_E=40\ \text{km},\ W_F=190\ \text{km}$$

由图 4.1 可知，上述各层的平均密度约为

$$P_{D/D} \approx 1\times10^8\ \mathrm{N/m^3},\ P_{D/E} \approx 1\times10^{10}\ \mathrm{N/m^3},\ P_{D/F} \approx 3\times10^{11}\ \mathrm{N/m^3}$$

从而有

$$(\mathrm{TEC})_D = 20\times10^3\times1\times10^8 = 2\times10^{12}\ \mathrm{el/m^2}$$

$$(\mathrm{TEC})_E = 40\times10^3\times1\times10^{10} = 4\times10^{14}\ \mathrm{el/m^2}$$

$$(\mathrm{TEC})_F = 190\times10^3\times3\times10^{11} = 5.7\times10^{16}\ \mathrm{el/m^2}$$

(3) 如果忽略 300 km 以上空间中的电子数，垂直辐射的 TEC 值计算如下：

$$\mathrm{TEC} = (\mathrm{TEC})_D + (\mathrm{TEC})_E + (\mathrm{TEC})_F \approx 5.75\times10^{16}\ \mathrm{el/m^2}$$

在给定的卫星通信中，由于辐射路径是倾斜的，因此 TEC 的有效值等于：

$$(\mathrm{TEC})_e = (\mathrm{TEC})\times\sec45^\circ = 8.1\times10^{16}\ \mathrm{el/m^2}$$

4.2 MF/HF 频段电离层通信

4.2.1 电离层中的电波传播

电离层对无线电波的传播有很多影响。在某些情况下，当 MF 和 HF 波段无线电波遇到电离层时，它们会被反射回地球。需要注意的是，电离层不同层中 MF 和 HF 波段电波轨迹变化的机理是基于折射理论的。如图 4.3 所示，向电离层发射的波开始偏离直线路径，并在某些特定条件下返回地球。偏转的发生是因为电离层的 ε_r 值随高度变化，从而折射率随高度变化，为电离层通信提供了一种非常有效的介质。如图 4.3 所示，波向地球的返回与波的反射现象非常相似，它发生在与反射发生层相对应的虚拟高度 h'_E、h'_{F_1} 和 h'_{F_2} 处。

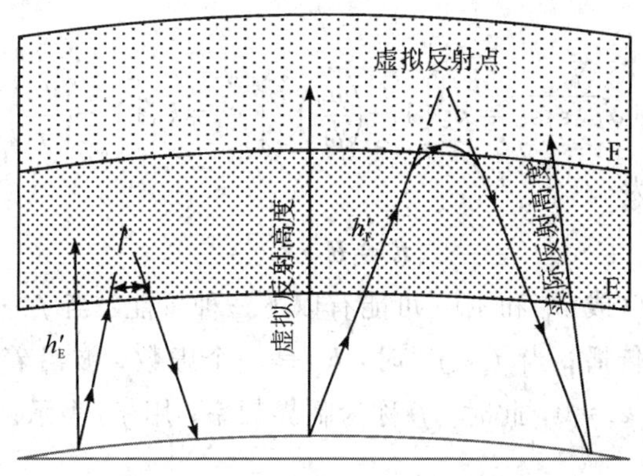

图 4.3 电离层电波折射

尽管 E 层和 F 层一直存在，但它们的相对高度在日间和夜间都会发生变化。由于在特定频率和特定天线辐射模式下，通信路径长度或发射器和接收器之间的距离取决于反射点位置，因此有效的通信范围是时变的，通常在白天和晚上是不同的。

在 D 层，电子碰撞过多，甚至频率低于 2 MHz 的波也能反射，但由于大气吸收，这些频率的衰减值过高。考虑到这一事实，并且由于 D 层在日间存在于较低的高度，电离层无线电在特定频率下的传播范围有限，在相同的传输条件下日间传输质量低于夜间传输质量。

在过去的几十年中，MF 和 HF 无线电传播系统被广泛应用于海上移动通信、国家间通信和洲际通信、远程无线电广播等。不过，随着通信技术的改进和发展，特别是近二十年来的改进和发展，以及功能更强、覆盖范围更广、质量和可靠性更高的设施的出现，通信在克服日间和季节性大气变化以及磁暴和太阳黑子的不利影响等方面取得了很大的进步，这些传统的通信系统在大多数应用中逐渐被各种卫星系统和光纤网络所取代。

4.2.2 电离层中波的垂直传播

在电离层中，等离子体环境是由现有分子的电离形成的。电离层的相对介电常数根据以下公式计算：

$$\varepsilon_r = 1 - \frac{Ne^2}{\omega^2 m\varepsilon_0} \tag{4.1}$$

式中，$\varepsilon_0 = 1/36\pi \times 10^{-9}$ F/m 为真空介电常数，N 为每立方米体积的电子密度，$e = 1.6 \times 10^{-19}$ C 为电子电荷，$m = 9 \times 10^{-31}$ kg 为电子质量，ω 为电波的角频率。

在电离层中，一个新的参数叫做等离子体共振频率，用 ω_p 或 f_p 表示，其定义如下：

$$\omega_p^2 = \frac{Ne^2}{m\varepsilon_0} \tag{4.2}$$

将式(4.2)代入式(4.1)，得

$$\varepsilon_r = 1 - \frac{\omega_p^2}{\omega^2} = 1 - \left(\frac{f_p}{f}\right)^2 \tag{4.3}$$

因此，在无耗等离子体环境中传播的平面波的电场为

$$\boldsymbol{E} = \boldsymbol{E}_0 \mathrm{e}^{-\mathrm{j}\omega\sqrt{\mu\varepsilon}z} = \boldsymbol{E}_0 \mathrm{e}^{-\mathrm{j}\omega\sqrt{\mu_0\varepsilon_0}\left[1-\left(\frac{f_p}{f}\right)^2\right]^{1/2}z} \tag{4.4}$$

此时，传播常数为

$$k_c = \omega\sqrt{\mu_0\varepsilon_r\varepsilon_0} = k_0\left[1-\left(\frac{\omega_p}{\omega}\right)^2\right]^{1/2} = k_0\left[1-\left(\frac{f_p}{f}\right)^2\right]^{1/2} \tag{4.5}$$

从而，平面波电场简化为

$$\boldsymbol{E} = \boldsymbol{E}_0 \mathrm{e}^{-\mathrm{j}k_c z} \tag{4.6}$$

考虑不同的 f_p 和 f(或 ω_p 和 ω)，可能有以下三种可能：当 $f > f_p$ 时，k_c 是一个实数，波沿着所需方向向空间传播；当 $f < f_p$ 时，k_c 是一个虚数，波沿着初始方向急剧衰减(倏逝波)；如果 $f = f_p$，则 $k_c = 0$，此时，f 称为临界频率，用 f_c 表示。如图 4.4 所示，频率小

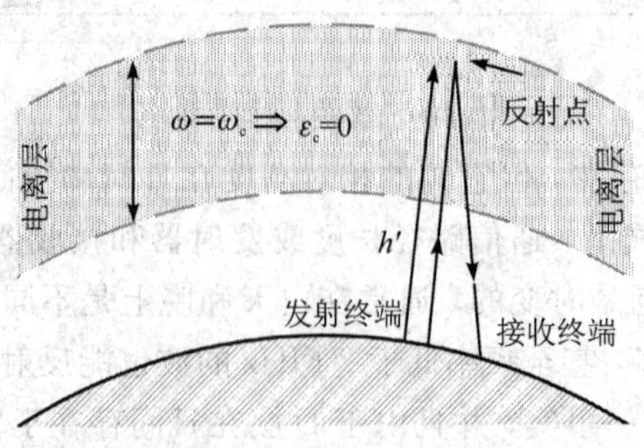

图 4.4 无线电波在电离层中的垂直传播

于 f_c 的波不能通过该层，会反射回地球。

由式(4.2)，临界频率 f_c 可近似为

$$f_c = 9\sqrt{N} \tag{4.7}$$

因此，临界频率等于以等离子体共振频率传播的波的频率。

临界频率是无线网络设计中必须考虑的重要因素。频率规划应通过提供适当的传播条件来确保可靠的通信。f_c 在电离层的不同层中的值不同，分别表示为 f_{0E}、f_{0F_1} 和 f_{0F_2}。根据式(4.7)，并考虑到 E、F_1 和 F_2 层中的电子密度，临界频率在以下范围内：

$$2.8\ \text{MHz} < f_{0E},\ f_{0F_1},\ f_{0F_2} < 9\ \text{MHz} \tag{4.8}$$

例 4.2　F 层中的电子密度等于 $5\times10^{11}\ \text{el/m}^3$。(1) 求这层的大概高度。(2) 计算频率 f_{0F}。

解：(1) 由图 4.2，可得

$$h_{\min} = 200\ \text{km},\quad h_{\max} = 400\ \text{km}$$

(2) 由式(4.7)，有

$$f_{0F} = 9\sqrt{N} \approx 6.3\ \text{MHz}$$

4.2.3　电离层中波的倾斜传播

上一节研究的垂直传播是基于理论假设的电离层中的波传播进行的介绍。在现实中，通常使用倾斜传播来模拟这一层中的无线通信。如图 4.5 所示，反射发生在虚拟点，高度由 h' 表示。这个高度的值取决于入射波的频率 f 和仰角 ψ_i。

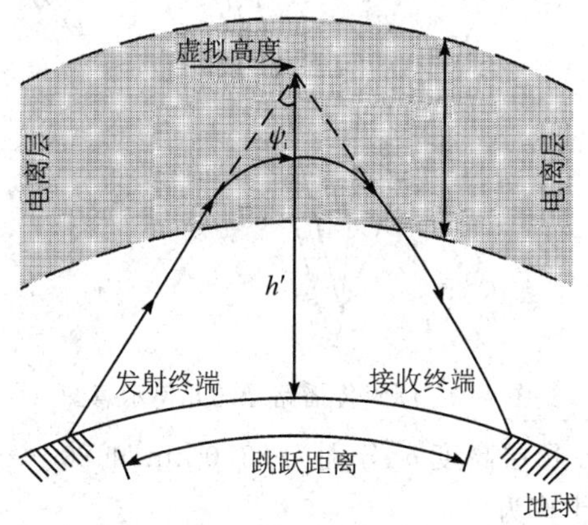

图 4.5　电离层倾斜传播概念

为了确定最大可用频率 MUF，利用分层概念并应用斯涅尔定律，可得

$$\sin\psi_i = \sin\psi \times \sqrt{\varepsilon_r} \tag{4.9}$$

当 $\psi = 90°$时，波反射回地球，利用式(4.3)，得到

$$\sin^2\psi_i = \varepsilon_r = 1 - \frac{\omega_p^2}{\omega^2} \tag{4.10}$$

即

$$1 - \cos^2\psi_i = 1 - \frac{81N}{f^2} \tag{4.11}$$

整理可得

$$f=\left(\frac{81N}{\cos^2\psi_i}\right)^{1/2} \tag{4.12}$$

$$f=f_c\times\sec\psi_i \tag{4.13}$$

例 4.3　在例 4.2 中，计算 45°发射仰角的最大可用频率。

解：由式(4.13)，有

$$f=f_c\times\sec\psi_i=6.3\times\sqrt{2}=8.883\ \text{MHz}$$

4.2.4　最佳使用频率

为了计算最佳使用频率(OUF)，应使用公式(4.13)和图 4.6 确定最大可用频率 MUF(也称绝对最大频率)。为了简化计算，应对发射器和接收器之间的波相对于地面水平或切向传播的情况加以考虑，有

$$\text{MUF}=f_c\times\sec\psi_i \tag{4.14}$$

式中

$$\psi_i=\arcsin\frac{R_e}{R_e+h'} \tag{4.15}$$

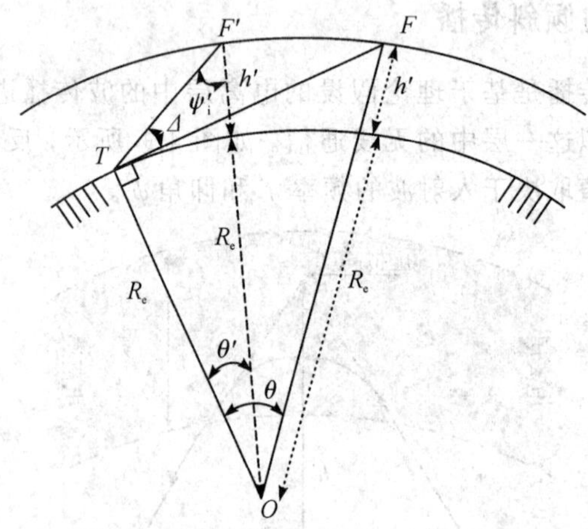

图 4.6　倾斜传播路径的几何示意图

实际中，地球半径和电离层 F 层高度 h'分别为 6370 km 和 200～400 km，求得 ψ_i 约为 74°，因此绝对最大可用频率可计算为

$$\text{MUF}=f_c\cdot\sec(74°)=3.6f_c \tag{4.16}$$

在此临界条件下，天线方向图主瓣轴线绝对水平，天线仰角为零。如果出于任何原因，天线仰角选择为 Δ 度(图 4.6 中的∠$F'TF$)，在三角形 $TF'O$ 中应用三角公式得

$$\frac{\sin\psi'_i}{R_e}=\frac{\sin(90+\Delta)}{R_e+h'} \tag{4.17}$$

即

$$\sin\psi'_i=\frac{R_e}{R_e+h'}\cos\Delta \tag{4.18}$$

对应的 MUF 为

$$\text{MUF}=f_c\cdot\sec\psi'_i \tag{4.19}$$

f_c 通常是电离层中电子密度的函数，它随很多因素变化。因此，使用 MUF 进行通信是不可靠的。在短波通信中，定义了另一个参数——最佳可用频率（OUF）。OUF 值通常为 MUF 的 50%～80%。

例 4.4　(1) 设 F 层厚度为 200 km，求 $\text{TEC}=10^{17}\ \text{el/m}^2$ 的最大可用频率。(2) 确定最佳可用频率。(3) 如果频率为 11 MHz 和 23 MHz 的波以 30°的仰角发射，确定它们是否能提供可靠的通信。

解：(1) 因为

$$\text{TEC}=H\times P_{\text{D}}$$

从而有

$$P_{\text{D}}=\frac{10^{17}}{200\times10^{3}}=5\times10^{11}\ \text{el/m}^2$$

由式(4.7)，有

$$f_{\text{c}}=9\sqrt{N}=6.3\ \text{MHz}$$

(2) 最佳可用频率为

$$\text{OUF}<3.6f_{\text{c}}\times80\%=18.145\ \text{MHz}$$

(3) 天线仰角 Δ=30°时，

$$\psi_{\text{i}}'=56°$$

最大可用频率为

$$\text{MUF}(30°)=f_{\text{c}}\cdot\sec56°=11.27\ \text{MHz}$$

因此，频率为 11 MHz 的波能够反射回地球，但反射实现的条件很关键，即它们的频率要高于最大可用频率的 80%。而在给定条件下，频率为 23 MHz 的波不能反射回地球，他们逃离电离层，进入太空。

4.2.5　远程通信

在电离层通信中，发射机和接收机之间一跳的距离可能达到数百甚至数千千米。跳跃距离取决于工作频率、发射波仰角、电离层中的作用子层等。

当发射机和接收机之间的距离大于最大距离 $d_{\max}$ 时，不可能通过单跳建立通信，而需要利用来自地球的波反射来建立多跳，如图 4.7 所示。在电离层通信中，不同的传输模式用 nx 表示，其中 n 是跳数，x 是使用的电离层子层（例如 E、F_1 和 F_2）。例如，传输模式 $3F_2$ 意味着使用 3 跳，并且波从电离层 F_2 层反射回来。图 4.7 给出了能够处理长达 10 000 km 无线电通信的不同传输模式的示例。

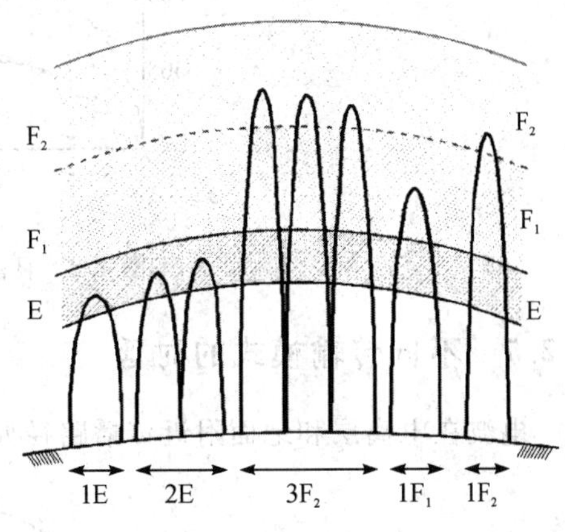

图 4.7　电离层传输模式示例

例 4.5　(1) 在例 4.4 中，当发射机和接收机之间的距离为 1000 km 时，求出反射点虚拟高度的近似值。(2) 对于相同天线类型的超过 1600 km 的通信，什么是合适的传输模式？

解：(1) 根据图 4.6 和角度 Δ=30°的可接受精度，可得

$$\frac{d}{2}=R_e\theta'\Rightarrow\theta'\approx 0.0786\ \text{rad}\approx 4.5°$$

$$\psi'_i=90-\Delta-\theta'=55.5°$$

由$\triangle OTF$的三角关系可得：

$$\frac{\sin\psi'_i}{R_e}=\frac{\sin(90+\Delta)}{R_e+h'}$$

解之得

$$h'\approx 324\ \text{km}$$

(2) 如果对于这种情况，设发射角$\Delta\approx 30°$，显然应该使用 2F 传输模式。增加ψ_i即减少Δ，则也可以使用 1F 模式。其他传输模式，如 1E、2E、3E，可以考虑天线的仰角来研究。

4.2.6　D 层影响和日频/夜频

日间由于 D 层较低，电离层波的损耗过大，使得 MF 波段的无线电通信变得非常困难。实际上，为了使无线电波能够被有效地反射回地球，在 MF/HF 通信中使用了更高的频率。

另外，在日间，F 层分为 F_1 和 F_2 两个子层，因此，在通过 F_1 层的反射中，无线链路在夜间比日间的 F 层的链路短。在低频段，即使在日落后数小时内也不可能建立通信。如图 4.8 所示，日落后 0.7 MHz、1 MHz 和 1.5 MHz 频率电波不可能用来通信。

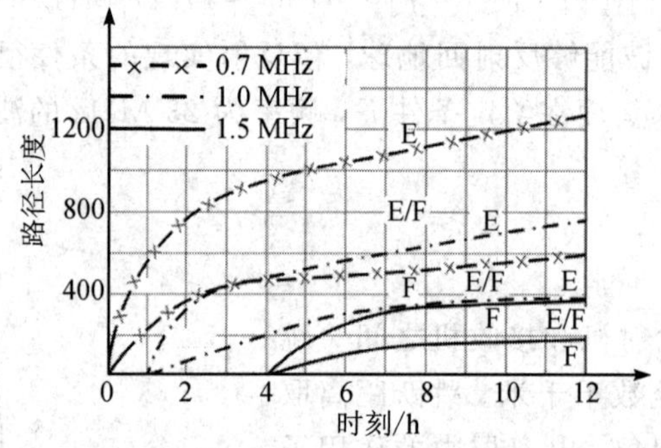

图 4.8　日落后中频电波路径长度

4.2.7　不同传输模式的时延

电波在电离层和地面附近传播路径如图 4.9 所示，且在这两种不同传输环境下，电波

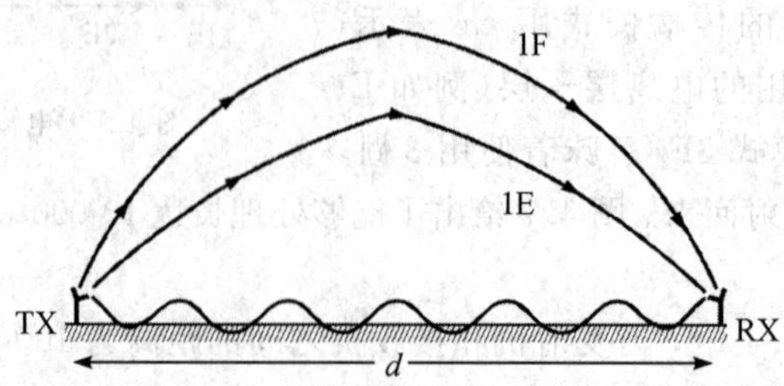

图 4.9　低中频波段在电离层和地面附近传播路径

都能以较低的 MF 频率传播。很明显，由于地波的路径长度较短，所以在接收端地波比电离层波更早检测到。

地波与电离层波之间的时间延迟取决于传输模式。在图 4.10 和图 4.11 中，给出了电波在 700 kHz 和 1 MHz 频率不同传输模式下的时延和相对振幅。其中，G 代表地波。

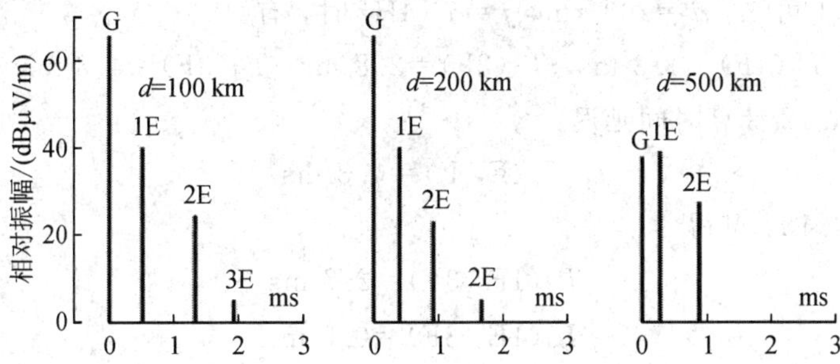

图 4.10　700 kHz 时电离层波与地波的时延和相对振幅

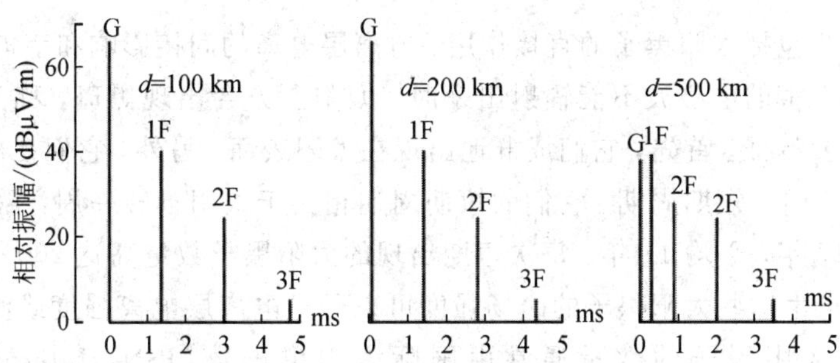

图 4.11　1 MHz 时电离层波与地波的时延和相对振幅

图 4.12 描绘了 E 层和 F 层中不同传输模式的时延与发射机和接收机间距离 d 的关系。此外，发射机和接收机之间 E、F 层的不同传输模式的相对时延与相关距离的关系如图 4.13 所示。

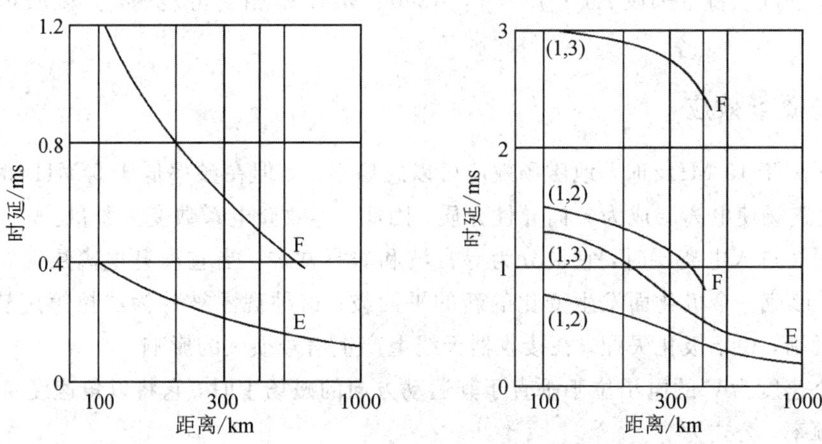

图 4.12　E、F 模式时延与距离关系图　　图 4.13　E、F 模式相对时延与距离关系图

例 4.6　(1) 对于距离 200 km、频率分别等于 0.7 MHz 和 1 MHz 的波，计算 E 层和 F

层中每一层的前三种传输模式的时延。(2) 确定距离为 500 km 的 E 和 F 传输模式的时延。(3) 计算距离为 300 km 的(1F，3F)和(1E，2E)传输模式的时延。

解：(1) 由图 4.10 可知，$d=200$ km，$f=700$ kHz 时，有

$$T_d(1E)=0.4 \text{ ms},\ T_d(2E)=0.9 \text{ ms},\ T_d(3E)=1.7 \text{ ms}$$

类似地，由图 4.11 可知，$d=200$ km，$f=1$ MHz 时，有

$$T_d(1F)=1.3 \text{ ms},\ T_d(2F)=2.8 \text{ ms},\ T_d(3F)=4.3 \text{ ms}$$

(2) 使用图 4.12 计算时间延迟：

$$T_d(E,\ F)=0.3 \text{ ms}$$

(3) 利用图 4.13，可得

$$T_d(1F,\ 3F)=2.7 \text{ ms}$$
$$T_d(1E,\ 3E)=0.5 \text{ ms}$$

4.2.8　太阳影响

太阳影响主要包括太阳黑子的直接作用、电离层电离的间接影响和宇宙噪声的影响。

当太阳内部产生的电磁波不能辐射出来时，太阳上方会出现黑斑，称为太阳黑子。这些斑点有许多主要特征。首先，它们成群地出现在太阳表面。另外，它们在出现时长上是周期性的，表现为长期和短期周期。它们的短期周期相当于太阳自转一周，需要 27.5 天；长期周期约为 7～17 年，平均 11 年。每次短期出现的太阳黑子数量高达 200 个，几乎每个月都会出现一次。产生这些太阳黑子的磁场强度可以通过电离层电离强度或测量地球两极的波反射来计算。太阳黑子的数量通常由国际太阳黑子数(ISN，International Sunspot Number)确定，在无线电系统设计中，太阳黑子的数量考虑在 0～200 范围内。ISN 值可以预测，而且预测精度是在可接受范围内的。

在某些情况下，使用另一个称为太阳通量的参数来代替 ISN。这个参数就是宇宙噪声，也叫射电噪声。这个参数很常见，因为它的影响可以看作噪声功率来处理。同时，因为太阳噪声的功率密度在特定频段 $\Delta f=f_2-f_1=2800$ MHz 是相当可观的，太阳噪声被归类为有色噪声。

4.2.9　地磁场效应

在频率高于 10 MHz 时，地磁场效应可以忽略不计，但在频率低于 5 MHz 时，其影响相当大。地磁场使电离层成为各向异性介质，因此，等效介电系数变为张量。

当平面波进入电离层时，它被分为寻常波和非寻常波。当它离开电离层时，两种模式再次结合，形成一个极化面发生变化的新的平面波。这种现象被称为法拉第旋转，这是一种变化的机制，由于极化失配，在接收器天线上产生信号损失的影响。

当一个速度为 V 的电子位于垂直于其运动方向的磁场中时，它将以角速度 ω_c 旋转，ω_c 称为回旋频率，公式为

$$\omega_c=\frac{eB_0}{m} \tag{4.20}$$

上式中，B_0 为磁场，e 为电子电荷，m 为电子质量。举例说明：若 $B_0=5\times10^{-5}$ Wb/m^2，

则 $\omega_c=8.83\times10^6$，$f_c=1.4$ MHz。

为了更详细地阐述法拉第旋转，沿 Z 轴传播的平面电波进入电离层可表示为

$$\boldsymbol{E}=2E_0\hat{a}_x\mathrm{e}^{-\mathrm{j}k_0z}=E_0(\hat{a}_x-\mathrm{j}\hat{a}_y)\mathrm{e}^{-\mathrm{j}k_0z}+E_0(\hat{a}_x+\mathrm{j}\hat{a}_y)\mathrm{e}^{-\mathrm{j}k_0z} \tag{4.21}$$

由式(4.21)可知，入射波分为左旋、右旋两个圆极化波，它们在 Z_0 高度进入电离层，传播常数分别为 k_1 和 k_2。如果忽略边界上的反射波，则 l(m)大气厚度的输出电场为

$$\boldsymbol{E}=E_0(\hat{a}_x-\mathrm{j}\hat{a}_y)\mathrm{e}^{-\mathrm{j}k_1l}+E_0(\hat{a}_x+\mathrm{j}\hat{a}_y)\mathrm{e}^{-\mathrm{j}k_2l} \tag{4.22}$$

可以改写为

$$\boldsymbol{E}=2E_0\mathrm{e}^{-\mathrm{j}(k_1+k_2)l/2}\left[\hat{a}_x\cos(k_2-k_1)\frac{l}{2}+\hat{a}_y\sin(k_2-k_1)\frac{l}{2}\right] \tag{4.23}$$

这意味着出射波是线极化的平面波，设其方向变化等于角度 ϕ，ϕ 由下式定义：

$$\tan\phi=\frac{E_y}{E_x}=\tan(k_2-k_1)\frac{l}{2} \tag{4.24}$$

即

$$\phi=\tan(k_2-k_1)\frac{l}{2} \tag{4.25}$$

当 $\omega=\omega_c$ 时，法拉第旋转是相当大的，k_1 和 k_2 截然不同。但在较高的频率下，k_1 和 k_2 几乎相等，法拉第旋转可以忽略不计。

4.2.10　天波传播中的参数计算

1. 控制点位置

短波频段的电离层通信是在发射机和接收机位置之间的大圆路径进行的。对于小于 400 km 的距离，波使用 E 和 F_2 模式传播；对于较长距离，使用 F_2 模式传播。根据路径长度和反射层，表 4.1、表 4.2 和表 4.3 分别给出了各种控制点的位置。

表 4.1　基本 MUF 和相关电子回旋频率控制点的位置

目的地长度/km	E 模式	F_2 模式
$0<D<2000$	M	M
$2000<D<4000$	$T+1000$，$R-1000$	—
$2000<D<d_{max}$	—	M
$D>d_{max}$	—	$T+d_0/2$，$R-d_0/2$

表 4.2　E 层屏蔽控制点位置

目的地长度/km	F_2 模式
$0<D<2000$	M
$2000<D<9000$	$T+1000$，$R-1000$

表 4.3　射线路径虚反射高度控制点的位置

目的地长度/km	F_2 模式
$0<D<d_{max}$	M
$d_{max}<D<9000$	$T+d_0/2, M, R-d_0/2$

在这些表格中，所有距离均以 km 为单位，M 为路径的中点，T 为发射机位置，R 为接收机位置，d_{max} 为模式 F_2 的最大长度，d_0 为最小传播模式的路径长度。

2. E 和 F_2 层的屏蔽频率

考虑到电离层的结构和 E 层在距地球 70～110 km 高度的永远存在，天波在进入 F 层之前应该穿过 E 层。频率必须大于一个特定频率，称为 E 层最大屏蔽频率，用 $f_{S/E}$ 表示，类似地，电波要穿出 F 层，频率也必须大于一个特定频率，称为 F 层最大屏蔽频率，用 $f_{S/F}$ 表示，天波在 E、F 层中的传播路径示意图如图 4.14 所示。首先，有

$$f_{S/E}=1.05f_0E\cdot\sec\varphi_i \tag{4.26}$$

$$f_{S/F}=K\cdot f_0F\cdot\sec\varphi_i \tag{4.27}$$

$$1<K\sec\varphi_i\leqslant 3.6 \tag{4.28}$$

φ_i 是波与电离层之间的入射角，定义为

$$\varphi_i=\arcsin\left(\frac{R_e\cos\Delta}{R_e+h_r}\right) \tag{4.29}$$

式中，R_e 为地球半径，约 6370 km，Δ 为无线电波的仰角，h_r 为虚拟反射点的高度(E 层的该高度等于 110 km，F 层的该高度是时间、位置和路径长度的函数)。

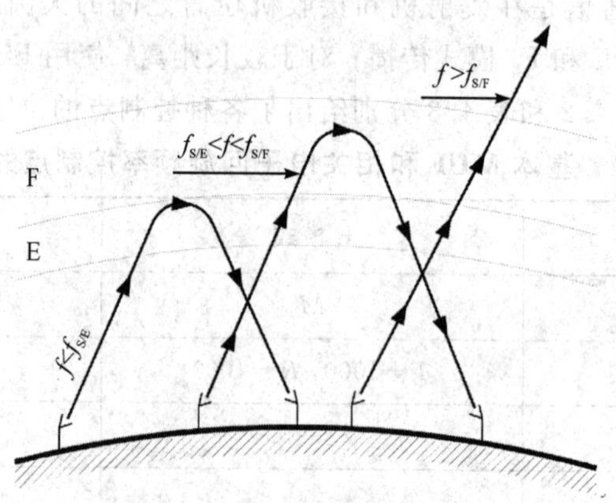

图 4.14　波在 E 层和 F 层中的传播路径示意图

3. 传播模式

对于距离地球小于 4000 km 的 E 层，天波有 3 种传播模式，简称 E 模式；对于距离地球超过 10 000 km 的 F 层，天波有 6 种传播模式，简称 F 模式。对于小于 2000 km 距离的 E 模式，其为最小模式或两种较高高度下的模式之一，从 110 km 高度反射的仰角大于 3°。对于距离小于 d_0 的 F 模式，其为最小模式或五个更高高度下的模式之一，仰角大于 3°，频率应在 $f_{S/E}<f<$MUF 范围内。

4. 波的仰角

所有频率(甚至高于 MUF 的频率)的波仰角，都可以用三角方程来确定。近似表达式为

$$\Delta = \arctan\left(\cot\frac{d}{2R_e} - \frac{R_e}{R_e + h_r}\csc\frac{d}{2R_e}\right) \tag{4.30}$$

式中，R_e 为地球半径，6370 km。h_r 为虚拟反射点的高度，E 模式下的虚拟反射点高度为 110 km，F 模式下的该高度取决于时间、位置和路径长度。此外，d 是一跳距离，对于具有 n 跳的长度 d 的路径，可以计算为

$$d = \frac{D}{n} \tag{4.31}$$

5. 波的场强度

对于每种传播模式(用 w 表示)，场强中值由下式得出：

$$E_{tw}(\text{dB}\mu\text{V/m}) = 136.6 + P_t + 20\lg f - L_t \tag{4.32}$$

式中，f 为发射机频率(单位为 MHz)，P_t 为发射机功率(单位为 dBkW)，L_t 为对应模式的传播路径损失，由下式给出：

$$L_t = 32.4 + 20\lg f + 20\lg P' - G_t + \sum L_j \tag{4.33}$$

p'为 n 跳的传播路径长度(km)，由下式给出：

$$p' = 2R_e \sum_{1}^{n} \frac{\sin[d/(2R_e)]}{\cos[\Delta + d/(2R_e)]} \tag{4.34}$$

G_t 为发射机天线增益(dBi)，$\sum L_j$ 为额外损耗之和：

$$\sum L_j = L_i + L_m + L_g + L_h + L_z \tag{4.35}$$

L_i 为 n 跳无线电波的吸收，由下式得出：

$$L_i = \frac{n(1 + 0.0067R_{12})\sec\varphi_i}{(f + f_1)^2} \times \frac{1}{K}\sum_{1}^{k} AT_{\text{noon}} \cdot \frac{F(\chi_j)}{F(\chi_{j,\text{noon}})} \cdot \phi_n\left(\frac{f_v}{f_{0E}}\right) \tag{4.36}$$

$$F(\chi) = \cos^P(0.881\chi) \tag{4.37}$$

$F(\chi)$最大值等于 0.02，即使方程式计算得到更大值，也应假定为 0.02。

$$f_v = f\cos\varphi_i \tag{4.38}$$

φ_i 为 110 km 入射角，K 为控制点数量，f_1 为在表 4.4 中给出的控制点处确定的电子回旋频率的平均值，大约是 100 km 高度的地球磁场的纵向分量，χ_j 为第 j 个控制点的太阳天顶角或 102°，以较小者为准。在这个参数的计算中，考虑了这个月中旬的时间方程，$\chi_{j,\text{noon}}$ 为当地中午 χ_j 的值，AT_{noon} 为当地中午和 $R_{12}=0$ 的吸收系数，是纬度和月份的函数，$\phi_n(f_v/f_{0E})$为吸收层穿透系数，如图 4.15 所示。吸收层穿透系数变化如图 4.16 所示，图 4.16 吸收层穿透系数等效垂直入射波频率 f_v 与 f_{0E} 之比的函数。日吸收指数 P 如图 4.13 所示，P 为修正倾角纬度和图4.17 中的月份的函数。

表 4.4 电离层吸收控制点位置参数

目的地长度/km	E模式	F_2 模式
$0<D<2000$	M	M
$2000<D<4000$	$T+1000$，$R-1000$	—
$2000<D<d_{max}$	—	$T+1000$，M，$R-1000$
$d_{max}<D<9000$	—	$R-d_0/2$，$R-1000$

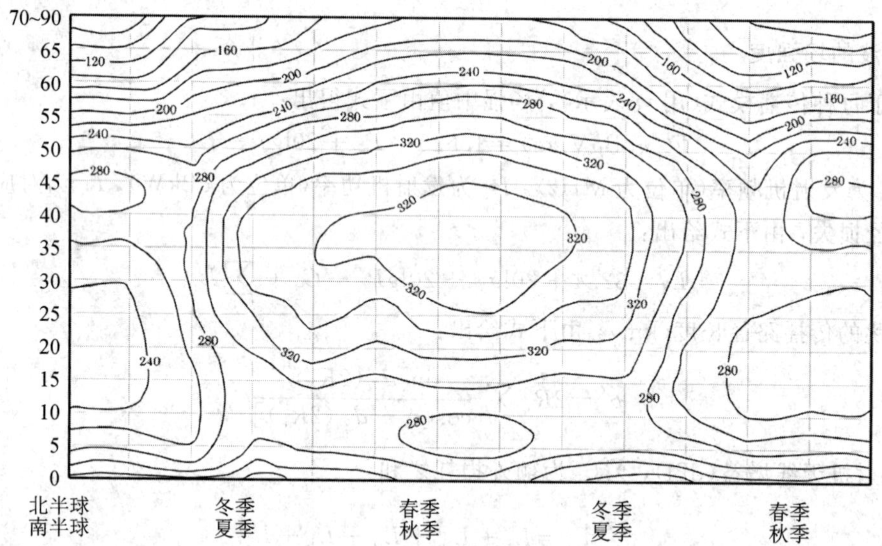

图 4.15 吸收系数 AT_{noon}

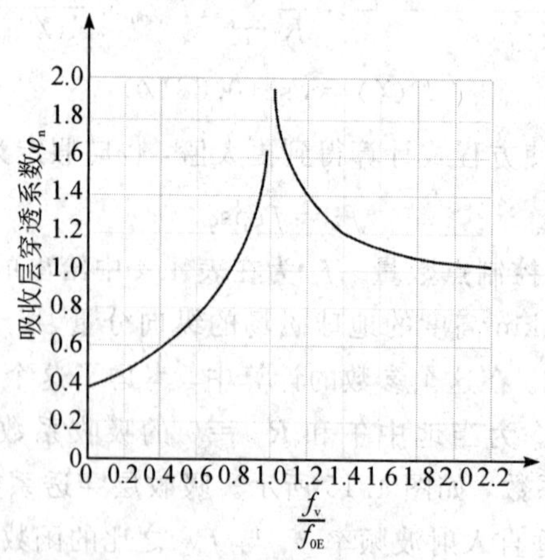

图 4.16 吸收层穿透系数

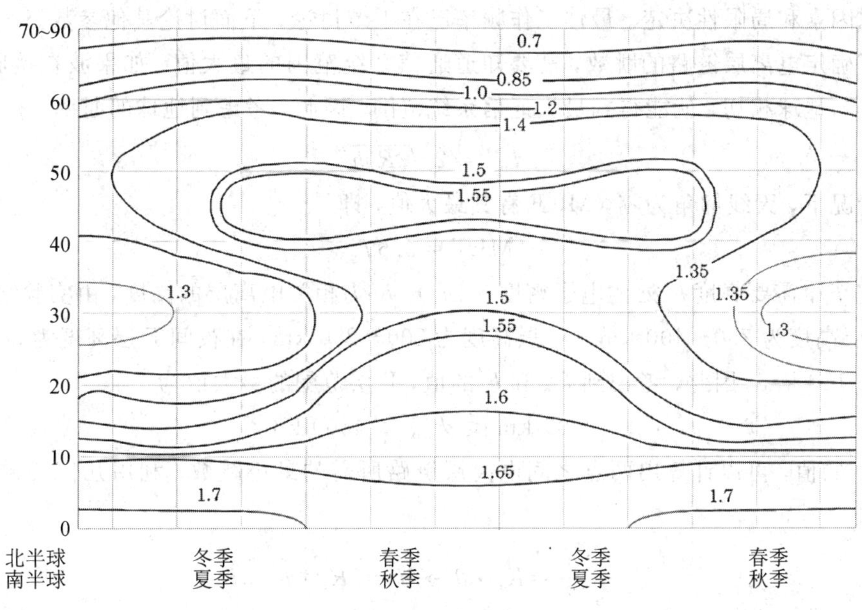

图 4.17　日吸收指数 P

6. 接收功率

当距离小于 7000 km 时，天波接收功率可表示为

$$P_{rw}(\mathrm{dBw}) = E_{tw} + G_{rw} - 20\lg f - 107.2 \tag{4.39}$$

式中，E_{tw} 为模式 w 的电场强度，单位为 dBμV/m；G_{rw} 为模式 w 的接收天线增益，单位为 dBi；f 为电波频率，单位为 MHz。

所有模式的总接收功率为

$$P_r(\mathrm{dBw}) = 10\lg\sum_{w=1}^{N} 10^{P_{rw}/10} \tag{4.40}$$

7. 信噪比

不同的噪声，如大气噪声、人为噪声、天空噪声和宇宙噪声，都是在接收天线上与发射信号一起接收的。为了从噪声中适当地检测传输信号，信噪比(SNR)应大于某一特定值。考虑到 F_a 等于除接收器热噪声外的所有噪声之和，则：

$$\mathrm{S/N(dB)} = P_r - F_a - 10\lg b + 204 \tag{4.41}$$

式中，P_r 为接收功率，单位为 dBw；F_a 为外部噪声，单位为 dBkTb；K 为玻尔兹曼系数；T 为参考温度，等于 288 K；b 为信道带宽，单位为 Hz。

8. 最低可用频率

MF/HF 波段的最低可用频率(LUF)是获得适当信噪比中值的最低频率。合适的信噪比由信道特性和质量决定。

9. 设计考虑

电离层通信系统设计所需的一些主要参数包括最佳工作频率、通信系统范围、跳数、天线仰角、发射机功率和接收信号电平等。在设计阶段，这些参数中的一些已经由不同的技术考虑因素和局限性决定。最佳工作频率已在上节讨论，下面讨论其他参数。

为了确定电离层链路的跳数，需要知道通信系统范围的最大值。如果波在接收端和发射端连线与地球相切，就能得到最大通信系统范围。因此，考虑到地球的曲率，有

$$d_{\max} = 2\sqrt{2R_e h'} \tag{4.42}$$

在这种情况下，天线仰角为零，MUF 有其最大值，即

$$\text{MUF} = 3.6 f_c \tag{4.43}$$

为了确定 f_c，需要高度 h' 处的电子密度 $N(h')$。h' 为相关电离层的高度，由实验结果可知，白天 F_2 层高度为 250～400 km，F_1 层高度为 200～250 km，在夜间 F 层高度为 300 km，E 层高度为 110 km。因此，考虑到 R_e 和 h' 的值，F 层范围的最大值为

$$3000\ \text{km} < d_{\max} < 4500\ \text{km} \tag{4.44}$$

利用 $d_{\max}$ 的值，可以计算出两点之间电离层链路所需的最小跳数。利用几何关系，θ 确定如下：

$$\frac{d}{2} = R_e \cdot \theta \rightarrow d = 2R_e \cdot \theta \tag{4.45}$$

电离层通信链路的相关几何参数定义如图 4.18 所示。无线电波的路径长度 l 为

$$l = \frac{2R_e \sin\theta}{\sin\varphi_i} \tag{4.46}$$

天线仰角 Δ，为传播方向与在 T 点或 R 点与地球切线之间的角度，定义为

$$\Delta = 90° - \theta - \varphi_i \tag{4.47}$$

要覆盖一个特定的范围，首先利用下式计算 θ：

$$\theta(\text{rad}) = \frac{d}{2R_e} \tag{4.48}$$

然后计算 φ_i 和 Δ。

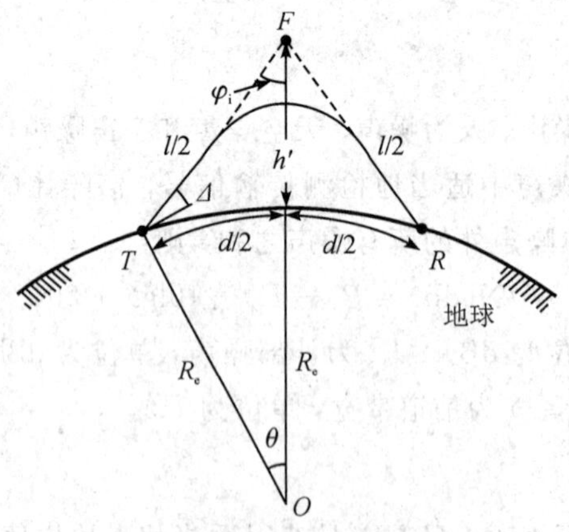

图 4.18　电离层链路的几何参数

一般来说，接收信号功率用以下公式表示：

$$P_r = \frac{P_t G_t G_r}{(4\pi l/\lambda)^2} L_a L_m \tag{4.49}$$

式中，P_r 为接收信号功率，单位为 W；P_t 为发射机辐射功率，单位为 W；G_t、G_r 分别为发射机和接收机天线增益；l 为路径长度，单位为 m；λ 为载波波长，单位为 m；L_a 为波路径中的能量吸收系数；L_m 为法拉第旋转、多跳路径反射和电离层曲率引起的波会聚增益导致的极化损耗系数，由下式给出：

$$L_m = \frac{(L_p \times L_r)}{G_i} \tag{4.50}$$

用分贝表示为

$$P_r(\text{dBW}) = P_t(\text{dBW}) + G_t(\text{dBi}) + G_r(\text{dBi}) - \text{FSL}(\text{dB}) - L_a(\text{dB}) - L_m(\text{dB}) \tag{4.51}$$

式中，FSL 是自由空间损耗，由下式给出：

$$\text{FSL} = 32.4 + 20\lg f(\text{MHz}) + 20\lg l(\text{km}) \tag{4.52}$$

例 4.7　两点之间的距离为 6000 km，求：(1) 电离层通信所需的最小跳数。(2) 相同跳数且 $\varphi_i = 72°$ 时，发射和接收天线的仰角。(3) 角度 h'。(4) 最大工作频率。

解：(1) 考虑到在电离层通信中，F_2 层反射的一跳最大路径长度为 4500 km，F 层反射的最大路径长度为 3900 km，因此，所述链路至少需要两跳，每个跳长为 3000 km。

(2) 由式(4.48)，有

$$\theta = \frac{d}{2R_e} = \frac{3000}{2 \times 6370} = 0.235 \text{ rad} \Rightarrow \theta = 13.5°$$

$$\Delta = 90 - \theta - \varphi_i = 4.5°$$

(3) 对于 h'，考虑图 5.18 中的 $\triangle TOF$：

$$\frac{R_e}{\sin\varphi_i} = \frac{R_e + h'}{\sin(90 + \Delta)} = \frac{R_e + h'}{\sin(\theta + \varphi_i)} \Rightarrow h' = 307 \text{ km}$$

(4) 对于 $h' = 307$ km，使用上一章给出的电子密度图，电子密度为 5×10^{11} el/m^3，因此：

$$f_c = 9\sqrt{N} = 6.3 \text{ MHz}$$

$$\text{MUF} = f_c \times \sec\varphi_i = 20.4 \text{ MHz}$$

思　考　题

4.1　分析电离层不同区域的特点。

4.2　何谓临界频率，临界频率与电波能否反射有何关系？

4.3　设某地冬季 F_2 层的电子密度为：白天 $N = 2 \times 10^{12}$ 个/m^3，夜间 $N = 10^{11}$ 个/m^3，分别计算其临界频率。

4.4　试求频率为 5 MHz 的电波在电离层电子密度为 1.5×10^{11} 个/m^3 处反射时所需要的电波最小入射角。当电波的入射角大于或小于该角度时将会发生什么现象？是否小到一定角度就会透射出电离层呢？

4.5　设某地某时的电离层临界频率为 5 MHz，电离层等效高度 $h = 350$ km。(1) 该电离层的最大电子密度是多少？(2) 当电波以怎样的方向发射时，可以得到电波经电离层一次反射时最长的地面距离？(3) 求上述情况下能返回地面的最短波长。

4.6　在短波天波传播中，傍晚时分若过早或过迟地将日频改为夜频，接收信号有什么变化？为什么？

4.7　为什么实际生活中收听到的中波广播电台白天少晚上多？

第 5 章　水下通信和地波通信中的电波传播

潜艇在深海中航行，海水就是其最强“隐身衣”，它保护潜艇不被军舰、飞机和卫星发现，成为令人恐惧的“深海杀手”。凡事有利有弊，厚厚的海水也成了潜艇通讯的最大障碍，潜艇间或潜艇与基地、军舰、飞机的通信也是需要解决的难题。由于海水对电磁波有很强的衰减作用，普通电磁波在海水没传播多远，信号就衰减了。而波长在 10～100 km 的甚长波(对应频率为 3～30 kHz 的甚低频 VLF)对海水穿透能力较好，可以穿透 20～30 m 深的海水，潜艇可以在潜望镜深度接收信息，也可以在水下放出通信浮标接收信息。

电波的波长越短，越容易被地面吸收，因此只有长波(低频)和中波(中频)能在地面传播。地波(又叫表面波，是指沿地面传播的无线电波，不受气候影响)，传播比较稳定可靠。但在传播过程中，能量不断被大地吸收，因而传播距离不远。所以地波适宜在较小范围里的通信和广播业务中使用。

本章首先讨论水下通信中的电波传播，包括海水中的无线电波传播以及潜艇无线电通信；然后讨论地波通信中的电波传播，包括地球的电特性以及接收功率的计算方法。

5.1　水下通信中的电波传播

VLF/LF 波段的频率范围为 3～300 kHz，波长为 1～100 km。这一波段的无线电波主要用于地波，地波受发射机和接收机之间的地球电特性的影响，可以长距离传播，不过，其需要用到的高增益天线因其体积庞大而难以设计。

5.1.1　海水中的无线电波传播

VLF 频段可用于与潜艇进行短程通信。由于海水的导电性造成的高衰减，潜艇在水中的通讯仅限于甚低频(3～30 kHz)，甚至更低的频率。图 5.1 给出了 σ 和 ε_r 随频率变化的关系图。

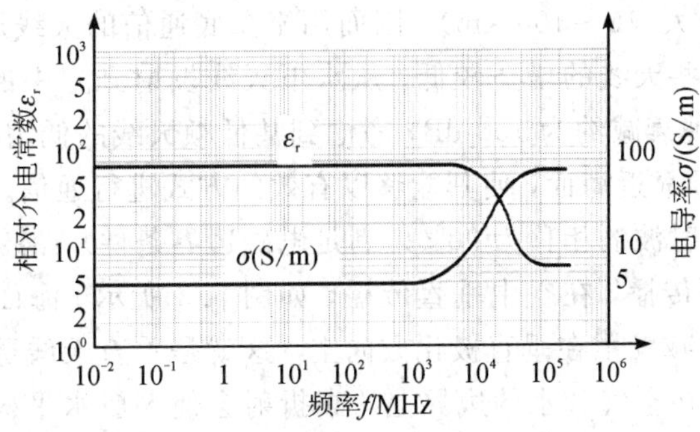

图 5.1　海水电特性与频率的关系图

海水的电导率取决于杂质含量和温度。频率小于 1 GHz 时，可根据下式计算：

$$\sigma = 0.18C^{0.93}[1 + 0.02(T - 20)] \tag{5.1}$$

在上式中，电导率 σ 的单位为 S/m，C 是杂质水平，T 是温度，单位为℃。20℃时，电导率通常在 4～5 S/m 范围内，但可能小于 1 S/m（如在波罗的海）或大于 6 S/m（如在红海）。20℃水的相对标准介电常数通常约为 70～80。图 5.2 给出了低频（5～100 kHz）下海水的衰减随频率变化的关系图。

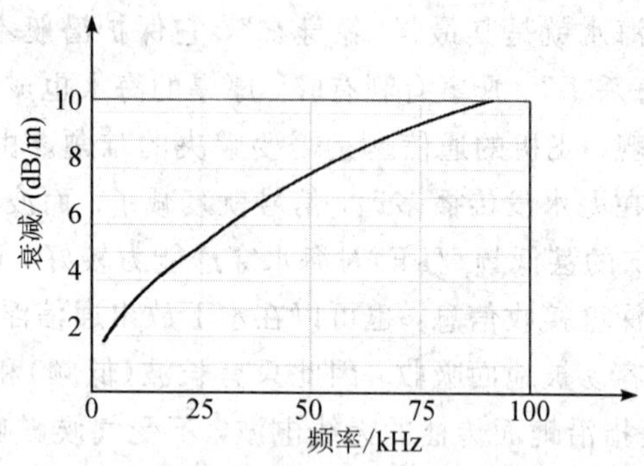

图 5.2　海水衰减与频率的关系图

在较低的频率下，海水充当有耗电介质，因此，位移电流 $j\omega\varepsilon E$ 比传导电流 σE 小得多，所以在频率小于 100 kHz 时，它们的比值约为 10^{-4}。则海水渗透深度为

$$\delta_s = \sqrt{\frac{2}{\omega\mu_0\sigma}} \tag{5.2}$$

当频率等于 100 kHz 时，渗透深度为

$$\delta_s = 0.8\ \text{m} \tag{5.3}$$

然而，在 10 kHz 左右的频率下，渗透深度约为 2.5 m。电磁波穿透 $1\delta_s$ 时，衰减为 1 Neper，即 8.68 dB，因此传播 10～20 倍穿透深度的距离将导致 87～174 dB 的衰减。

设计进行水下通信的无线电系统时，要考虑的参数与地球大气中传播时的参数完全不同。无线电信号带着一些额外的无线电噪声进入海洋。相对于所使用的频带，噪声温度约为 10^{14} K。信号电平应比噪声电平高 20 dB，以便进行适当的接收。由于水以相同的方式衰减信号和噪声，因此，接收天线处的信噪比大约为 20 dB。如果接收机的噪声温度约为 1000 K，水衰减约为 10^{11} dB/m，接收机总噪声温度在 2000 K 左右，信噪比会下降 3 dB。这意味着水会强烈地衰减信号和噪声，同时它会阻止更多的噪声添加到信号中。与所使用的频带相对应的波长较大（10～100 km），因而用于海底通信的天线尺寸很大。由于很难进一步增大天线尺寸，这些天线的增益较低。从水下天线发射到空中的信号被强衰减。对于小于 20 m 的距离，这种衰减约为 100 dB，考虑到甚低频天线的低增益，需要非常高功率的发射机。因此，潜艇必须靠近海面，使其能够以有效的方式进行通信。因为在水中 $\sigma/(\omega\varepsilon)$ 值很大，所以入射波和出射波的相移为 90°（以满足电磁边界条件）。潜艇在海底水平天线发出的无线电波在水中水平传播，在空中垂直传播，如图 5.3 所示。海面上的表面波和陆地上有耗无线电波的最小衰减发生在垂直极化方向上，这就是垂直天线通常用于陆地基站与潜艇单元通信的原因。波在空气和水的边界上的高折射会使潜艇水平极化天线辐射的波与垂直接收天线产生更强的耦合。从另一个角度看，由于电磁边界条件的影响，水平极化波向上传播到海面时会变成垂直极化波。

因此，无线电系统设计面临很多实际问题。例如，低频（VLF 波段）通常用于无线电通信时天线应尽可能靠近海水表面，所需天线的长度通常在几十米左右；尽管尺寸很大，但增益非常低。因而，为了在接收器处检测到信号，发射机功率应非常高，约为数百千瓦。

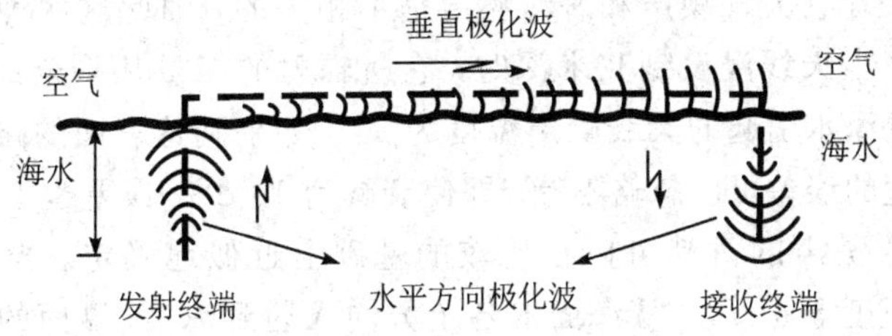

图 5.3　海水中无线电波传播方向

5.1.2　潜艇无线电通信

潜艇之间的无线电通信受到许多限制，需使用非常低的频率和较高的参数值，这些参数包括海水中的穿透损耗、天线尺寸、穿透水的天空噪声和接收噪声温度。

图 5.4 所示为海底-岸无线电链路。该图用来说明垂直单极天线与在距离 ρ 处水下水平接收天线的具体参数。假定水下水平天线长度 l 为 25 m 的绝缘线。假定发射垂直单极天线为长度 L 的单极子。电波的发射频率非常低，以避免在海上产生抑制性衰减。因此，相对于自由空间波长，l 和 L 都很小。在这些条件下，天线上的电流分布可以看作三角形。

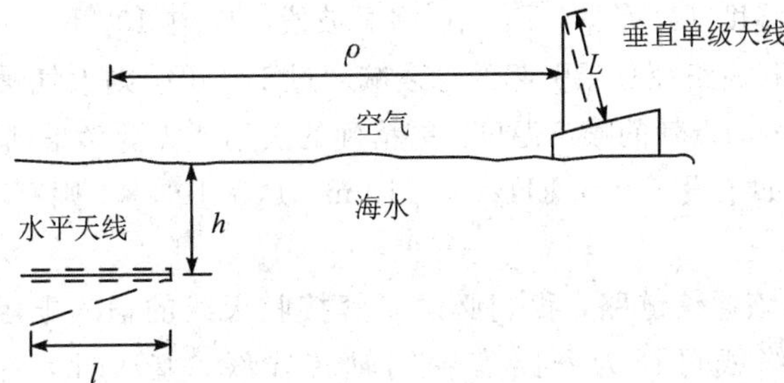

图 5.4　海底-岸无线电链路

接收到的开路电压 V_{oc} 为

$$V_{oc}=-\frac{1}{I_0}\int_0^L I(z)E_z(z)\mathrm{d}z \tag{5.4}$$

式中，$I(z)$是发射天线上的电流，$E_z(z)$是长度为 l 的发射天线在使用输入电流 I_0 进行发射时辐射的场。$E_z(z)$定义为

$$E_z=\frac{\mathrm{j}k_0 z_0 I\mathrm{d}l}{2\pi\rho}\times\frac{\gamma_0}{\gamma_1}(\rho)\mathrm{e}^{-\gamma_0\rho-\gamma_1 h\cdot\cos\phi} \tag{5.5}$$

假设电流分布为三角形，可得

$$V_{oc}=\frac{\mathrm{j}k_0 z_0 I_0 l}{4\pi\rho I_0}\times\frac{I_{in}L}{2}\times\frac{\gamma_0}{\gamma_1}\mathrm{e}^{-\gamma_1 h-\gamma_0\rho} \tag{5.6}$$

从而

$$|V_{oc}|=\frac{k_0^2 z_0 lL\delta_s}{8\sqrt{2}\pi\rho}\times\mathrm{e}^{-h/\delta_s}I_{in} \tag{5.7}$$

当接收天线与其负载端匹配时，即 $Z_L=Z_{in}^*$ 时，接收功率为 $P_r=|V_{oc}|^2/4R_{in}$，其中 R_{in} 是接收天线的输入电阻。

为了确定接收机输入端的信噪比，必须找出温度 T_1 的有耗海洋噪声和温度 T_2 的大气噪声对接收噪声的贡献。大气噪声和海洋噪声是不相关的，因此这两种噪声源接收到的噪声可以叠加在一起。当天线浸没到几米深时，它所辐射的能量几乎全部被海水吸收。精细平衡原理表明，有耗海水引起的天线噪声温度为 T_1。如果到达表面的路径衰减大于 20 dB，则使用该假设所产生的误差可以忽略不计。即使衰减为 10 dB，误差也不超过 10%。

大气噪声对接收噪声的贡献可以在比较的基础上近似地确定。当天线位于自由空间时，它的天线噪声温度等于 T_2。从海面上各个方向入射到海-气界面的类噪声电磁场在海面上部分反射，剩余部分向下传输到天线，并在此过程中经历相当大的衰减。垂直入射时的最小反射系数为

$$\Gamma=\frac{(\mathrm{j}\omega\mu_0/\sigma)^{1/2}-Z_0}{(\mathrm{j}\omega\mu_0/\sigma)^{1/2}+Z_0}\approx -1+2\frac{(\mathrm{j}\omega\mu_0/\sigma)^{1/2}}{Z_0} \tag{5.8}$$

透射系数为 $1+\Gamma\approx 2(\mathrm{j}\omega\mu_0/\sigma)^{1/2}/Z_0=2(\mathrm{j}\omega\varepsilon_0/\sigma)^{1/2}$，功率透射系数为 $4\omega\varepsilon_0/\sigma$。入射到接收天线上的噪声场功率的最小衰减量为 $4(\omega\varepsilon_0/\sigma)^{-2h/\delta_s}$。因此大气噪声对天线噪声温度的最大可能贡献为

$$T_2'=4T_2\left(\frac{\omega\varepsilon_0}{\sigma}\right)E^{-2h/\delta_s} \tag{5.9}$$

天线的有效噪声温度 $T_A=T_1+T_2$。在 VLF 波段，T_2 在 10^{14} K 量级，而 T_1 接近 273 K。如果由于低界面耦合和高路径衰减引起的总衰减超过 120 dB，则大气噪声引起的衰减可以忽略不计。对于大气噪声场贡献的噪声温度，更精确的表达式需要考虑所有入射噪声场在所有角度上的综合影响。如果设 $f=50$ kHz，$h=10$ m，$T_2=10^{14}$ K，则有 $T'_2=23.2$ K，其可以忽略。

为了进一步评估该通信链路，我们必须了解接收天线的输入电阻和发射天线的特性。浸没在海水中的绝缘线可视为开路有耗同轴传输线。基于此，计算其输入阻抗。当 $l\ll\lambda_0$，有

$$R_{in}=\frac{40\alpha\beta l}{\varepsilon_r k_0}\ln\frac{b}{a} \tag{5.10}$$

$$X_{in}=\frac{-60}{\varepsilon_r k_0 l}\ln\frac{b}{a} \tag{5.11}$$

式中，α 和 β 是绝缘导线上电流波的衰减和相位常数，a 是导线半径，b 是绝缘体的外半径，ε_r 是绝缘体的介电常数。如果我们假设天线是由移除外导体的 50 Ω 同轴电缆制成，$\beta=3.5\sqrt{\varepsilon_r}k_0$，$\alpha=0.09\sqrt{\varepsilon_r}k_0$。此时，如果取 $\varepsilon_r=2.56$，有

$$R_{in}=\frac{105.5l}{\lambda_0} \tag{5.12}$$

$$X_{in}=-\frac{4.97\lambda_0}{l} \tag{5.13}$$

注意，R_{in} 非常小，X_{in} 非常大。上述天线需要电感 $0.066(\lambda_0/l)^2$ 把它调到共振。对于 300 Hz 的空载带宽，线圈 Q 值应为 50000/300=167，因此线圈电阻 $R_c=(\omega L/Q)-R_{in}\approx$

7.14 Ω。当 $l=25$ m，$\lambda_0=6$ km 时，线圈电阻远大于 R_{in}。

如果认为电感器是天线的一部分，并且接收器与 $R_{in}+R_c=R$ 相匹配，则必须用 R 代替 R_{in} 来表示接收功率：

$$P_r=\frac{|V_{oc}|^2}{4R} \tag{5.14}$$

接收机输入电路的负载带宽为 600 Hz。

当接收器噪声系数为 F_n，且假定线圈电阻为温度 T_1 时，接收机输入的总噪声为

$$\begin{aligned}P_n&=(F_n-1)KT_0\Delta f+k\Delta f\left(\frac{R_{in}(T'_2+T_1)}{R}+\frac{R_cT_1}{R}\right)\\&=(F_n-1)KT_0\Delta f+kT_1\Delta f-k\Delta f\frac{R_{in}T'_2}{R}\\&\approx(F_n-1)KT_0\Delta f+kT_1\Delta f\end{aligned} \tag{5.15}$$

当 $F_n=4$，$\Delta f=600$ Hz，$T_1=273$ K 时，有 $P_n=9.71\times10^{-18}$ W。

假设所需的信噪比为 10，即可得到发射天线的输入电流。通过使用公式(5.7)、公式(5.13)和 P_r 的表达式(5.14)，我们发现：

$$I_{in}=\frac{2\times(80RP_n)^{1/2}\lambda_0^2\rho e^{h/\delta_s}}{\pi Z_0lL\delta_s} \tag{5.16}$$

对于 600 Hz 的带宽，$l=L=25$ m，$h=12$ m，$\rho=10$ km，根据之前假设的参数，可得 $I_{in}=4.6\times10^3$ A。显然，这种大的输入电流在实践中是不容易实现的。大的接口耦合损耗(61.58 dB)和深度衰减损耗(76.85 dB)使所需输入电流扩大 8.35×10^6 倍。如果没有这种损耗，0.55 mA 的输入电流就足够了。

短单极天线的辐射电阻由下式给出：

$$R_a=40\pi^2\left(\frac{L}{\lambda_0}\right)^2 \tag{5.17}$$

天线也会表现出大的输入电容电抗，这个电抗将取决于单极子的直径与长度之比。横截面大的天线的电抗较小。电感通常用来调节天线的谐振频率。当辐射电阻很小时，天线电流由该调谐线圈的串联电阻决定。这也意味着调谐线圈必须耗散接近 100%的发射机功率输出，并且整体效率将很低。

如果天线的有效横截面直径为 d，输入电抗的近似值为

$$X_{in}=-\frac{30}{\pi}\frac{\lambda_0}{L}\left(\ln\frac{4L}{d}-1\right) \tag{5.18}$$

假设天线调谐到共振，基本负载线圈的负载质量因子 Q 和总串联电阻 $2R$(这包括发电机电阻 R_g，我们选择其等于 R)，调谐线圈必须提供相等和相反的电抗。对于 600 Hz 的带宽，负载 Q 应为 $f/600$，总串联电阻 $2R$ 由 $-X_{in}/Q$ 或下式得出：

$$2R=\frac{-X_{in}}{f}600 \tag{5.19}$$

效率为 $R_a/(R+R_a)\approx R_a/f$，由以下公式得出：

$$\eta=\frac{80\pi^3}{60[\ln(4L/d)-1]}\frac{f}{300}\left(\frac{L}{\lambda_0}\right)^2 \tag{5.20}$$

如果我们用 $L=25$ m，那么 $R_a=6.85\times10^{-3}$ Ω。当 $d=1$ m 时，$\eta=1.382\times10^{-4}$ 非常小。

用 R_a 表示的功率为 $I_{in}^2 R_a = 1.45\times10^5$ W，输入功率相差 η^{-1} 大小或 1.04×10^9 W，这是一个非常不现实的功率水平。该实例显示了通过水下天线进行通信的巨大困难。海水的高衰减要求使用非常低的负载带宽(频率)，如果天线相对波长很短，则效率很低。最终结果是要求不切实际的大发射功率。

当频率降低到 10 kHz 时，界面耦合损耗增加 7 dB，但深度衰减减小 43.7 dB，净增益为 36.7 dB。然而，除非天线的长度增加 5 倍，否则天线的效率将显著降低。因此，使用较低的频率是有帮助的，但巨大的天线尺寸要求仍然是一个具有挑战性的问题。

5.2 地波通信中的电波传播

地波通常由大约几千赫兹到几兆赫兹的低频组成，通常在 3 kHz 到 3 MHz 的范围。在低频下，陆地和空气将形成一个大气波导介质，用来传导这个波段的波。此时传播的表面波和空间波(包括直达波和反射波)一起称为地波。将天线放置在地面以上 $h>10\lambda$ 的高度时，随着高度的增加，表面波的份量将减少，传播的主要波为空间波；相反，通过降低天线高度并将其放置在地面附近，传播的主要波变成表面波。发射机和接收机之间的信号衰减与距离的四次方成反比。在这种情况下，天线应安装在高塔上，此时，功率在 10 kW 至 1 MW 之间的语音广播无线电发射机，可以将电波传播到数公里之远。

5.2.1 地球的电特性

地波传播主要受地球电特性、低层大气和波穿透深度的影响。传输介质和波传播电参数由介电常数、磁导率和电导率三个主要因素组成。图 5.5 和图 5.6 给出了地球电特性随频率的变化。每个图由八条曲线组成，其中，A 表示海水，B 表示湿地，C 表示淡水，D 表示干地，E 表示完全干燥地面，F 表示纯防水，G(−1) 表示 −1°冰，G(−10) 表示 −10°冰。

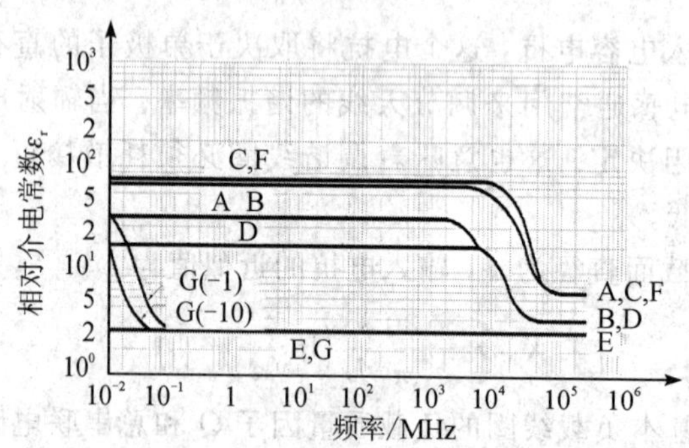

图 5.5　相对介电常数随频率的变化

每种介质的相对介电常数由下式给出：

$$\varepsilon=\varepsilon_r\varepsilon_0,\quad \varepsilon_0=\frac{1}{36\pi}\times10^{-9}\,(\mathrm{F/m}) \tag{5.21}$$

图 5.5 显示了不同表面的介电常数随频率的变化。如图所示，该系数在 3～80 范围内。

每种介质的相对磁导率由下式给出：

$$\mu=\mu_r\mu_0,\quad \mu_0=4\pi\times10^{7}\,(\mathrm{H/m}) \tag{5.22}$$

对于不同类型的表面，μ_r 的值通常为 1。

表面电导率是电波传播和衰减的重要参数之一。它与波的穿透深度成反比，即随着电导率的增加，波的穿透深度减小(波衰减更快)。图 5.6 以对数标度显示了不同类型表面的电导率变化。

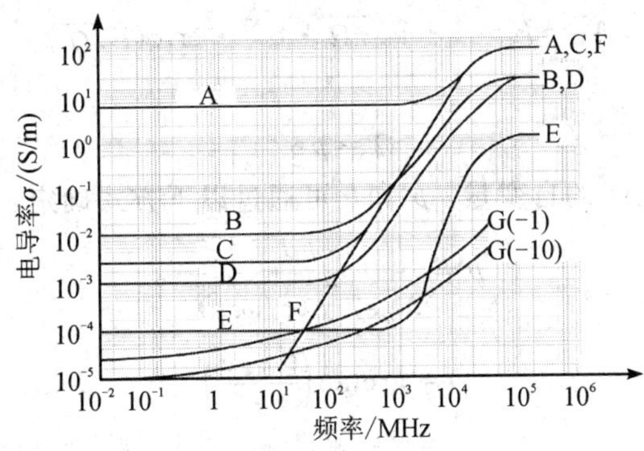

图 5.6 电导率随频率的变化

地球电参数通常随深度的变化而突变。穿透深度在确定地面下层是否影响波的传播方面有重要作用。穿透深度 δ 取决于材料和波的频率，它是波进入地层时振幅达到其初始振幅的 1/e(等于 0.37%)的深度。图 3.33 给出了不同地面材料的穿透深度与频率的函数关系。当穿透深度小于第一层厚度时，地面下层对地波的传播影响不大；但当穿透深度远大于第一层厚度时，后续层的电参数会对波的传播产生影响。当层与穿透深度相比较薄时，应在计算中考虑 ε_r 和 σ 的平均值。当无线电波入射到水面时，它们会向多个方向反射，因此，也要考虑附近水面的电参数。对于这一现象，计算时没有标准范围，但一些技术参考文献考虑了第一菲涅耳区。

地球的电特性取决于不同的因素。土壤的不同成分会改变 ε_r 和 σ，但是湿度的波动影响更大。湿度是决定电参数的最重要因素。实验表明，若增加湿度，ε_r 和 σ 都会增加。例如，旱地的导电率约为 0.0001 S/m，但在普通潮湿的情况下，其增加到 0.01 S/m。实验表明，在低频下，温度每变化 1℃，电导率变化 3%，但 ε_r 的变化可以忽略不计。然而，在接近冰点温度时，这两个参数都会显著降低。考虑到温度在一年中的波动，以及它在地球深层的快速下降，应考虑其在较高频率下对电参数的影响。此外，水变冰对电参数有严重影响。地球上的物体影响无线电波的能量吸收，但这些影响不是直接的，应在计算中近似考虑。

5.2.2 接收功率的计算

在表面波传播中，接收端的接收功率可以表示为

$$P_r = P_d \cdot |2A_s|^2 \tag{5.23}$$

式中，P_r 从表面波接收的功率，P_d 为从直达波接收的功率，A_s 为表面波衰减因子。如第 1 章所述，P_d 由下式计算，实际上与波的自由空间衰减有关：

$$P_d = P_t \cdot G_t \cdot G_r \cdot \frac{\lambda^2}{(4\pi d)^2} \tag{5.24}$$

因此，计算接收功率的关键是找到合适的 A_s。上式中，P_t 为辐射功率，与 P_d 单位相同。

G_r 和 G_t 分别是发射天线和接收天线的增益。下面通过几种情况来讨论 A_s 的计算。

1. 垂直极化波

索末菲在 20 世纪初解决了垂直极化波的传播问题。通过一些近似，垂直极化波的衰减因子由以下公式给出：

$$A_s = F = 1 - j\sqrt{\pi\Omega} \cdot e^{-\Omega} \cdot \mathrm{erfc}(j\sqrt{\Omega}) \tag{5.25}$$

式中

$$\Omega = p e^{-jb} \tag{5.26}$$

p 是数值距离，b 是参数 Ω 的自变量。p 和 b 可通过以下方式确定：

$$p = \frac{kd}{2\sqrt{\varepsilon_r^2 + (\sigma/\omega\varepsilon_0)^2}} \tag{5.27}$$

$$b = \arctan\left(\frac{\varepsilon_r \varepsilon_0 \omega}{\sigma}\right) \tag{5.28}$$

$$\frac{\sigma}{\omega\varepsilon_0} = \frac{1.8 \times 10^4 \times \sigma}{f(\mathrm{MHz})} \tag{5.29}$$

计算 p 后，也可利用图 5.7 和图 5.8 来确定 $|A_s|$。图 5.7 为 0.5 MHz 至 5 MHz 频率下，平坦地面上的表面波衰减 $|A_s|$ 与数值距离 p 的关系。图 5.8 为 0.5 MHz 至 5 MHz 频率下，球形地面上的表面波衰减 $|A_s|$ 与数值距离 p 的关系，图中 $\varepsilon_r = 15$，$\sigma = 10^{-2}$ S/m。

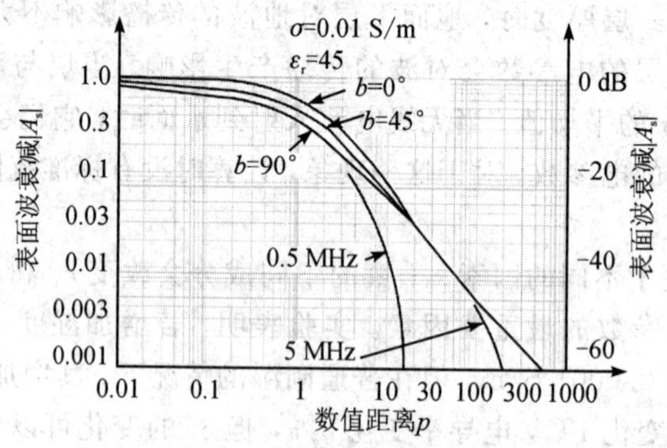

图 5.7　平坦地面上的表面波衰减($\varepsilon_r = 15$，$\sigma = 0.01$ S/m)

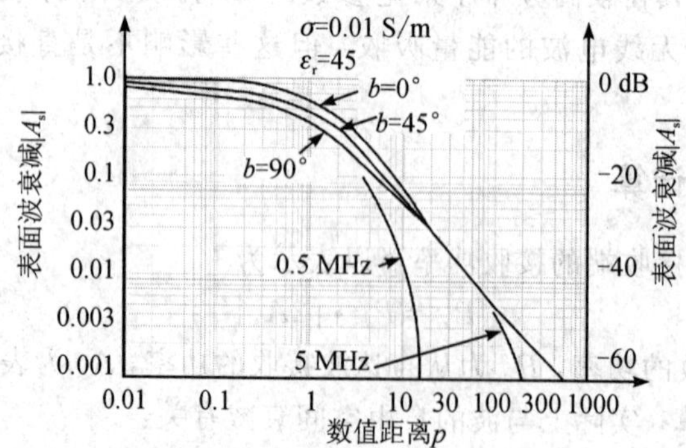

图 5.8　球形地面上的表面波衰减($\varepsilon_r = 15$，$\sigma = 0.01$ S/m)

要使用图 5.7 计算平坦地面上的表面波衰减，发射机和接收机之间的距离必须小于：

$$d_f = \frac{50}{\sqrt[3]{f(\text{MHz})}} \times 1.61 \tag{5.30}$$

式中，d_f 是平坦地面曲线可以使用的最大距离(单位是 km)，f 是波的频率(单位是 MHz)，式中系数 1.61 是 mi 与 km 间的换算系数。对于大于 d_f 的距离，衰减将更高，应使用图5.8中的曲线。

对 $b \leqslant 90°$，$|A_s|$ 由下式给出：

$$|A_s| = \frac{2+0.3p}{2+p+0.6p^2} - \sqrt{\frac{p}{2}} \cdot e^{-0.6p} \cdot \sin b \tag{5.31}$$

在规定的频率范围(3 kHz 至 3 MHz)内，城市的噪声非常高，因此接收天线的信号电平应在 1～19 mV/m；但在农村地区，该值可能更低。如果接收天线离地面很近，则表面波的功率比相应的自由空间波的值(见式(5.23))高出 $|2A_s|^2$ 倍。这一重要特性用于确定靠近地面的低频和中频天线的范围。此时接收电场为

$$|E_r| = |E_t| \cdot |2A_s| \tag{5.32}$$

2. 水平极化波

在这种情况下，参数 p 和 b 由下式给出：

$$p = \frac{\pi d}{\lambda_0} \times \frac{1.8 \times 10^4 \sigma}{f(\text{MHz})} \times \frac{1}{\cos b} \tag{5.33}$$

$$b = \tan^{-1} \frac{(k'-1)\,\omega\varepsilon_0}{\sigma} \tag{5.34}$$

$$\varepsilon_r = k' - 1 \tag{5.35}$$

图 5.7 和图 5.8 也可适用于水平极化波的情况。注意，对于水平极化波，相同距离的 p 值下，其衰减远大于垂直极化波的衰减。因此，水平波的衰减大于垂直波的衰减。

例 5.1　频率 $f=5$ MHz，地特性 $\varepsilon_r=15$ 和 $\sigma=0.01$，对于垂直极化波，求距离发射机 80 km 处衰减因子。

解：由题意知

$$d_f = 50\sqrt[3]{5} \times 1.61 \approx 45 \text{ km}$$

因为 $d > d_f$，因此必须使用图 5.8 中的曲线。首先我们计算 p 值

$$\lambda = \frac{c}{f} = \frac{3\times10^8}{5\times10^6} = 60 \text{ m}$$

$$p = \frac{\pi d}{\lambda\sqrt{\varepsilon_r^2 + (\sigma/\omega\varepsilon)^2}} \approx 107$$

由于 $p > 20$，因此无需计算 b，根据图 5.8 得出结论：

$$|A_s| = 0.05$$

3. ITU-R 图

如前所述，表面波、视线波和反射波统称为地波。这些波在 10 kHz 至 30 MHz 的频段内很重要。事实上，在无线电通信中，当天线靠近地面时，表面波更为重要；但当天线位于更高的位置时，尤其是在相对应波长的 10 倍以上的高度上时，视线和反射分量的作用更强。

为了计算接收端的信号电平，ITU 提供了一系列地波曲线。使用这些图表时应注意其使用条件，包括：频率范围为 10 kHz 至 30 MHz；曲线忽略了电离层的影响；当接收天线位于地表以上时，不应使用该曲线；假设 $\varepsilon_r \ll 60\lambda\sigma$，这些曲线可作为小于 $h=1.2\sigma^{1/2}\lambda^{3/2}$ 的天线高度下的地波曲线；TX 和 RX 天线均位于地面；发射单元要求是垂直定向在理想导体表面的小型单极天线；发射器功率为 1 kW，1 km 外相应的电场强度为 300 mV/m；这些曲线基于距地球的球面距离绘制；在这些曲线中，给出了电场的垂直分量，可在远处测量。

地波的基本损耗由下式得出：

$$L_b(\text{dB}) = 137.2 + 20\lg f - E \tag{5.36}$$

式中，f 为频率(单位为 MHz)，E 为电场强度，单位为 dB(μV/m)，可从 ITU-R 中得出。

例 5.2 在地面附近垂直放置一个输出功率为 200 W、频率为 10 MHz 的发射天线。距离 30 km 处地面参数为 $\varepsilon_r=10$ 和 $\sigma=0.005$ S/m。如果发射和接收天线增益为 1，求接收信号的功率。

解：由题意知

$$\lambda=\frac{c}{f}=30\ \text{m},\ p=\frac{\pi d'}{\lambda\sqrt{\varepsilon_r^2+(\sigma/\omega\varepsilon)^2}}\approx 233$$

$$b=\arctan\frac{\varepsilon_r\varepsilon_0\omega}{\sigma}=\arctan(1.11)\approx 48°$$

利用式(5.31)，可得

$$|A_s|=\frac{2+0.3p}{2+p+0.6p^2}-\sqrt{\frac{p}{2}}\cdot e^{-0.6p}\cdot \sin b=2.146\times 10^3$$

$$P_r=\frac{P_tG_tG_r\lambda^2}{(4\pi d)^2}\times|2A_s|^2\approx 2.34\times 10^{-9}\ \text{W}=2.34\ \text{nW}$$

4. 混合路径

地波曲线可以用来确定波在混合路径中传播的场强。有很多方法可以说明场强的计算。其中一个最古老和最有效的方法是 Millington 方法，下面将对其进行解释。

在图 5.9 中，发射机和接收机之间的距离由三段组成，长度分别为 d_1、d_2 和 d_3。每个片段在其区域内是均匀的，场强可由上述曲线计算得出。在特定的频率下，首先确定与分段 S_1 相对应的曲线，以计算 $E_1(d_1)$。然后，将类似程序应用于 S_2 段，计算 $E_2(d_1)$ 和 $E_2(d_1+d_2)$，最后确定 $E_3(d_1+d_2)$ 和 $E_3(d_1+d_2+d_3)$。此时，

$$E_TR=E_1(d_1)-E_2(d_1)+E_2(d_1+d_2)-E_3(d_1+d_2)+E_3(d_1+d_2+d_3) \tag{5.37}$$

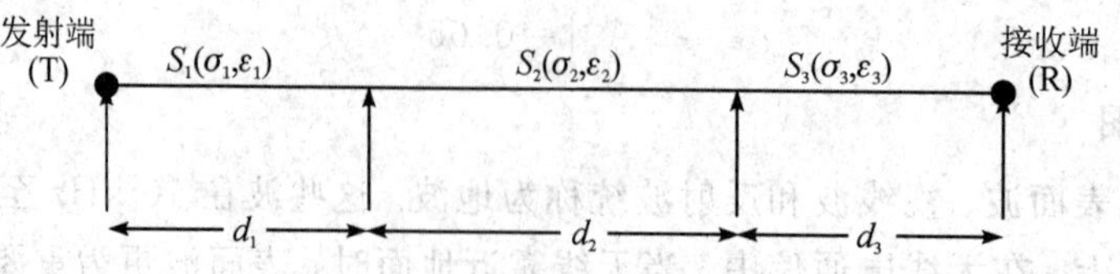

图 5.9 地波链路中的混合路径

互换发射机和接收机，再次应用相同的程序，可根据以下表达式计算 $E_R T$：

$$E_R T = E_3(d_3) - E_2(d_3) + E_2(d_3 + d_2) - E_1(d_3 + d_2) + E_1(d_3 + d_2 + d_1) \tag{5.38}$$

最后得到接收端的场强为

$$E_R = \frac{E_T R + E_R T}{2} \tag{5.39}$$

思 考 题

5.1　阐述 3 kHz 至 30 MHz 波段的主要传播模式。

5.2　讨论在低于 30 MHz 的频率下使用的不同类型的天线，包括极化、增益和近似尺寸无线。

5.3　根据波穿透深度与工作频率的关系图，列出海洋下无线电通信工作效率不高的原因。

5.4　水下通信系统的主要参数是什么？

5.5　地波和表面波有什么区别？随着天线高度的增加，哪个部分会减少更多？

5.6　解释水分和温度对地球电特性的影响。

5.7　定义表面波中的参数 p 和 b，并解释垂直和水平极化时它们的方程。

5.8　使用地面波 ITU-R 图的条件是什么？

第 6 章　地面移动通信中的电波传播

从 LF 到 UHF 频段，甚至是 SHF 频段的某一部分，都用于不同类型的移动无线电系统，如陆地、海上、航空和卫星网络。LF 和 VLF 频段主要用于潜艇通信。MF 和 HF 波段主要用于海上和航空通信，也用于无线电广播系统。通过使用 D、E 和 F 层，地波或电离层波可以通过使用合适的频率和适当的发射和接收天线在数百甚至数千公里的范围内传输。由于穿过电离层、大气以及星系和地面噪声对无线电波的不利影响，带宽和信道容量有限等，这些频段的应用受到限制。目前，VHF 和 UHF 频段是陆地移动通信中应用最广泛的频段。这些频段主要应用于卫星通信、视距无线电通信、非视距无线电通信、超视距无线电通信。本章考虑基于对流层波的 VHF 和 UHF 波段移动无线电通信，衍射、反射、散射和衰减等现象是表征这种传播环境的有效机制。本章概述了移动无线电系统中无线电波传播的基本原理，以及不同现象和参数对无线电波的影响，同时介绍了常用的传播预测模型。

6.1　基本传播原理

6.1.1　主要传播机制

1. 绕射损耗

1）菲涅耳区

当无线电波遇到地球或其他障碍物时，会发生绕射。在计算时，应通过评估绕射角、射线高度和射线与障碍物的距离等几何参数来考虑传输路径中大气折射的影响。在接下来的部分中，将给出不同类型障碍物的衍射损耗的计算过程，以及通过使用传输路径剖面计算绕射损耗的适当算法。

在计算绕射损耗的第一步中，必须确定障碍物占据的不同地球半径（不同 K 因子）的第一菲涅耳区的比例。对于路径距离为 L 的每个点，第一菲涅耳半径为

$$r_1=\sqrt{\frac{L_1L_2}{L}\times\lambda} \tag{6.1}$$

式中，L_1 和 L_2 是考虑点和无线路径两端之间的距离，λ 是波长，所有变量单位都相同。

假设地球以球形自然凸起，如果地形的每个点低于、等于该点（$K=1.33$ 时）第一个菲涅耳半径的 100％的波程，或者如果地形的每个点都低于、等于该点第一个菲涅耳半径 60％的波程，则假设无线电路径处于视距（LOS）条件，没有绕射。否则，在进行链路预算时，应考虑绕射损耗。基本上，在微波或点对点链路设计中，应满足 LOS 条件；而在移动无线电网络中，除了考虑视距路径外，还应考虑基于绕射现象的非视距（NLOS）条件。

例 6.1　一个移动通信系统的工作频率是 400 MHz。在通信路径长度等于 30 km 且 $K=1.33$ 的情况下：

(1) 计算该路径第一菲涅耳半径的最大值。

(2) 对于平坦地球，地球凸起的最大值是多少？它位于哪里？

(3) 对于视距通信，路径中点和 TX-RX 连接线之间的距离是多少？

解：(1) 由题意知

$$\lambda=\frac{c}{f}=0.75\ \text{m}$$

考虑到数学定理：若两个变量之和为常数，则当他们相等($L_1=L_2=L/2$)时，二者相乘最大，即第一菲涅耳半径的最大值将出现在路径中点处，其值等于

$$r_1=\sqrt{\frac{L_1L_2}{L}\lambda}=\sqrt{\frac{15\times15}{30}\times10^3\times0.75}=75\ \text{m}$$

(2) 根据以上结论，地球凸起量将在路径中点处达到最大值：

$$h_0=\frac{500d_1d_2}{KR_e}\Rightarrow h_0=13.25\ \text{m}$$

(3) 对于视距通信，路径中点与 TX-RX 连接线之间距离至少应为 $h_0+r_1=88.25$ m，低于 TX-RX 连接线长度。

2) 基本概念

虽然，绕射只发生于大地或其他障碍物的表面，但必须考虑到传输路径上平均的大气层折射，以估计位于路径中垂直面内的几何参数(绕射角、曲率半径、障碍高度)。为此，必须以合适的地球等效半径循迹路径剖面。如果得不到可用的其他信息，可以以 8500 km 的地球等效半径为依据。无线电波在地球表面上的绕射受地形不规则度的影响。就此而言，在对这种传播机理进行进一步研究预测之前，先给出几个基本概念。

(1) 半阴影区宽度。

明亮到阴暗的过渡区被确定为半阴影区。该过渡区发生于沿几何阴暗区边界向内的窄条(半阴影宽度)上。图 6.1 表示出在平滑的圆形地球面之上高度 h 处设置发射机情形下的半阴影区宽度(W)，它由下面公式给出：

$$W=\left[\frac{\lambda R_e'^2}{\pi}\right]^{1/3} \tag{6.2}$$

式中，λ 为波长(单位 m)，R_e' 为等效地球半径(单位 m)。

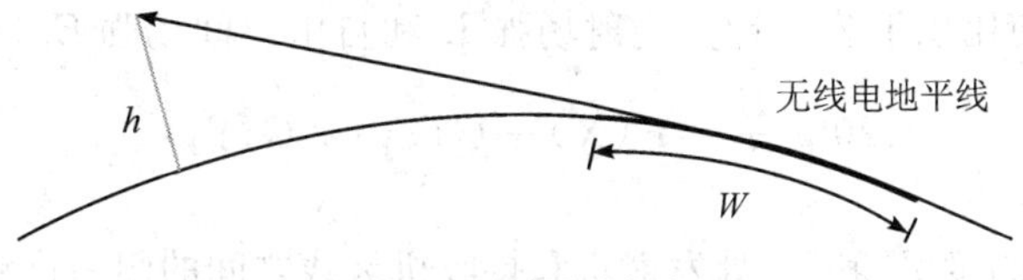

图 6.1　半阴影宽度

(2) 绕射区。

发射机的绕射区从视距(LOS)距离向外延伸，直至完全超出发射机视界；视距距离的路径间隔等于第一菲涅耳半径(R_1)的 60%，而发射机视界之外指对流层散射机理起支配作用的地方。

(3) 障碍物表面平滑度标准。

如果障碍物表面的不规则度不超出 Δh，有

$$\Delta h=0.04\left[R\lambda^2\right]^{1/3}(\text{m}) \tag{6.3}$$

式中，R 为障碍物曲率半径(m)，λ 为波长(m)，则可以认为障碍物是光滑的，可以使用相关方法来计算衰减。

(4) 孤立的障碍物。

如果障碍物与周围地形之间没有相互影响，则可以认为该障碍物是孤立的。换言之，路径衰减仅由障碍物导致，其余的地形对其并无影响。此时，必须满足几个条件：每个终端和障碍物顶部相关的半影宽度之间没有重叠；障碍物两侧的路径间隙至少为第一菲涅耳半径的 60%；障碍物两侧没有镜面反射。

(5) 地形类型。

依据用来确定地形不规则程度的参数 Δh 的数值，可将地形分为三种类型：如果地形不规则度等于或低于 $0.1R$ 的量级，则地球上的该地形表面可认为是平坦的，其中 R 是传播路径中第一菲涅耳半径的最大值。此种场合下，预测模型是以球形地球为基础进行绕射计算的；传播路径的地形剖面由一个或多个孤立的障碍物构成。此种场合下，通过对传播路径中遇到的障碍物特性的理想化，使用绕射预测模型；剖面中包含若干小山丘，但均不形成突出的障碍。在工作频率范围内，ITU-RP.1546 建议书适用于预测场强，但它不是基于绕射方法使用的。

3) 地球表面的绕射

地球表面的无线电波传播受到绕射机制的影响。在使用与绕射有关的方程时，应考虑以下条件：这种计算方法适用于超视距路径，阴影区的结果是可靠的，阴影区的衰减将受对流层散射机制影响而改变。

绕射计算是一个非常复杂的问题，在这一节中，给出了一些工程和设计应用所需的简化实用方程。地球表面电特性影响绕射损耗的程度可通过计算地球表面的归一化导纳 K_V 和 K_H 予以确定，K_V 和 K_H 分别定义水平和垂直极化：

$$K_H=\left(\frac{\lambda}{2\pi R'_e}\right)^{1/3}\left[(\varepsilon-1)^2+(60\lambda\sigma)^2\right]^{-1/4} \tag{6.4}$$

$$K_V=K_H\left[\varepsilon^2+(60\lambda\sigma)^2\right]^{1/2} \tag{6.5}$$

式中，R'_e 为等效地球半径，单位为 km，ε 为地球等效相对介电常数，σ 为大地等效导电率(S/m)，λ 为波长(m)，图 6.2 给出了参数 K_V 和 K_H 的值。

在实际应用中，对小的 K 值($K<0.001$)，可以忽略大地电特性的影响；而对于大的 K 值($K>0.001$)，应使用以下公式计算绕射场强 E 和自由空间场强 E_0(dB)的比值：

$$20\lg\frac{E}{E_0}=F(X)+G(Y_1)+G(Y_2) \tag{6.6}$$

式中，X 是在归一化高度 Y_1 和 Y_2 处发射机和接收机天线之间的归一化路径(其中，$20\lg\dfrac{E}{E_0}$ 通常为负值)：

$$X=\beta\left[\frac{\pi}{\lambda R_e'^2}\right]^{1/3}\cdot d \tag{6.7}$$

$$Y=2\beta\left[\frac{\pi^2}{\lambda^2 R'_e}\right]^{1/3}\cdot h \tag{6.8}$$

在实际应用中，上述方程可表示为

$$X=2.2\beta f^{1/3}R_e'^{-2/3}d \tag{6.9}$$

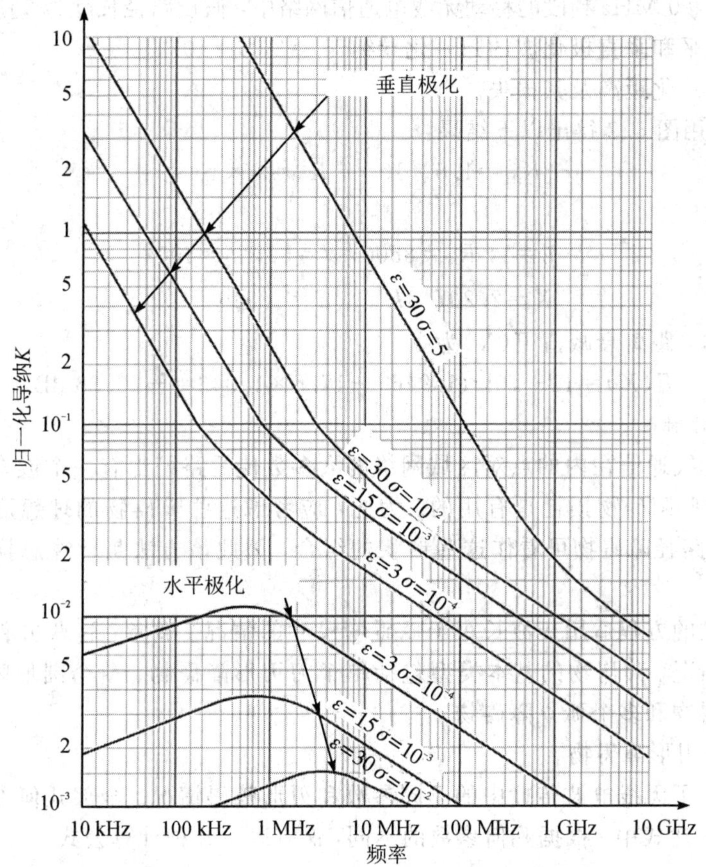

图 6.2　大地归一化导纳与频率

$$Y = 9.6 \times 10^{-3} \beta f^{2/3} R_e'^{-1/3} h \tag{6.10}$$

式中，d 为路径长度(单位 km)，R_e' 为等效地球半径(单位 km)，h 为天线高度(单位 m)，f 为频率(单位 MHz)。

考虑到地球类型，对于不同类型的极化，参数 β 与 K 的关系可由下面的半经验公式给出：

$$\beta = \frac{1 + 1.6K^2 + 0.75K^4}{1 + 4.5K^2 + 1.35K^4} \tag{6.11}$$

对于水平极化，在所有频率范围内，β 值可取为 1。对于垂直极化，陆地上的频率为 20 MHz 之上或者海面上的频率为 300 MHz 之上时，β 值可取为 1。

式(6.6)中的其他参数可表示为

$$F(X) = 11 + 10\lg(X) - 17.6X \tag{6.12}$$

$$G(Y) = 17.6(1.1 - Y)^{1/2} - 5\lg(Y - 1.1) - 8,\ Y > 2 \tag{6.13}$$

$$G(Y) = 20\lg(Y + 0.1Y^3),\ 10K < Y < 2 \tag{6.14}$$

$$G(Y) = 2 + 20\lg K + 9\lg\frac{Y}{K}\left[\lg\frac{Y}{K} + 1\right],\ \frac{K}{10} < Y < 10K \tag{6.15}$$

$$G(Y) = 2 + 20\lg K,\ Y < \frac{K}{10} \tag{6.16}$$

例 6.2 在 400 MHz 频段的移动无线电通信网络中，假设路径长度为 50 km，$K=1.33$。

(1) 计算水平和垂直极化波的归一化导纳($\varepsilon_r=3$，$\sigma=10^{-4}$)。

(2) 计算归一化距离及其损失。

解：(1) 使用图 6.2 得出以下结果：

$$K_H=1.6\times10^{-3}, K_V=5\times10^{-3}$$

(2) 由题意

$$\beta=1, R'_e=8500, d=50, f=400$$

$$X=2.2\beta f^{1/3}R'^{-2/3}_e d=1.946$$

根据公式(6.12)，距离衰减值 $F(X)$ 为

$$F(X)=11+10\lg(1.946)-17.6\times1.946=-20.36 \text{ dB}$$

4) 障碍物衍射

包括移动无线通信在内的点对区域网络的大多数传播路径都有一个或多个单独的障碍物，因此估计这些障碍物损耗是有用的。为此，应考虑这些障碍物的理想形状和精确几何形状。实际上，路径障碍物可看作这些形状的组合，因此该方法是计算总损耗的一种可接受的近似方法。

本节中提供的方程适用于波长小于障碍物尺寸的情况。通常，这些方程适用于频率大于 30 MHz 的情况。障碍物的基本类型包括单个刀刃形障碍物、单个圆形障碍物、双重孤立的刀刃形障碍物和多个孤立障碍物。

(1) 单个刀刃形障碍物。

图 6.3 显示了无线电波传播中的不同参数和刃形障碍情况。全部几何参数均集成在无量纲参数 ϑ 的表达式中。根据几何参数的不同，ϑ 有以下几种计算公式：

$$\vartheta=h\times\sqrt{\frac{2}{\lambda}\left(\frac{1}{d_1}+\frac{1}{d_2}\right)} \tag{6.17}$$

$$\vartheta=\theta\times\sqrt{\frac{2}{\lambda\left(\frac{1}{d_1}+\frac{1}{d_2}\right)}} \tag{6.18}$$

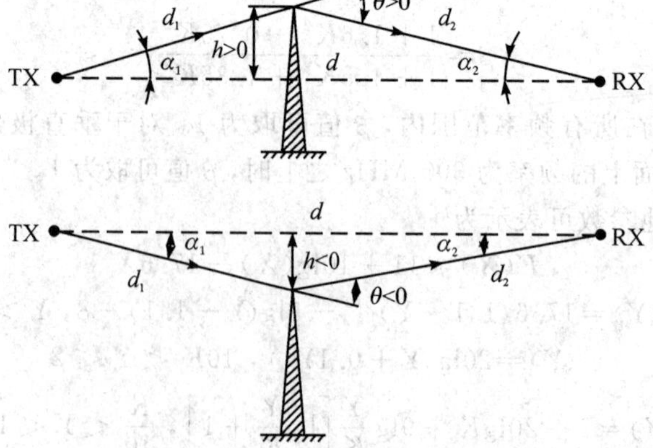

图 6.3 刃形障碍物几何参数

$$\vartheta=\sqrt{\frac{2h\theta}{\lambda}} \tag{6.19}$$

$$\vartheta=\sqrt{\frac{2d}{\lambda}\alpha_1\alpha_2} \tag{6.20}$$

式中，h 为连接路径两端的直线到障碍物顶部的垂直距离。h 的值以 m 为单位，若高度低于该直线，h 为负值。d_1 和 d_2 为路径两端与障碍物顶端之间的距离，单位为 m。d 为发射机和接收机之间的路径长度，单位为 m。θ 为与 h 正负数方向相同的衍射角，单位为弧度。α_1 和 α_2 为从一端看出去时障碍物顶部与另一端之间形成的夹角，单位为弧度。α_1 和 α_2 的符号与上面公式中 h 的正负数方向相同。

图 6.4 表示了绕射损耗 $J(\vartheta)$ 与 ϑ 的函数曲线关系。$J(\vartheta)$ 的计算公式为

$$J(\vartheta)=-20\lg\left(\frac{\sqrt{[1-C(\vartheta)-S(\vartheta)]^2+[C(\vartheta)-S(\vartheta)]^2}}{2}\right) \tag{6.21}$$

式中，$C(\vartheta)$ 和 $S(\vartheta)$ 分别是复数的菲涅耳积分的实部和虚部。

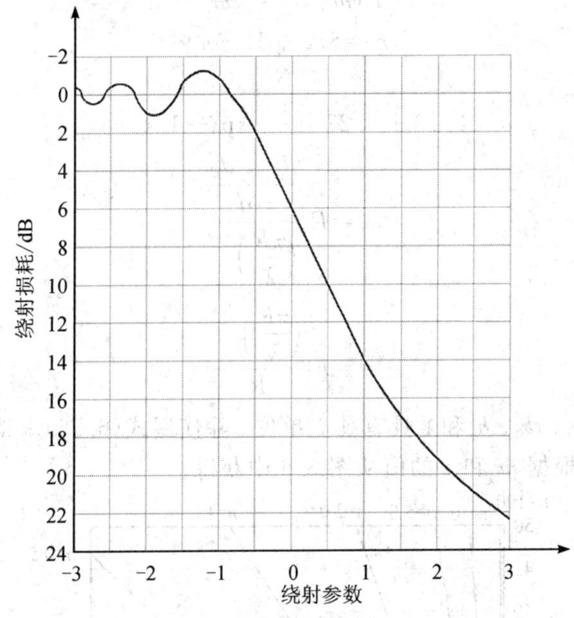

图 6.4　绕射损耗与绕射参数的曲线关系图

当 ϑ 大于 -0.6 时，可利用下式计算得到绕射损耗的近似值 0：

$$J(\vartheta)=6.9+20\lg\left(\sqrt{(\vartheta-0.1)^2+1}+\vartheta-0.1\right) \tag{6.22}$$

(2) 单个圆形障碍物。

半径为 R 的圆形障碍物的几何形状如图 6.5 所示。需要指出，基线之上的距离 d_1 和 d_2 以及高度 h 都是对顶点测量的，d_1、d_2 在障碍物上方的投影线于顶点处相交。此种几何形状造成的绕射损耗计算如下：

$$A=J(\vartheta)+T(m,\ n) \tag{6.23}$$

$J(\vartheta)$ 是等效的刃形障碍物损耗。在实际单位中，ϑ 可以表示为

$$\vartheta = 0.0316h\left[\frac{2(d_1+d_2)}{\lambda d_1 d_2}\right]^{1/2} \tag{6.24}$$

式中，h 和 λ 单位为 m，d_1 和 d_2 单位为 km。根据 ϑ 的值，$J(\vartheta)$ 的值可从图 6.4 或公式(6.22)获得。

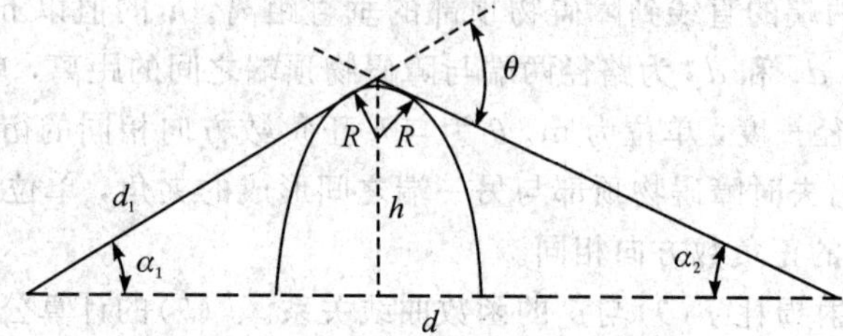

图 6.5　单个圆形障碍物的几何参数

$T(m, n)$是由于障碍物曲率造成的附加损耗，计算式为

$$T(m, n) = km^b \tag{6.25}$$

$$k = 8.2 + 12.0n \tag{6.26}$$

式中：

$$b = 0.73 + 0.27[1 - \exp(-1.43n)] \tag{6.27}$$

$$m = R\frac{\dfrac{d_1+d_2}{d_1 d_2}}{\left(\dfrac{\pi R}{\lambda}\right)^{1/3}} \tag{6.28}$$

$$n = h\frac{\left(\dfrac{\pi R}{\lambda}\right)^{2/3}}{R} \tag{6.29}$$

在这些方程中，R、d_1、d_2、h 和 λ 具有独立单位。除使用式(6.25)求得附加损耗 $T(m, n)$外，$T(m, n)$的值可根据 m 和 n 的值从图 6.6 中获得。

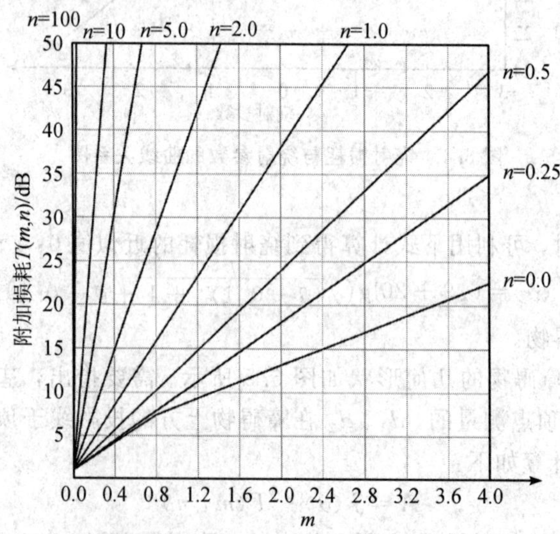

图 6.6　$T(m, n)$随 m 和 n 的变化

(3) 双重孤立的刀刃形障碍物。

可以将单个刀刃形障碍物绕射理论构成的方法继续用于两个障碍物上，第一个障碍物的顶部起电波源的作用，在第二个障碍物上绕射(如图 6.7 所示)。第一个障碍物绕射路径由距离 a、b 和高度 h_1' 确定，给出损耗 J_1(dB)。第二个障碍物衍射路径由距离 b、c 和高度 h_2' 确定，给出损耗 J_2(dB)。J_1 和 J_2 使用公式(6.22)计算。考虑到两个刀刃形障碍物之间有距离 b，必须加上校正项 J_c(dB)。J_c 可由下式估计：

$$J_c = 10\lg\left[\frac{(a+b)(b+c)}{b(a+b+c)}\right] \tag{6.30}$$

当 J_1 和 J_2 中的每一个都超过大约 15 dB 时，上式有效。最后，这些障碍物的总绕射损耗：

$$J = J_1 + J_2 + J_c \tag{6.31}$$

当两个刀刃形障碍物给出相当量级的损耗时，上面的方法特别有用。

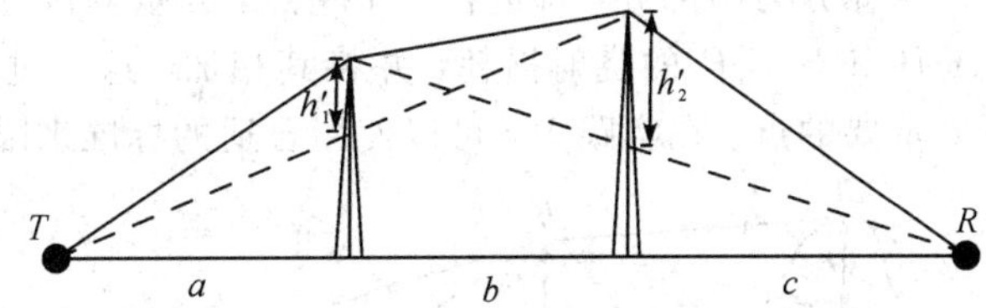

图 6.7　第一类双重孤立障碍物的几何结构

如图 6.8 所示，如果其中一个刀刃形障碍物占主导地位，则第一绕射路径由距离 a、$(b+c)$和高度 h_1 定义，第二绕射路径由距离 b、c 和高度 h_2' 定义，其损耗由公式(6.22)得出。

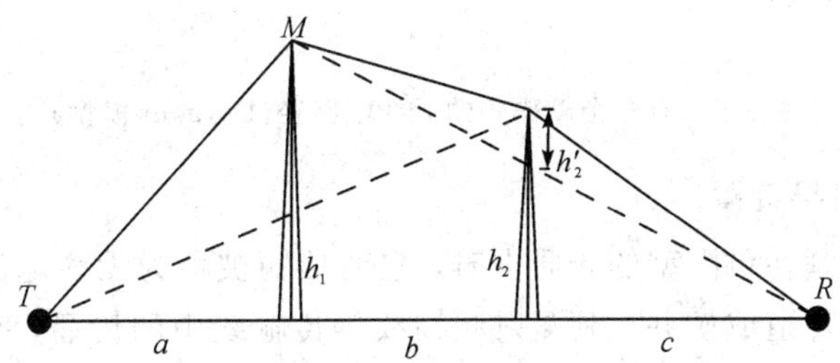

图 6.8　第二类双重孤立障碍物的几何结构

可以将单个刀刃形障碍物绕射理论构成的方法继续用于两个障碍物上。首先，由较高的 h_1/r 比确定主障碍物 M；其中 h_1、h_2(如图 6.8 所示)是直接路径 TX-RX 之上的主障碍物高度，r 是第一菲涅耳椭圆半径。于是，可应用子路径 MR 之上的副障碍物高度 h'_2 计算由副障碍物造成的损耗。考虑到两个刀刃形障碍物之间的间隔以及它们的高度，必须减去一个校正项 T_c(dB)。T_c(dB)可由下面公式进行估值：

$$T_c = \left[12 - 20\lg\left(\frac{2}{1-\left(\frac{\alpha}{\pi}\right)}\right)\right]\left(\frac{q}{p}\right)^{2p} \tag{6.32}$$

式中

$$p = \left[\frac{2(a+b+c)}{\lambda(a+b)c}\right]^{1/2} \times h_1 \tag{6.33}$$

$$q = \left[\frac{2(a+b+c)}{\lambda(a+b)c}\right]^{1/2} \times h_2 \tag{6.34}$$

$$\tan\alpha = \left[\frac{b(a+b+c)}{ac}\right]^{1/2} \tag{6.35}$$

h_1 和 h_2 是直接路径发射机—接收机之上的刀刃形障碍物高度。最后，总绕射损耗由下式得出：

$$L = L_1 + L_2 - T_c \tag{6.36}$$

(4) 多个孤立障碍物。

许多学者开发了将级联地形障碍物建模为刃形的几何方法。其中最好的一个方法是如图 6.9 所示的 Deygout 模型。该方法基于轮廓上找到的一个点，该点被视为整个路径的单个刃形障碍物(忽略所有其他点)，给出 ϑ 的最大值。图 6.9 中的点 B 是主点。计算 T-B-R 的相应绕射损耗。然后将路径分为两部分，每边各一个主点，并重复该过程。假设第二主点在 A 和 C 处，计算 T-A-B 和 B-C-R 的绕射损耗，并将其相加。这个过程是递归的，可以连续进行，直到没有更多重要的点。在实践中，可以使用合适的标准来限制该过程。

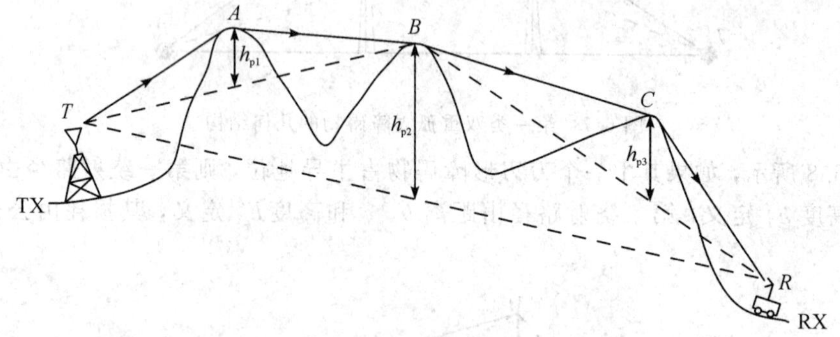

图 6.9　有多个障碍物的无线电路径(Deygout 模型)

2. 无线电波的引导传播

当无线电波被限制在包围型的介质中时，它的传输被称为无线电波的引导传播。重要案例包括无线电波在隧道或矿井、泄漏射频馈线等传输线中的传播，空气波导等。当波阵面不能在三维空间自由扩展时，传播就可以认为是“引导的”。

1) 隧道中的无线电波传播

公路和铁路隧道中的电波传输模式为移动通信模式。此外，出于安全操作问题，有必要在矿井中提供可靠的通信。具有一定长度和横截面尺寸的隧道可与波导传输环境相媲美，波导即为电波在介质内部的传播。横电(TE)或横磁(TM)无线电波可以在隧道中传播。每种传播模式都有一个临界频率 f_c，频率低于 f_c 的无线电波无法传播。临界频率也称为截止频率。

在矩形波导中，截止波长是其横截面长度的两倍；因此，在横截面长度为 8 m 的隧道中，截止波长等于 16 m，该值是根据以下假设获得的：

$$f_c = \frac{c}{\lambda} = \frac{3\times10^8}{16} = 18.75\ \text{MHz} \tag{6.37}$$

因此，所有大于 18.75 MHz 频率的波都可以在这个隧道中传播。

由于隧道内障碍物可能是移动的，也可能是固定的，频率大于截止频率的波会面临绕射效应，产生一些绕射损耗。由于受隧道内的粗糙表面、隧道路径方向变化、内部永久或临时障碍物等主要因素的影响，隧道损耗系数范围变化较大。

在频率远大于截止频率时，隧道内的传播也可以用射线理论来解释，这通常更适合于波长远小于隧道横截面的情况。即当隧道横截面远大于波长时，侧面光滑的隧道将支持掠射角下的壁反射来传播。由于反射路径的多样性，结果具有瑞利或莱斯衰落分布的多径特性。

隧道中的障碍物将导致远高于截止频率的无线电波散射。一般情况下，它会中断掠入射反射的过程，并且由于阴影，绕射损耗将在波通过障碍物之后立即发生。

无线电波在公路隧道中传播时，损耗率通常在 0.1～1 dB/m，有时会超出此范围。

2）泄漏射频馈线中的电波传播

安装于隧道或其他一些周围区域的泄漏射频馈线，用于无线电波传播，提供移动通信。它们通常用于克服隧道或周围区域内传播的限制，支持所需电信服务。泄漏射频馈线通常由泡沫绝缘电缆制成，其外部导体上有规则间隔的槽。一些电磁能量会以横电磁波(TEM)的形式在馈线和隧道壁之间通过外导体泄漏。这个过程被称为模式转换。

3）空气波导

另一种无线电波的引导传播是以空气作为天然波导进行的。一些天然波导(如对流层)具有特殊的尺寸，因此在 VHF 和 UHF 波段，波的传播具有良好的质量和非常低的损耗。换言之，当波在天然波导中传播时，由于波导表面的反复反射(类似于光纤中的波传播)，波可以传播很长的距离。

3. 反射和多径

1）局部反射

如图 6.10 所示，除了直达波外，移动接收机还将接收来自地表或其他附近物体(如建筑物、树木或固定和移动结构)的反射波。与主波相似，反射波的相位和振幅都是随机的，因此反射波会引起主接收信号电平的正负变化。

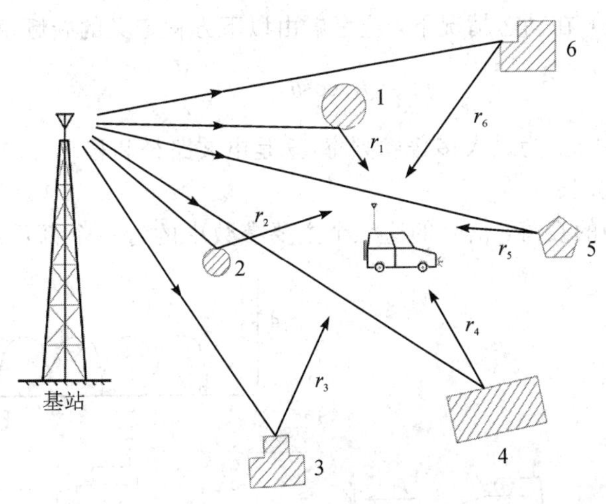

图 6.10　局部反射和多径接收

主波和反射波之间的干涉会引起接收信号相位和振幅的瞬时变化，从而产生最小点(或最大点)，两点之间的距离至少等于 $\lambda/2$。在城市和森林地区有多个反射波，所以在远场

($d \gg 10\lambda$)瞬时接收到的信号电平具有瑞利分布。

移动接收机中的干扰衰落快速上升，对移动接收车辆的固定位置也是如此。因此，在这些条件下，衰落可能比平均信号电平大 30 dB 左右或 30 dB 以上。在某些情况下，例如，当接收器处于阴影位置时，局部反射可以改善接收信号的质量。

2）主信号和不需要信号之间的相关性

在计算载波干扰比(C/I)时，不同来源对接收信号平均值的相关性有很重要的影响。假设载波平均功率值等于 C_m(dB)，标准差为 σ_C，干扰源平均功率等于 I_m(分贝)，标准差为 σ_I，那么由非相关条件($\rho=0$)可得

$$(C/I)_m = C_m - I_m \tag{6.38}$$

$$\sigma_{C/I} = \sqrt{\sigma_C^2 + \sigma_I^2} \tag{6.39}$$

在相关系数 $\rho \neq 0$ 情况下，有

$$\sigma_{C/I} = \sqrt{\sigma_C^2 + \sigma_I^2 - 2\rho\sigma_C\sigma_I} \tag{6.40}$$

在 $\sigma_C = \sigma_I = \sigma$ 特殊情况下，该方程可简化为

$$\sigma_{C/I} = \sigma\sqrt{2(1-\rho)} \tag{6.41}$$

对接收功率相关系数的实验研究表明：在多个方向接收的情况下，相关系数很小。如果到达天线之间的信号差异很小，那么在森林和农业区附近，相关系数 ρ 相当大，其值约为 0.8～0.9，在城市地区约为 0.4～0.8。这个值在山区很小。

3）多径衰落

在移动通信中，多径衰落对载波信号的幅度、频率和相位有很大的影响。载波信号可以简单地定义为

$$S_0(t) = a_0\cos(\omega_0 t + \phi_0) = R_e \cdot a_0\exp[\mathrm{j}(\omega_0 t + \phi_0)] \tag{6.42}$$

图 6.10 所示的多径衰落可以对以下三种基本情况进行研究：① 移动台和附近其他发射机固定时的静态情况；② 移动台固定但附近其他发射机移动时的半动态情况；③ 移动台和附近其他发射机移动时的动态情况。

由于多普勒效应，在动态情况下，应考虑由以下方程定义的新频率 f_d：

$$f_d = f_m\cos\theta,\ f_m = \frac{V}{\lambda} \tag{6.43}$$

由图 6.11 可知，式中 f_m 为最大多普勒频率，θ 是电波路径和移动方向之间的夹角，V 是移动的相对速度，λ 是波长。

由于多径传播中的衰落，信号的这三个主要参数中的每一个都可能改变。在某些情况

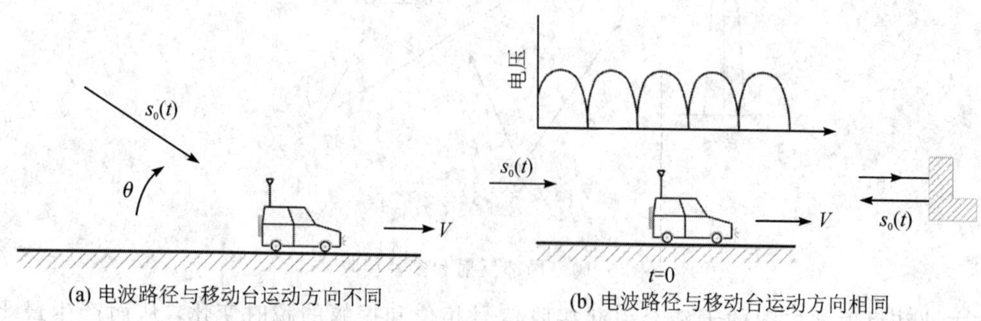

图 6.11　移动通信中的多普勒效应

下，这种衰落可能是选择性的。

6.1.2　主要影响因素

1. 移动无线电通信中的传播环境

从地面移动无线电台传播的无线电波由于其特性受到多种机制的影响，而在其他类型的无线通信系统(如卫星和固定无线电系统)中无线电波传播不会受到影响，或者影响有限，可以被忽略。

通常，地面衰减是受电波路径结构和传播环境影响而引起的。由于影响波传播的不利因素，靠近地球表面的低高度移动天线会产生一些额外的损耗。无线电路径结构使波的能量被吸收、衰减、散射，使接收器中的信号电平降低。这些损耗和自由空间损耗之和导致总路径衰减。此外，移动无线电波还受到各种散射、多径机制的影响，这些机制会导致接收信号的深度衰落。这些衰落效应将以长期衰落和短期衰落两种不同统计条件下的形式出现。

长期衰落是因为电波路径结构的微小变化，而短期衰落是因为固定和移动物体的反射。无线电通信中无线电波在发射机和接收机之间的传播会受到多径衰落现象的严重影响，这是因为波在地球表面附近传播的机制，而在空中和卫星通信中这种机制并不明显。

基本上，传输的信号电平在其路径上不断衰减。在理想情况下，这种衰减只与自由空间损耗有关，但在实际情况下，如下文所述，有几个因素会增加这种衰减。

在无线通信中，移动台有时是移动的，有时是固定的。在移动环境中，移动台可以以不同的速度向不同的方向移动，而且每个移动台都会面对不同种类的散射体，如多个移动物体。这些散射体在波路中会形成一个取决于多个参数的变化环境，它可以散射、反射甚至吸收信号能量，并会引起接收信号电平的显著变化。下面将从位置和时间变化方面，统计研究这些变化，其中延迟扩散是不利影响之一。

如上所述，影响因素大多是可变的、动态的，具有随机性，找到用来模拟移动波传播的分析方程非常复杂，因此，在移动无线网络中，专家和模型设计者通常倾向于使用或设计实验和统计模型来估计接收信号电平和预测覆盖区域。

2. 极化

1) 去极化效应

不同种类的极化，如线极化和圆极化，可用于移动无线电通信。在移动无线电通信的地面应用中，电磁波会因绕射和反射等现象而偏离原来的极化。通过定义交叉极化鉴别度(XPD)，可以考虑去极化效应。在 900 MHz 频率下进行测量，发现如下规律：XPD 对无线路径长度的依赖性不高；乡镇居民区的 XPD 平均值约为 5～8 dB，而在开阔地区则大于 10 dB。水平极化和垂直极化之间的平均相关性几乎为零。XPD 值与频率成反比，在 VHF 波段的值大于在 UHF 波段的值；在 35 MHz 频率下，XPD 等于 18 dB；30～1000 MHz 频率范围内的 XPD 是对数正态分布的。XPD 的标准差取决于频率，其平均值的 10%～90% 约为 15 dB。

由于去极化现象，观察到两种变化。第一种是由于气候条件引起的地球电特性的缓慢变化，这种变化在低频下非常显著。第二种是由于树木造成的高达几分贝的信号振幅衰减。

2) 极化分集

由于 VHF 和 UHF 频段的电波在移动无线电通信中的 XPD 值较低，并且乡镇居民区的辐射功率损耗很大，因此可以使用极化分集来改善接收信号质量。在移动无线固定台中，常用的一种解决方案是采用两种线性正交极化（如水平极化和垂直极化）。另一种解决方案是在固定站使用圆极化，在移动台使用线极化。然而，后一种情况由于不匹配会导致 3 dB 以上的衰减，但对接收信号的稳定性有一定的积极影响。

3. 天线高度

在移动无线电通信中，接收信号电平的变化取决于发射机和接收机天线的高度。通常，天线增益随天线高度的增加而增加，但在某些情况下，尽管天线高度有所增加，但由于天线位置选择不当，接收信号电平可能会降低。如果没有局部杂波，直达波可以与来自地面的反射波结合。接收到的信号电平在垂直方向上的变化包括基于地形几何条件的峰值点的变化。

在移动接收机中，由于杂波和其他反射波的影响，双线模型（直达波和反射波）无效，尤其是对频率大于 200 MHz 的情况。增加天线高度将降低杂波损耗，导致接收机中接收信号电平升高。根据这一事实，可以得出天线高度增益与地表性质有关这一结论。因此，在一些覆盖估计模型中，考虑到电波沿无线电路径传播中的地形性质和结构信息，天线高度增益与杂波损耗在计算上直接相关。

对于郊区等开阔地区的基站，工作频率小于 200 MHz，双线模型（直达波和反射波）的负面影响相当大，因此，通过改变天线的高度，可以减少这些不良影响。准确估计这种现象非常困难，需要沿线地形结构获得关于无线路径的完整信息。由于频率超过 200 MHz 电波的波长较短，这种机制的影响可以忽略不计。

1）天线高度增益

在 VHF 和 UHF 频段的无线电通信中，路径损耗受发射机和接收机天线高度的影响。如前所述，对于双线模型，接收场强由以下方程给出：

$$\boldsymbol{E}_s=[1+\Gamma e^{j\beta\Delta d}]\cdot\boldsymbol{E} \tag{6.44}$$

式中，向量 $\boldsymbol{E}$ 是接收器位置的直接接收场强，Γ 是地表反射系数，Δd 是直射和反射路径长度差。由于自由空间损耗，$\boldsymbol{E}$ 的值与距离成反比：

$$|\boldsymbol{E}|^2\propto\frac{1}{(d/\lambda)^2}=(d/\lambda)^{-2} \tag{6.45}$$

根据这些条件以及自由空间中的波传播方程，接收器中的平均信号功率为

$$P_r=\frac{|\boldsymbol{E}|^2}{2\eta_0}=P_t\cdot G_t\cdot G_r\left(\frac{4\pi d}{\lambda}\right)^{-2} \tag{6.46}$$

式中，P_t 为发射机功率，G_t 和 G_r 为发射机和接收机天线增益，η_0 为自由空间固有阻抗。

假设双线模型，直射波和反射波之间的相位差为

$$\Delta\Psi=\beta\cdot\Delta d \tag{6.47}$$

假设发射机和接收机天线的高度与两点间距离相比非常小，则可得

$$\Delta d\approx\frac{2h_t\cdot h_r}{d} \tag{6.48}$$

同时考虑到地面通信的实际情况，可以近似为：

$$\sin\Delta\Psi\approx\Delta\Psi=\frac{4\pi h_t\cdot h_r}{\lambda\cdot d} \tag{6.49}$$

则有

$$P_r=\frac{|E|^2}{2\eta_0}=P_t\cdot G_t\cdot G_r\left(\frac{4\pi d}{\lambda}\right)^{-2}|1-\cos\Delta\Psi-\mathrm{j}\sin\Delta\Psi|^2$$

$$\approx P_t\cdot G_t\cdot G_r\left(\frac{4\pi d}{\lambda}\right)^{-2}(\Delta\Psi)^2 \tag{6.50}$$

$$\approx P_t\cdot G_t\cdot G_r\left(\frac{4\pi d}{\lambda}\right)^{-2}\left(\frac{h_t\cdot h_r}{d^2}\right)^2$$

虽然式(6.50)是一个忽略频率影响的近似公式，但它足够精确，可用于移动无线电计算。

根据公式(6.50)，假设距离(d)、天线增益(G_t、G_r)和发射机输出功率(P_t)取固定值，则相对整体天线高度增益为

$$\Delta G=\left(\frac{h'_t\cdot h'_r}{h_t\cdot h_r}\right)^2 \tag{6.51}$$

用对数表示为

$$\Delta G(\mathrm{dB})=20\lg(\mathrm{HR}_t)+20\lg(\mathrm{HR}_r) \tag{6.52}$$

式中，HR_t 和 HR_r 分别表示发射机和接收机的最终天线高度与其初始值的比值。

例 6.3　在其他参数不变的情况下，求路径长度相对损耗值和发射机天线高度增益。

解：对于路径长度变化

$$P_r=P_t\cdot G_t\cdot G_r\left(\frac{h_t\cdot h_r}{d^2}\right)^2,\quad P'_r=P_t\cdot G_t\cdot G_r\left(\frac{h_t\cdot h_r}{d'^2}\right)^2$$

两式相比，可得

$$\frac{P'_r}{P_r}=\left(\frac{d}{d'}\right)^4$$

用对数表示为

$$L=40\lg\frac{d}{d'}$$

因此，路径损耗的变化率为 40 dB/dec。在一般情况下，发射机和接收机天线高度也是如此

$$P_r=P_t\cdot G_t\cdot G_r\left(\frac{h_t\cdot h_r}{d^2}\right)^2,\quad P'_r=P_t\cdot G_t\cdot G_r\left(\frac{h'_t\cdot h'_r}{d^2}\right)^2$$

两式相比，可得

$$\frac{P'}{P_r}=\left(\frac{h'_t\cdot h'_r}{h_t\cdot h_r}\right)^2$$

或

$$\Delta G=\left(\frac{h'_t\cdot h'_r}{h_t\cdot h_r}\right)^2$$

在接收机天线高度固定的情况下，发射机天线高度增益等于

$$\Delta G(\mathrm{dB})=20\lg\left(\frac{h'_t}{h_t}\right) \tag{6.53}$$

根据该方程，基站天线高度增益的变化率为 20 dB/dec 或 6 dB/oct。

2) 固定天线高度增益

在无线电通信中，固定站通常位于高处或塔顶。如前一节所述，增加天线高度将导致接收器中的信号电平更高。若将天线高度从 h 增加到 $2h$，其高度增益将达到 6 dB。

在移动无线电网络中，提高接收信号电平质量的有效方法之一是采用天线空间分集技术，这种分集技术可分为垂直分集和水平分集。这项技术适用于固定电台，在手机和车载接收机上应用这项技术是不实际的。如图 6.12 所示，当天线之间的垂直距离约为 20λ 或者更大时，使用垂直天线更好；若是水平天线，距离应该在 10λ 左右。

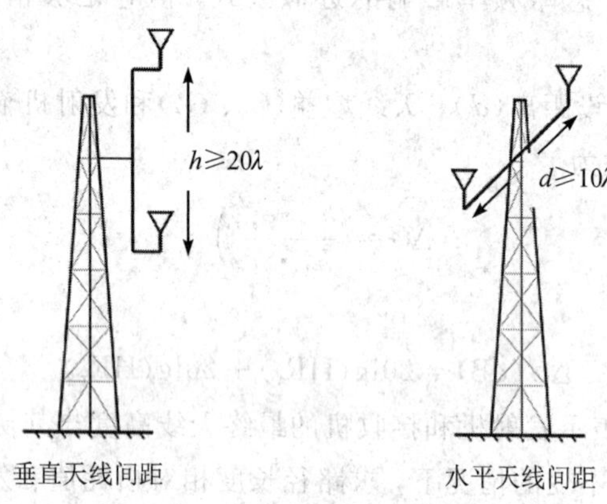

图 6.12　垂直和水平天线空间分集

3) 移动天线增益

由于在移动无线电通信中，手机和车载天线在多径传播条件下以低高度工作，因此，在大多数情况下，根据其传播模式，天线增益小于最大可能值。即使在视距无线电链路中，到达角也可能在 10°左右。在这种情况下，接收到的信号可以在零点或旁瓣中接收，而不是在主瓣接收。实验表明，最大增益为 3～5 dB 的移动天线在工作条件下的有效增益为 1.5 dB。

4. 气候影响

由于空气粒子(如氧、氮、其他地球大气气体)、雾、灰尘以及工业区的特殊气体的存在，将考虑天气和气候变化的影响。额外地，还需考虑雨、雪、冰雹、湿度、温度和雾对气候变化的不同影响。

如果无线电波在自由空间传播，它们只会受到绕射衰减的影响。但是，如果这些波在地球表面或大气中传播，它们将受到多种机制的影响，例如磁暴，天空噪声，太阳黑子，大气事件(如雨、云、雪、冰雹、雾、湿度、风)和地面参数(如山、林和海)的影响。

1) 折射率

一般来说，随高度的增加，地球大气会更稀薄，即，折射率会降低。折射率的变化通常是连续的，它会导致波曲率的变化。在假设波传播为直接路径的情况下，应考虑修正后的地球半径。根据标准条件下空气折射率的变化，地球有效半径约为 8500 km。

等效地球半径与实际地球半径之比为等效地球半径系数，用 K 系数表示，标准条件下约为 1.33。由于一些自然现象，地球等效半径减小，有时甚至小于地球实际半径。这种情况相当于 K 因子值小于 1，表现为地球表面的高度凸起，这将对无线电波在地表附近传播造成障碍。

2）气候因素

VHF 和 UHF 无线通信中的一些重要气候因素如下：

(1) 大气粒子。

氧气、氮气和其他自然气体对移动无线电波段中的电波传播不起作用。与 VHF 和 UHF 波段的波长相比，水蒸气、雾和空气灰尘由于尺寸较小对波传播无影响。大气分子运动产生的风使大气成为混合均匀的介质，对波的传播有一些积极作用。风促使标准大气的形成，使得大气波导消失。

(2) 降水。

降水，如降雨、降雪和冰雹，对在 VHF 和 UHF 波段的电波传播来说，不会对波的振幅大小和波的反射有明显的影响。

3）气候因素的主要影响

由于上层的强流层沉降，在地球和强流层之间形成的一条通道，或两个强流层之间形成的一个稀释层，将作为一个用于 VHF 和 UHF 波段无线电波传输的波导层。空气折射率变化将导致 K 因子变化。一般来说，在 VHF 波段，K 因子取值与标准条件下的取值相似(K 因子等于 1.33)；在较低的 UHF 频段，即小于 1 GHz，K 因子通常约为 1～1.33；在由 1 到 3 GHz 的频率组成的高 UHF 频段，K 因子通常约为 1，公差为 25%。地球磁场效应，导致大气分子电离产生的高层无线电波旋转。这种现象主要发生在 HF 和低频段，而它对 VHF 和 UHF 的影响可以忽略不计。星系、天空和太阳的噪声在 VHF 和 UHF 波段很小，特别是当频率增加时，它们的值会更小。

5. 地球效应

地球效应主要发生在郊区移动通信中，造成地球效应的主要因素包括山脉和丘陵、森林和植被覆盖、海洋水流和河川水流以及平坦地表等。山脉和丘陵、森林和植被覆盖对基于绕射的无线电通信的影响在其他章节进行了讨论，这里只概述海洋水流和河川水流以及平坦地表的影响。

VHF 和 UHF 无线电波在海洋上方传播的主要特点包括：发射天线和接收器天线的有效高度相当于其高于海平面的高度。海水衰减指数很大，穿透深度很小，可以忽略不计。在 VHF 和 UHF 波段，海水折射率约为−1，因此，海面是这些无线电波的良好反射体。在某些情况下，接收机检测到的接收波是直达波和反射波的总和，它们比仅具有自由空间损耗的接收波更强。冷水和温水对无线电波传播有不同的影响。海水对无线电波传播最重要的影响之一是大气波导的产生，由于水蒸气的沉降，大气波导在温暖地区更为显著。除非强风暴造成高海浪，否则无线电波传播路径中没有障碍物。此时，应考虑雷达视界和地球自然凸起。

在粗糙度几乎为零的平坦地表(类似于反射系数 $\Gamma<1$ 的海平面)，反射现象对接收波有相当大的影响。尽管地表不似海面，时而平静，时而起伏，但平坦地表有一个粗糙度，其相对影响与电波波长成正比。换言之，当粗糙度小于波长的某个百分比，比如小于波长的 10%时，地表被视为一个平面；否则，地表被视为粗糙表面。例如，在 100 MHz 频率下，波长等于 3 m，如果粗糙度小于 30 cm，地表将被假定为一个平面；而在 2000 MHz 频率下，

地表粗糙度过大(接近波长)，不能被视为一个平面。当地表粗糙度相当大时，它可被看作小规模的山丘。地表粗糙度效应(由 Δh 表示)可以按图 6.13 计算。

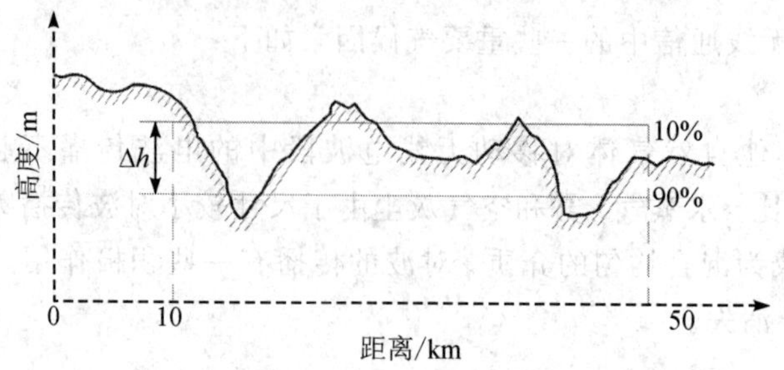

图 6.13 地表粗糙度效应 Δh

为了预测广播系统的覆盖范围，ITU 提供了 VHF 和 UHF 频段的两个图，分别如图 6.14 和图 6.15 所示，可根据 Δh 值的校正系数来确定补偿路径损耗。如果发射机和接收机之间存在视距条件，则可以使用这些图。

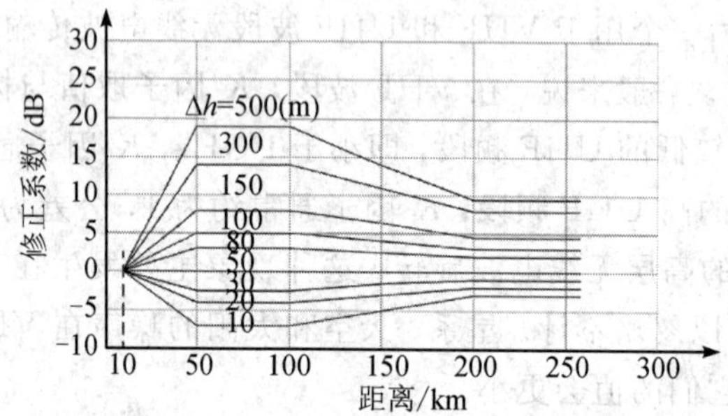

图 6.14 地表起伏修正系数(VHF 波段)

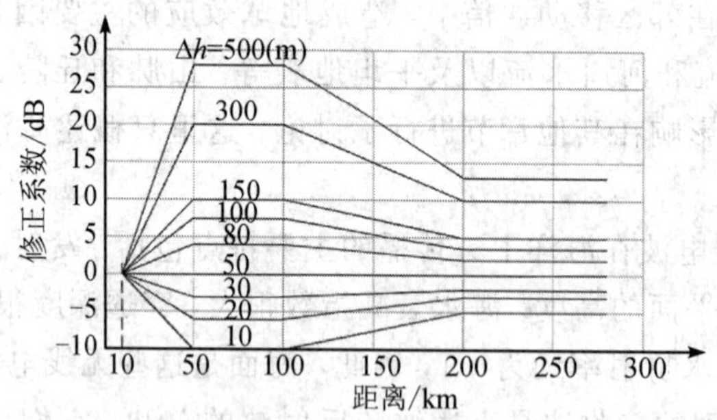

图 6.15 地表起伏修正系数(UHF 波段)

6. 移动性影响

当移动设备进入工厂等建筑物时，电波穿透建筑物内部会遭受一些额外的损耗。波在建筑物内外时的场强之比定义为建筑损耗(对数标度下，为内外信号电平之差，单位为 dB)。该损耗值受建筑结构类型、楼层数量、墙壁、天花板特殊覆盖物和其他固定或便携式设备的影响。此外，损耗值还取决于无线信道频率。工业建筑通常为金属结构，其中包括一些蒸汽、气体和特殊的化学材料，它们会使无线电波产生相当大的损耗。由于移动无线电系统的广泛应用，一些公司和研究小组已经开始研究建筑物和其他结构对无线电波传播的影响。

还应该研究人体对无线电波的影响，因为在移动通信中，手机设备，如个人移动无线电设备、手机和寻呼设备，有时与人体接触。当天线在人体附近使用时，人体对无线电波传播的负面影响会更大。另一方面，无线电波，特别是从移动天线发射的无线电波，会对人体器官，特别是大脑产生负面影响。人体对移动无线电波的影响与电波频率有关。作为示例，图 6.16 给出了不同频率下的人体损耗。

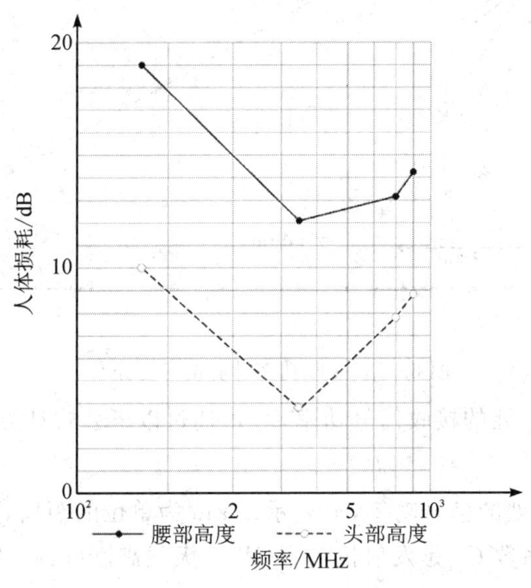

图 6.16　典型人体损耗

7. 媒质条件

无线电波传播媒质条件是实现固定电台覆盖估计的关键因素之一，它分为自然参数(如沿电波路径的地形结构)和人工参数(如建筑物和人造结构)。所得的实验结果表明，接收信号的中值电平是上述参数的函数，因此媒质条件参数的分类和表述非常重要。在专业和准确的研究和计算模型中，必须考虑的参数包括自然和人为噪音、所需覆盖区域、覆盖区域结构、噪声频率和无线电干扰、无线电路径长度、多径效应、固定站点数量、大气折射率的变化、气候条件和高度以及大气波导的形成。

通常，把主要环境分为开阔地区(由未开发地区、山脉、田野、森林和海洋组成)，郊区、小城市和工业区(由住宅区、小型工业区和交通平均的购物中心等构成)，以及城市区域(包括商业中心和大型工厂、高层建筑、交通繁忙的道路和公路)。城市区域又可进一步分为大、中型城市。其中，第二类区域(即郊区、小城市和工业区)可以假设为平均条件，因为开阔地区的接收信号电平通常比它的平均值高，而城市地区的接收信号电平比它的差。因此，可以使用一个简单的方程来计算第二类区域的接收信号电平。可以考虑相对影响来执行第一和第三类区域的接收信号电平估计。

如图 6.17 所示，假设基站发射机功率等于 10 W，相当于 40 dBm，接收机天线增益等于 6 dBi，天线高度等于 30 m。实验结果表明，接收到的平均功率水平具有对数正态分布，标准差 $\sigma=8$ dB。1 km 距离内接收到的信号功率等于 −54 dBm。在距离斜率上的接收功率为 38.4 dB/dec，对应于 11.55 dB/oct，相当于线性标度下的 3.84 W。

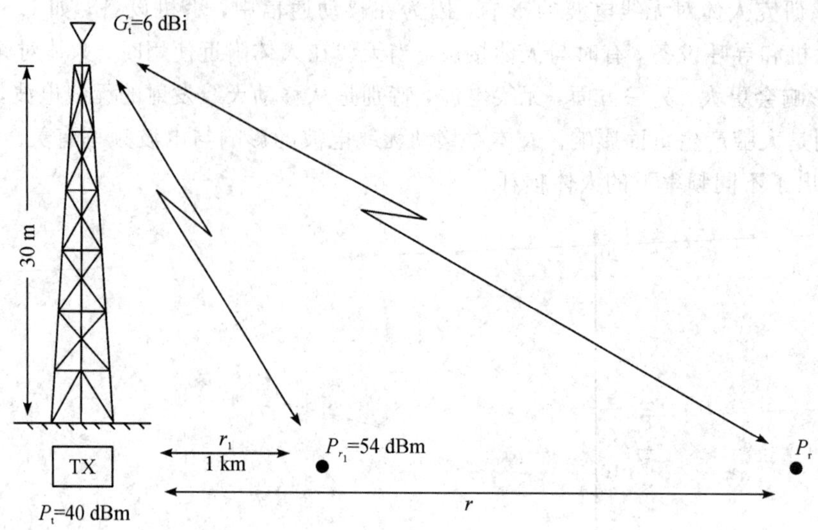

图 6.17　接收功率计算的参考条件

在距离发射机 r km 处的接收信号功率 P_r 可通过以下公式计算：

$$P_r = P_{r_1} \cdot r^{-\gamma} \cdot C_0 \tag{6.54}$$

式中，P_{r_1} 是 1 km 距离处的信号功率，r 表示以 km 为单位的距离，γ 是距离上功率降低的斜率。实验表明，校正系数 C_0 是发射机功率(W)、天线高度(m)、天线增益等参数的函数：

$$C_0 = C_t \cdot C_h \cdot C_g \tag{6.55}$$

式中

$$C_t = \frac{P_t}{10},\ C_h = \left(\frac{h_t}{30}\right)^2,\ C_g = \frac{G(r)}{4} \tag{6.56}$$

从而，接收信号功率为

$$\begin{aligned} P_r(\text{dBm}) &= -54 - 38.4\lg r + 10\lg C_0 \\ &= -54 - 38.4\lg r + 10(\lg C_t + \lg C_h + \lg C_g) \end{aligned} \tag{6.57}$$

需要注意的是，上述方程是一个近似方程，为了精确计算，需要考虑更多的参数。同样，若要将公式(6.55)应用于开阔地区或城市区域，应添加适当的系数。

例 6.4　一个 20 W 的发射机正在通过一个高度 20 m、增益 $G=6$ 的天线发射无线电波，求：

(1) 功率增益、高度增益和天线增益。

(2) 上述参数在对数标度上的总效应。

解：(1) 由式(6.56)有

$$C_t = \frac{20}{10} = 2,\ C_h = \left(\frac{20}{30}\right)^2 = \frac{4}{9},\ C_g = \frac{6}{4} = 1.5$$

(2) 由式(6.55)有

$$10\lg C_0 = 10\left[\lg 2 + \lg\frac{4}{9} + \lg 1.5\right] = 10\lg\frac{4}{3} = 1.25\ \text{dB}$$

6.1.3　接收信号特征

1. 接收信号电平

移动通信系统设计中最重要因素之一是移动终端接收信号电平的计算。在双工操作(双向移动无线网络通信)中，两边的接收信号电平必须大于相关的接收机阈值电平。最小接收信号电平和连接平衡条件是两个主要因素。最小接收信号电平取决于两个参数：其一是灵敏度(或接收器阈值)，包括动态和静态灵敏度。在移动通信中，除了移动终端在固定位置工作的情况外，动态灵敏度是最常用的。其二是最小衰落余量，它是满足时间和位置覆盖要求的标准差的函数。在双向移动无线网络中，上行和下行通常是不平衡的，即两端的接收信号电平不相等。这是由于在每个终端使用不同的设备，对于这些终端，发射机功率、接收机灵敏度、天线增益和分集技术是主要研究问题。在非平衡移动无线电网络中，双工和单工的覆盖范围是不同的。

2. 信号电平变化

移动无线电通信中，除了直达波外，接收机还会因为绕射、反射和折射等现象而检测到其他一些波。因此，这些现象的随机性使得接收信号电平将随位置和时间的变化而变化。接收信号质量取决于几个因素，如传输环境、频率、时延、调制类型以及其他无线电波和频率的干扰。

1) 阴影

如图 6.18 所示，在某些情况下，某个障碍物阻止接收机接收直达波，实际上接收机处于电波阴影中。这些障碍物可以是自然的，如山脉、丘陵和森林；也可以是人工的，如建筑物、金属结构物和移动障碍物。如果障碍物的形状、材料和尺寸已知，则可以使用适当的电磁模型和方程进行分析，但在大多数情况下，由于障碍物的变化及时间的影响，理论方法不适用，因此应采用实验方程。

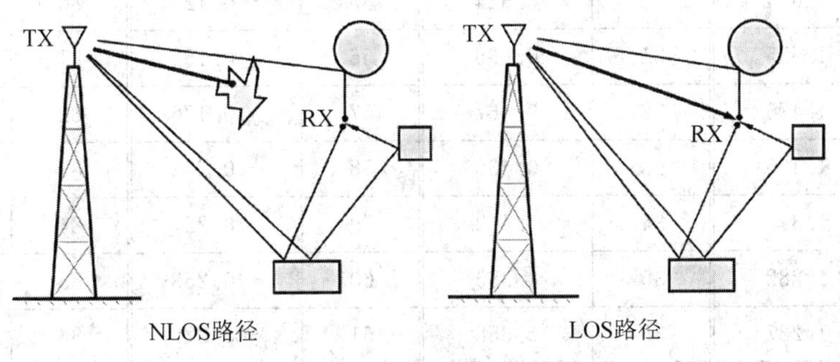

图 6.18　移动无线网络的主要接收方式

2) 位置变化

在无线电网络中，移动台接收到的信号电平会随着位置的变化而不断或随机变化。区域覆盖预测方法需要提供给定区域的接收条件的统计信息，而不是在任何特定点的统计信息。通常，影响因素分为以下五大类：① 多径衰落：由于多径效应(例如来自地面、人造结构、建筑物等的反射)的相量总和，信号将在波长量级上发生变化。② 局部地面：接收到的信号电平会因附近地面覆盖物(如建筑物、树木等)的阻碍而变化，超过了这类物体大小的数量级。通常情况下，局部地面覆盖影响大于多径变化。③ 地形结构：由于整个传播路径上的地形结构和几何形状发生变化，例如存在丘陵、山脉、湖泊等，信号也会发生变化。除了影响路径非常短外，这些变化的规模将明显大于其他类型的变化。④ 移动性条件：在包括陆地、海上和航空系统在内的移动无线电通信系统中，手持设备和车载设备的移动性会导致天线和系统增益降低、非视距链路和多普勒效应等不利影响，这些都会降低服务等级或降低性能。⑤ 不平衡无线电链路：在移动无线电网络中，不同类型的设备用于三种主要的无线电基站，即手持、车载和基站。主要区别包括发射机输出功率、静态和动态条件下的接收机灵敏度、天线增益、天线空间分集接收等。因此，上行链路和下行链路处于不平衡状态，形成用于手持或车载无线电单元的不同覆盖区域。

在 VHF 和 UHF 频段的无线电通信中，通常是在 100～200 m^2 的正方形区域内测量位置信号变化。城区信号电平分布基本呈对数正态分布。另外，由于多径衰落具有频率选择性，因此在分析多径衰落时，需要确定信号的有效带宽。

接收位置的 q%时间内的场强 E_q，可通过以下公式计算：

$$E_q(\text{dB}\mu\text{V/m}^2) = E_m(\text{dB}\mu\text{V/m}^2) + Q_i(q/100)\cdot\sigma_L(\text{dB}) \tag{6.58}$$

式中，Q_i 为对数正态分布系数，根据表 6.1 取值；σ_L 为标准差，单位 dB；E_m 为接收信号电平中值，单位 dBμV/m。

表 6.1　逆互补累积正态分布值的近似值

q(%)	$Q_i(q/100)$	q(%)	$Q_i(q/100)$	q(%)	$Q_i(q/100)$	q(%)	$Q_i(q/100)$
1	2.327	26	0.643	51	−0.025	76	−0.706
2	2.054	27	0.612	52	−0.05	77	−0.739
3	1.881	28	0.582	53	−0.075	78	−0.772
4	1.751	29	0.553	54	−0.1	79	−0.806
5	1.654	30	0.524	55	−0.125	80	−0.841
6	1.555	31	0.495	56	−0.151	81	−0.878
7	1.476	32	0.467	57	−0.176	82	−0.915
8	1.405	33	0.439	58	−0.202	83	−0.954
9	1.341	34	0.412	59	−0.227	84	−0.994
10	1.282	35	0.385	60	−0.253	85	−1.026
11	1.227	36	0.358	61	−0.279	86	−1.08
12	1.175	37	0.331	62	−0.305	87	−1.126
13	1.126	38	0.305	63	−0.331	88	−1.175
14	1.08	39	0.279	64	−0.358	89	−1.227
15	1.036	40	0.253	65	−0.385	90	−1.282
16	0.994	41	0.227	66	−0.412	91	−1.341
17	0.954	42	0.202	67	−0.439	92	−1.405

续表

q(%)	$Q_i(q/100)$	q(%)	$Q_i(q/100)$	q(%)	$Q_i(q/100)$	q(%)	$Q_i(q/100)$
18	0.915	43	0.176	68	−0.467	93	−1.476
19	0.878	44	0.151	69	−0.495	94	−1.555
20	0.841	45	0.125	70	−0.524	95	−1.645
21	0.806	46	0.1	71	−0.553	96	−1.751
22	0.772	47	0.075	72	−0.582	97	−1.881
23	0.739	48	0.05	73	−0.612	98	−2.054
24	0.706	49	0.025	74	−0.643	99	−2.327
25	0.674	50	0	75	−0.674	—	—

对于带宽小于 1 MHz 的数字信号以及模拟信号，标准差为

$$\sigma_L(\mathrm{dB}) = K + 1.6\lg f(\mathrm{MHz}) \tag{6.59}$$

式中，市区无线系统 $K=2.1$，郊区无线系统 $K=3.8$，模拟广播系统 $K=5.1$。

对于带宽等于或大于 1 MHz 的数字系统，所有频率的标准差等于 5.5 dB。表 6.2 显示了不同频段和常规无线电通信的标准差值。

也可以使用以下公式计算标准差：

(1) 郊区和农村：

$$\sigma_L(\mathrm{dB}) = 6 + 0.69\left(\frac{\Delta h}{\lambda}\right)^{1/2} - 0.0063\left(\frac{\Delta h}{\lambda}\right),\ \frac{\Delta h}{\lambda} \leqslant 3000 \tag{6.60}$$

$$\sigma_L = 25\ \mathrm{dB},\ \frac{\Delta h}{\lambda} > 3000 \tag{6.61}$$

在上述方程式中，Δh 是十分位高度变化，λ 是波长，单位都是 m。

表 6.2　位置可变性标准差

频率范围	30～300 MHz	300～1000 MHz	1000～3000 MHz
标称频率(MHz)	100	600	2000
模拟广播	8.3	9.5	—
数字广播	5.5	5.5	5.5
城市移动	5.3	6.2	7.5
郊区、丘陵移动	6.7	7.9	9.4

(2) 100～300 MHz 范围内的平坦城区：

$$\sigma_L(\mathrm{dB}) = 5.25 + 0.42\lg\left(\frac{f}{100}\right) + 1.01\lg^2\left(\frac{f}{100}\right) \tag{6.62}$$

(3) 对于 UHF 波段和距离小于 50 km：

$$\sigma_L(\mathrm{dB}) = 2.7 + 0.42\lg\left(\frac{f}{100}\right) + 1.01\lg^2\left(\frac{f}{100}\right) \tag{6.63}$$

(4) 在用于链路设计计算的移动无线电网络中，应考虑以下标准：

$$\sigma_L = 8\ \text{dB},\ 30\ \text{MHz} \leqslant f < 300\ \text{MHz} \tag{6.64}$$

$$\sigma_L = 10\ \text{dB},\ 300\ \text{MHz} \leqslant f < 3000\ \text{MHz} \tag{6.65}$$

3) 时间变化

接收信号电平除了位置变化外，还包括一些具有统计性质的时间变化，这些变化主要是由于气候条件的变化和运动引起的。时变标准方差值用 σ_t 表示，是发射机和接收机之间的距离、无线路径沿线的地形结构、工作频段等参数的函数。表 6.3 给出了移动无线通信中 VHF 和 UHF 频段的 σ_t 值。

表 6.3 时变标准方差 σ_t

频段		σ_t/dB			
	d/km	50	100	150	175
VHF	陆地和海洋	3	7	9	11
UHF	陆地	2	5	7	—
	海洋	9	14	20	—

4) 位置和时间变化

如果 ρ 是位置和时间变化之间的相关系数，则组合标准差值由下式计算：

$$\sigma = \sqrt{\sigma_L^2 + \sigma_t^2 + 2\rho\sigma_L\sigma_t} \tag{6.66}$$

由于这些随机过程之间的低相关性，ρ 通常被忽视。

$$\sigma = \sqrt{\sigma_L^2 + \sigma_t^2} \tag{6.67}$$

5) 衰落余量

ITU-R 等权威机构基于中值提出接收信号电平方程和表，即 50%的位置和 50%的时间覆盖。然而，在实践中需要更多的覆盖范围。例如，通常需要 95%的位置和 90%的时间覆盖率。

为了接收大于 50%覆盖范围的期望信号，在计算设计中需要一些称为衰落余量的附加值，基本计算步骤如下：

(1) 使用表 6.2 和表 6.3 或使用相关方程式计算 σ_L 和 σ_t。

(2) 使用公式(6.66)计算 σ。

(3) 对于给定的 q，由表 6.1 获得 $Q_i(q/100)$ 系数值。

(4) 使用以下公式计算衰落余量(FM)(单位为 dB)：

$$\text{FM} = Q_i\left(\frac{q}{100}\right) \cdot \sigma \tag{6.68}$$

换言之，接收信号电平应大于接收机中计算的中值信号电平，至少等于接收覆盖范围比中值(50%)更大的无线电波的衰落余量(FM)。

3. 时延扩展

1) 接收信号时延

在移动通信中，由于从多个方向接收到的信号与从主路径接收到的信号具有不同的时延，因此会发生时延扩展。为了更好地描述这种现象，考虑图 6.19，假设发送了脉冲信号

$S_0(t)=a_0\delta(t)$。该信号经过不同的路径后，接收机在不同的时间接收到不同的脉冲信号，从而有效地扩展总时延。这种现象类似于山区的声音反射。

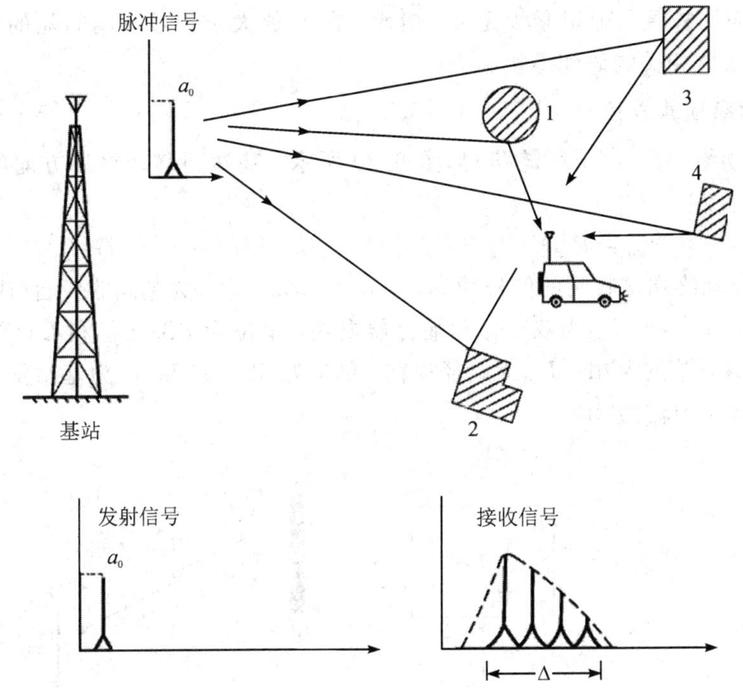

图 6.19　接收机中的时延扩展

接收机中接收到的信号可以用以下公式表示：

$$S(t)=a_0\sum_{i=0}^{n}a_i\delta(t-\tau_i)\cdot e^{j\omega t}=E(t)e^{j\omega t} \tag{6.69}$$

根据这个方程，接收机接收到的每一个信号都将是频率为 ω 的脉冲信号。因此，通过增加附近发射机的数量，接收到的信号数量将相应地增加，它表示为长度为 Δ 的脉冲，这就是所谓的延迟扩散。一般来说，较短路径长度的信号将以更大的功率接收，但有时由于天然或人造材料结构的不同，情况并非如此。

时间扩展延迟将决定不同信号传输之间所需的时间间隔，以避免码间干扰(ISI)。该值应小于符号传输时间。

大多数无线电系统，特别是数字系统，对多径反射非常敏感。在这种情况下，除了直接接收的信号外，还将在接收器中以不同的时延接收主反射信号。反射波的影响主要表现在反射波的振幅和时延参数上。在这种情况下，最重要的参数是用 S 表示的延迟扩展的均方根(RMS)。通常 $2S$ 是多径时延扩展的标准：

$$T_m=2S \tag{6.70}$$

在评估移动通信系统的性能时，通常会考虑这个参数，它是比较不同调制方式和衡量 T_m 效果的一个标准。

2) 系统性能

在数字通信中，基于时延扩展和一个符号时间间隔的比值，对误码率进行了分类。例如，在差分相移键控(DPSK)调制中，相位变化会导致一些不可减少的误差，即使在高信噪比的情况下也会存在这些误差。

在 S 值与符号时间间隔相比较小的情况下，不可减少的误码率主要是由时延扩展引起的，与脉冲响应的来源和确切形状无关；然而，在 S 值大于符号时间间隔的情况下，应考虑与脉冲响应形状相关的码间干扰。

4. 链路功率预算方程

基站到移动终端连接(下行链路)如图 6.20 所示，基站到移动终端方向的下行功率预算方程可以表示为

$$P_{\mathrm{rM}} = P_{\mathrm{tB}} - L_{\mathrm{c}} - L_{\mathrm{d}} - L_{\mathrm{fB}} - L_{\mathrm{p}} - L_{\mathrm{fM}} + G_{\mathrm{t}} + G_{\mathrm{r}} \tag{6.71}$$

式中，P_{rM} 为移动终端接收到的信号功率，单位为 dBm；P_{tB} 为基站收发台(BTS)发射机功率，单位为 dBm；L_{d} 和 L_{c} 为双工器和耦合器损耗，单位为 dB；L_{fB} 和 L_{fM} 为发射机和移动终端馈线损耗，单位为 dB；L_{p} 为路径损耗，单位为 dB；G_{t} 和 G_{r} 为基站发射机和接收机(终端)天线增益，单位为 dBi。

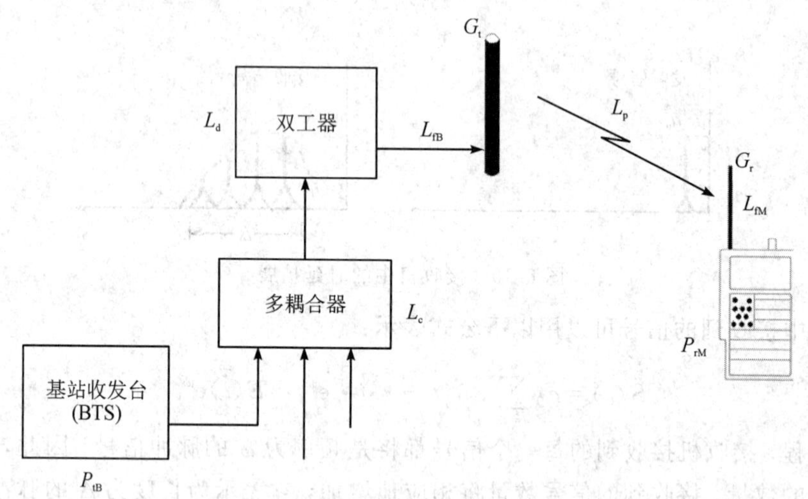

图 6.20　基站到移动终端连接(下行链路)

另外，根据图 6.21，移动终端中向 BTS 方向的上行功率预算方程为

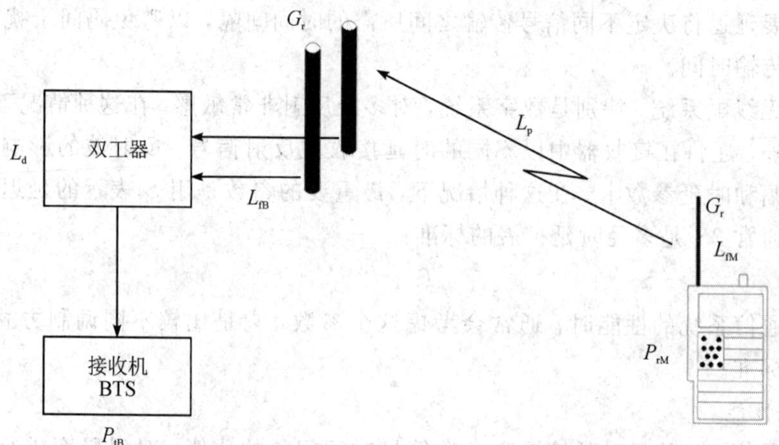

图 6.21　移动终端到基站的连接(上行链路)

$$P_{rB}=P_{tM}-L_d-L_p-L_{fM}-L_{fB}+G_t+G_r \tag{6.72}$$

式中，P_{rB} 为基站接收信号功率，P_{tM} 为终端发射机功率，其他参数与公式(6.71)相似。上行链路和下行链路方程有一些重要区别：上行链路没有耦合器损耗，通常，基站采用天线空间分集技术，上行链路接收系统会有 3～5 dB 的增益，基站接收灵敏度(接收阈值)远优于移动终端灵敏度。以上优点可以补偿基站下行链路中 BTS 较高时的发射功率。

6.2　传播预测模型

本节介绍移动无线网络中用于覆盖估计和计算的一些重要的应用模型。主要模型包括 Bullington 模型、Hata 模型、COST-231-Hata 模型和 Lee 模型。

6.2.1　Bullington 模型

Bullington 模型作为初始模型，用于 VHF 波段，以估计视线路径中的接收场强。在 Bullington 模型中，无线电波路径不存在障碍物，不考虑建筑效应和媒质条件。该模型基于低 VHF 频率、低天线高度、垂直极化和潮湿地面。此外，还应考虑大地电特性，以确定天线的有效高度。

接收场强(μV/m)由下式计算：

$$E=88\sqrt{P_t}\,\frac{h_t h_r}{\lambda d^2} \tag{6.73}$$

式中，P_t 为半波偶极子天线的有效辐射功率，单位为 W；d 为发射机和接收机之间的距离，单位为 km；h_t 为发射机天线的有效高度，单位为 m；h_r 为接收机天线的有效高度，单位为 m；λ 为波长，单位为 m。

天线有效高度由以下公式计算：

$$h_t=\sqrt{h_1^2+h_0^2} \tag{6.74}$$

$$h_r=\sqrt{h_2^2+h_0^2} \tag{6.75}$$

式中，h_1 为发射天线的实际高度，单位为 m，h_2 为接收天线的实际高度，单位为 m。

对垂直极化，h_0(单位 m)根据以下公式得出的：

$$h_0=\frac{\lambda}{2\pi}\left[(\varepsilon_r+1)^2+(60\lambda\sigma)^2\right]^{1/4} \tag{6.76}$$

对水平极化，使用以下公式：

$$h_0=\frac{\lambda}{2\pi}\left[(\varepsilon_r-1)^2+(60\lambda\sigma)^2\right]^{-1/4} \tag{6.77}$$

式中，ε_r 为地球相对介电常数，σ 为大地电导率(S/m)。对于频率大于 40 MHz 的水平极化，有效天线高度等于其实际值。

在这种方法中，应遵循以下几点，首先，为了考虑障碍损耗，可以使用绕射截面中提到的方程。另外，为了增加时间和位置覆盖范围，应考虑相关标准差下的所需衰减余量。其次，地形粗糙度认为是 Δh，相关的校正系数用图 6.14 和图 6.15 确定。

例 6.5　设 $P_t=30$ W，$d=15$ km，$G_t=3$ dBi，$h_t=30$ m，$h_r=4$ m，使用 Bullington 模型方法计算接收器天线输入处的场强和接收功率。

解：由题意知

$$G_t = \text{antilg}\frac{3}{10} = 2,\quad P_t = G_t \times 30 = 60\ \text{W},\quad h_t = 30\ \text{m},\quad h_r = 4\ \text{m}, \lambda = 2\ \text{m}, d = 15\ \text{km}$$

使用式(6.73)，所需位置的场强等于

$$E = 88\sqrt{60} \times \frac{30 \times 4}{2 \times (15)^2} = 181.8\ \mu\text{V/m}$$

接收功率为

$$P_r = \frac{1}{2\eta_0} \times E^2 = 43.8\ \text{pW}$$

6.2.2 Hata 模型

大多数 UHF 波段移动无线电波传播模型都是基于一位名叫 Okumura(奥村)的日本工程师的实验测量结果推出的。他给出了一些图，其一如图 6.22 所示，根据不同的条件(包括发射机功率、天线高度、地形结构和组成)给出了路径损耗与距离间的关系。Okumura 的实验表明，在相同条件下，移动无线网络的路径损耗远大于自由空间损耗。因此，接收信号遭受更多的衰减。

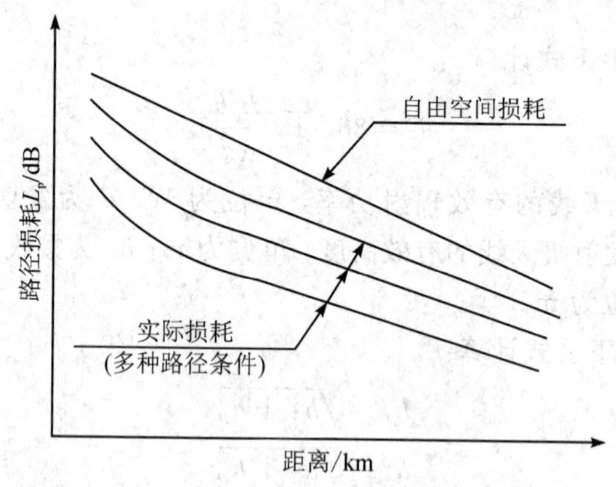

图 6.22　实际路径损耗(基于 Okumura 实验)

Hata 模型(用于计算移动无线电波路径损耗)基于 Okumura 的实验结果，给出了不同结构的路径损耗。利用该模型，可以预测移动无线网络的区域覆盖。该模型要求无线信道频率在 150 MHz 到 1500 MHz 之间，路径距离在 1 km 到 20 km 之间，固定发射机天线高度在 30 m 到 200 m 之间，移动终端天线高度在 1 m 到 10 m 之间。

Hata 模型将无线电波路径沿线的地形结构分为以下三大类：

(1) 市区：建筑物多的城市或大城镇，有(两层或两层以上的)建筑物和房屋的区域或大村庄和高大的树木、绿地。

(2) 郊区：小城镇、村庄或公路，有(零星分布着的)树木和房屋、一些障碍物靠近移动装置但不太拥挤的区域、分散的工厂。

(3) 开阔地：无线电波路径上没有高大的树木或建筑物等障碍物的开阔地带，以及前方 300～400 m 以内没有任何阻挡的小片场地，如农田和广场等。

用于计算市区、郊区和开阔地固定发射机和移动接收机之间路径损耗的 Hata 模型方程如下(其中，频率单位为 MHz)：

$$L(\mathrm{dB}) = A + B\lg d - C \quad \text{郊区} \tag{6.78}$$

$$L(\mathrm{dB}) = A + B\lg d - D \quad \text{开阔地} \tag{6.79}$$

$$L(\mathrm{dB}) = A + B\lg d - E_i \quad \text{市区} \tag{6.80}$$

式中，各个参数定义为

$$A = 69.55 + 26.16\lg f - 13.82\lg h_b \tag{6.81}$$

$$B = 44.9 - 6.55\lg h_b \tag{6.82}$$

$$C = 2\left[\lg\left(\frac{f}{28}\right)\right]^2 + 5.4 \tag{6.83}$$

$$D = 4.78(\lg f)^2 - 18.33\lg f + 40.94 \tag{6.84}$$

$$E_1 = 3.2(\lg(11.75h_m))^2 - 4.97,\ f \geqslant 300\ \text{MHz} \quad \text{大城市} \tag{6.85}$$

$$E_2 = 8.29(\lg(1.54h_m))^2 - 1.1,\ f < 300\ \text{MHz} \quad \text{大城市} \tag{6.86}$$

$$E_3 = (1.1\lg f - 0.7)h_m - (1.56\lg f - 0.8) \quad \text{中小城市} \tag{6.87}$$

6.2.3　COST-231-Hata 模型

COST 是一个欧洲的科技研究机构，它将 Hata 模型的应用范围扩展到 2000 MHz 以上的更高频率。

基于该模型的路径损耗公式为

$$L_p = 46.3 + 33.9\lg f - 13.82\lg h_b + (44.9 - 6.55\lg h_b)\lg d - E_3 + C_m \tag{6.88}$$

式中，f 单位为 MHz，h_b 单位为 m，d 单位为 km，E_3 由式(6.87)给出，对于市区 C_m = 3 dB，而对于郊区和中小城镇，$C_m=0$。该模型不适用于基站天线位于包围区域的微小区。

例 6.6　利用 Hata 模型和 COST-231-Hata 模型，设 $f=1800$ MHz，$d=10$ km，$h_b=40$ m，$h_m=3$ m，求出路径损耗，并对结果进行比较。

解：基于 COST-231-Hata 模型的路径损耗为

$$E_3 = (1.1\lg 1800 - 0.7) \times 5 - (1.56\lg 1800 - 0.8) = 4.36\ \text{dB}$$

$$L_p = 46.3 + 33.9\lg 1800 - 13.82\lg 40 + (44.9 - 6.55\lg 40)\lg 10 - 4.36 + 3 = 167.56\ \text{dB}$$

基于 Hata 模型的路径损耗为

$$A = 132.57\ \text{dB},\ B = 34.4,\ E_3 = 4.36$$

$$L = 132.57 + 34.4\lg 10 - 4.36 = 162.61\ \text{dB}$$

因此，基于 COST-231-Hata 模型实际的路径损耗比 Hata 模型的结果大 5 dB 左右。

6.2.4　Lee 模型

到目前为止所考虑的模型都引入了路径损耗方程，但是在 Lee 模型中，基于路径参数给出了发射功率和接收信号功率之间的关系。这种方法是基于美国一些城市的测量数据，是一种经验模型。Lee 方程基于 UHF 频段接收功率的计算，适用于公共移动通信网络。这些方程基于式(6.67)。

在距离发射机 r 处接收功率 P_r 的一般形式为

$$P_r = P_0 - \gamma\lg r - n\lg\left(\frac{f}{900}\right) + \alpha_0 \tag{6.89}$$

在 α_0 中考虑了发射机和接收机天线高度、发射机功率以及两个天线增益的影响，可从以下等式中获得：

$$\alpha_0 = 20\lg\left(\frac{h_b}{100}\right) + 10\lg\left(\frac{P_t}{10}\right) + (G_b - 6) + G_m + 10\lg\left(\frac{h_m}{10}\right) \tag{6.90}$$

式中，h_b 和 h_m 为基站和移动天线高度(单位为 ft)，G_b 和 G_m 为基站和移动天线增益(单位为 dBd)，P_t 为发射机功率(单位为 W)。

Lee 模型的参数 P_0 和 γ 是基于气候和与建筑物、结构及其高度相关的地区特定值，并且可以通过当地测量结果来定义。以下公式用于一些典型情况：

$$P_r = -49 - 43\lg r - n\lg\left(\frac{f}{900}\right) + \alpha_0 \quad \text{开阔地} \tag{6.91}$$

$$P_r = -62 - 38\lg r - n\lg\left(\frac{f}{900}\right) + \alpha_0 \quad \text{郊区、农村} \tag{6.92}$$

$$P_r = -64 - 43\lg r - n\lg\left(\frac{f}{900}\right) + \alpha_0 \quad \text{小城镇} \tag{6.93}$$

$$P_r = -70 - 37\lg r - n\lg\left(\frac{f}{900}\right) + \alpha_0 \quad \text{中等城市} \tag{6.94}$$

$$P_r = -77 - 48\lg r - n\lg\left(\frac{f}{900}\right) + \alpha_0 \quad \text{大城市} \tag{6.95}$$

图 6.23 显示了不同的地形条件以及 P_0 和 γ 下的接收功率 P_r。

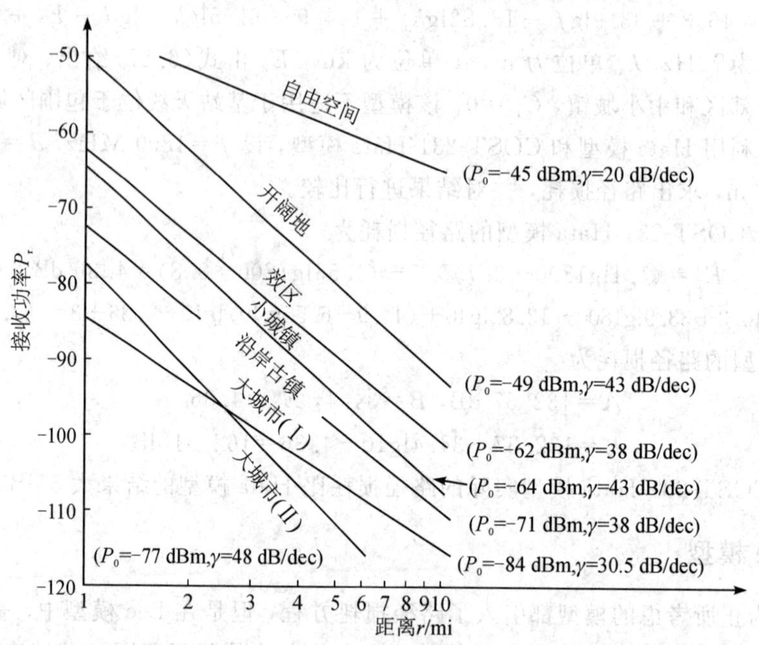

图 6.23 接收功率随距离的变化(基于 Lee 模型)

同样，在上述公式中，r 为基站与移动终端之间的距离，单位为 mi，f 为无线信道频率，单位为 MHz，n 为频率相关参数，其值如下：

$$n = 20,\ f < 900\ \text{MHz} \tag{6.96}$$

$$n = 30,\ f > 900\ \text{MHz} \tag{6.97}$$

例 6.7　(1) 确定郊区和小城镇移动无线电波的功率损耗的大致差异。

(2) 基于以下假设，求出 $f=450$ MHz 和 $r=16.4$ km 时的接收功率：

$$P_t=20\ \text{W},\ h_b=30\ \text{m},\ h_m=3\ \text{m},\ G_t=4.2\ \text{dBi},\ G_r=0.2\ \text{dBi}$$

(3) 求路径损耗。

解：(1) 图 6.23 表明，郊区和小城镇的电波路径损耗差是距离的函数，范围为 3～8 dB。

(2) 使用式(6.93)和式(6.92)，并转换单位可得：

$$f=450\ \text{MHz},\ n=20,\ r=10\ \text{mi},\ h_b=100,\ h_m=10,$$
$$G_t=14.2-2.2=12\ \text{dBi},\ G_m=-2\ \text{dBd}$$

在郊区，接收信号电平为

$$P_r=-62-38\lg 10-20\lg\left(\frac{1}{2}\right)+7=-87\ \text{dBm}$$

在小城镇，接收功率为

$$P_r=-64-43\lg 10-20\lg\left(\frac{1}{2}\right)+7=-94\ \text{dBm}$$

(3) 路径损耗等于正常标度下发射功率与接收功率之比或它们在对数尺度上的差，因此：

$$L_p=P_t-P'_r$$

单位为 dBm，当发射机和接收机天线增益等于 1 时，应计算接收功率，所有馈线和其他连接损耗应忽略不计。在这种情况下，有

$$G'_t=G'_r=-2.2\ \text{dBd},\ \alpha'_0=10\lg 2+(-2.2-6)-2.2=-7.4\ \text{dB}$$

接收功率为

$$P'_r=-62-38\lg 10-20\lg\frac{1}{2}-7.4=-101.4\ \text{dBm}\qquad \text{郊区}$$

$$P'_r=-64-43\lg 10-20\lg\frac{1}{2}-7.4=-108.4\ \text{dBm}\qquad \text{小城镇}$$

又已知发射功率为

$$P_t=10\lg 20\times 10^3=43\ \text{dBm}$$

从而可得路径损耗为

$$L_p=43-(-101.4)=144.4\ \text{dB}\qquad \text{郊区}$$
$$L_p=43-(-107.4)=151.4\ \text{dB}\qquad \text{小城镇}$$

思　考　题

6.1　解释移动通信中视线无线电波传播所需的条件。

6.2　解释考虑多径衰落的基本情况。

6.3　解释移动无线电通信中的时间延迟扩展。

6.4　接收功率和距离有什么关系？说明相关的修正系数。

6.5　路径损耗是否应该考虑发射机效应和天线增益？

6.6　Bullington 模型的主要应用和基本方程是什么？

6.7　Okumura 实验的主要目的是什么？

6.8　解释 Hata 模型，陈述其方程式和局限性。

6.9　说明在不同条件下，Hata 模型中如何考虑移动终端天线高度的影响。

6.10　COST-231-Hata 的主要应用是什么？

6.11　Lee 模型和其他模型的主要区别是什么？陈述相应的方程和参数。

第 7 章　微波地面视距通信中的电波传播

在超短波和微波波段，电波沿地面传播衰减太强、绕射能力太差，同时又不能通过电离层反射回地面，因此，这些波段的无线电波只能采用视距传播或对流层散射传播。所谓视距传播是指收、发天线处于能看得见的距离内，即收、发天线间的无线电波路径完全没有阻挡，电波可以直接从发射天线到达接收天线的传播方式。根据收、发端所处空间位置，视距传播可以分为三类：地面视距传播、地面与空中目标的视距传播、空中目标之间的视距传播。地面视距传播中，其接收和发射天线均处于地面，传播方式是直达波和地面反射波干涉的形式。由于地面视距传播的传播路径是在对流层中，因此必然会受到对流层的影响，其影响主要包括吸收、折射、反射、散射等。另外，由于电波在低空大气层中传播，因此还会受到地面的影响，包括地面的反射、散射、绕射等作用。地面视距传播主要受地面和对流层环境的影响，从而导致很多传播效应，包括水凝物引起的衰减、大气气体衰减、障碍物导致的衍射衰落、地面反射导致的多径衰落、多径传播引起的频率选择性衰落和时延、大气多径传播和波束扩展引起的衰落、折射导致的到达角变化、多径和降雨所致的交叉极化等。本章主要介绍地面视距传播链路中的电波传播问题，重点介绍地面和对流层对传播的影响，以及损耗和衰落的预测方法。地空链路的电波传播问题将在第 8 章进行介绍。

7.1　视距链路中的传输损耗

7.1.1　通信方程

图 7.1 所示为典型地面视距无线链路，其中的主要参数有接收器的接收信号电平 RSL

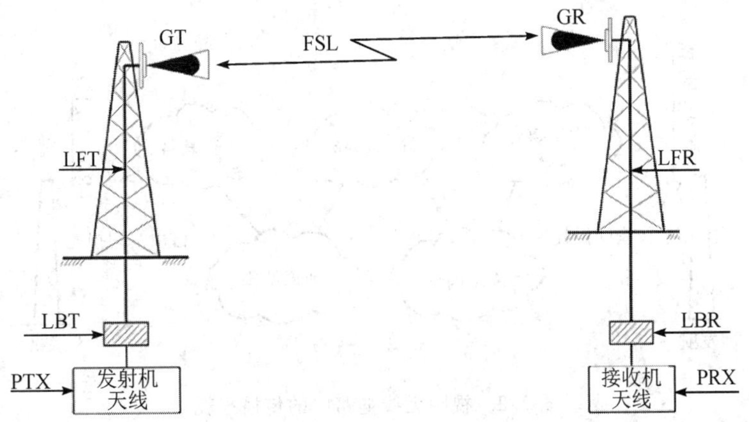

图 7.1　典型地面视距无线电链路

(单位为 dBm)，发射机的输出功率 PTX(单位为 dBm)，接收机阈值电平(接收机中的最小可接收信号功率)PRX(单位为 dBm)，自由空间损耗 FSL(单位为 dB)，与发射和接收相关的波导或射频馈线损耗，发送馈线损耗和接收馈线损耗分别用 LFT 和 LFR 表示(单位为 dB)，发射机和接收机中的分支损耗分别用 LBT 和 LBR 表示(单位为 dB)，发射机天线增益 GT(单位为 dBi)，接收机天线增益 GR(单位为 dBi)，杂项损耗 LM(单位为 dB)，以及除自由空间损耗以外的所有传播损耗 L_t(单位 dB)。

考虑到这种典型无线链路中的损耗和增益因子，接收机中的接收信号电平为

$$\mathrm{RSL} = \mathrm{PTX} + \mathrm{GT} + \mathrm{GR} - (\mathrm{FSL} + \mathrm{LFT} + \mathrm{LFR} + \mathrm{LBT} + \mathrm{LBR} + \mathrm{LM} + L_t) \quad (7.1)$$

式(7.1)中，自由空间损耗为

$$\mathrm{FSL} = 92.4 + 20\lg f + 20\lg d \quad (7.2)$$

式中，f 为电波频率，单位为 GHz；d 为发射机和接收机之间的距离，单位为 km；FSL 为自由空间传输损耗，单位为 dB。

EIRP 表示的发射器有效功率可通过以下等式获得：

$$\mathrm{EIRP} = \mathrm{PTX} + \mathrm{GT} - \mathrm{LBT} - \mathrm{LFT} \quad (7.3)$$

在无线电微波通信中，发射机和接收机的综合性能通常称为系统增益，由下式定义

$$\mathrm{SG} = \mathrm{PTX} - \mathrm{PRX} \quad (7.4)$$

式中 PRX 表示接收机的阈值电平，单位为 dBm。

7.1.2 传输损耗

在视距无线通信中，除了自由空间损耗(FSL)外，还存在一些与频率(特别是在 SHF 和 EHF 频段)有关的损耗。地面视距传播主要受地面和对流层环境的影响，从而导致电波的衰减和衰落，包括水凝物(云、雾、冰雹、雪等)引起的衰减、大气气体衰减、障碍物导致的绕射衰落、多径衰落、频率选择性衰落和时延、波束扩展和闪烁、到达角变化、多径和降雨所致的交叉极化等。这些损耗都是频率、路径长度、地理位置等的函数。图 7.2 显示了不同类型的损耗。其他章节讨论了雨、雾和云的损耗，以及绕射损耗的定义和实用表达式。在本节中，我们将针对地面视距无线电链路，讨论地面反射、绕射、降水、多径效应等对电波传输损耗和衰落的影响。

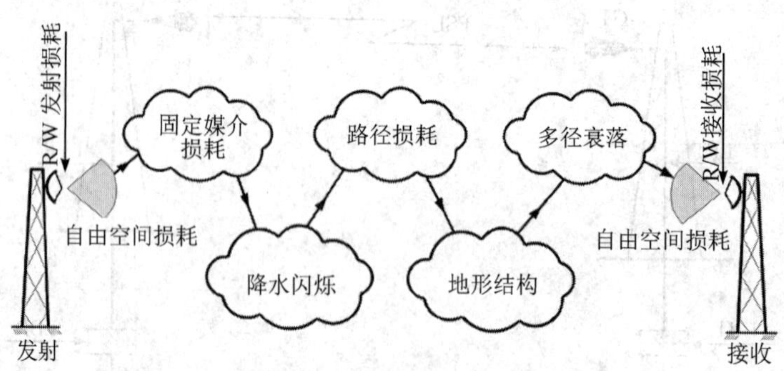

图 7.2 视距无线链路中的传播损耗

7.2　地面对视距传播的影响

地面对电波传播的影响，主要通过以下两方面进行研究：

(1) 地面的电特性。其可用磁导率、介电常数和电导率三参量表示，它们对电波传播特性影响非常大，不过，在微波视距传播中，由于天线都是高架的，可以忽略地面波的影响，因此地面的地质仅影响地面反射波的振幅和相位。

(2) 地表面的物理结构，包括地形、地物等。相比于地质，地形对电波传播的影响更重要。下面主要讨论地球曲率、地形起伏等对微波视距传播的影响。

7.2.1　视线距离

由于地球是球形的，凸起的地表面必定会挡住视线。定义视线所能到达的最远距离为视线距离 d_0。如图 7.3，设发射天线 Q 和接收天线 P 的高度分别为 h_1 和 h_2，连线 QP 与地表相切于 C 点，则 $d_0=d_1+d_2$，即为直线波所能到达的最远距离，也就是视线距离。

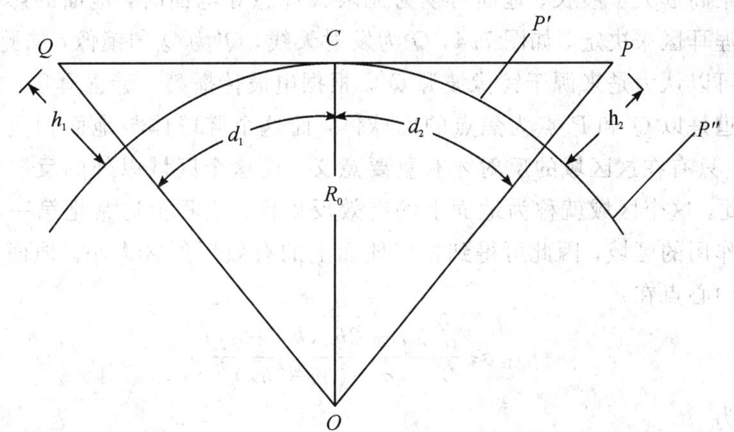

图 7.3　视线距离 d_0

下面推导视线距离 d_0 的计算公式。

设地球半径为 R_0，由图中 ΔQCO，有

$$QC=\sqrt{QO^2-OC^2}=\sqrt{(R_0+h_1)^2-R_0^2}=\sqrt{2R_0h_1+h_1^2} \tag{7.5}$$

类似地，在 ΔPCO 中有

$$PC=\sqrt{PO^2-OC^2}=\sqrt{(R_0+h_2)^2-R_0^2}=\sqrt{2R_0h_2+h_2^2} \tag{7.6}$$

由于 $R_0\gg h_1$，$R_0\gg h_2$，上两式中的 h_1^2 和 h_2^2 可以忽略，因此有

$$d_1=QC\approx\sqrt{2R_0h_1} \tag{7.7}$$

$$d_2=PC\approx\sqrt{2R_0h_2} \tag{7.8}$$

从而视线距离为

$$d_0=d_1+d_2=\sqrt{2R_0h_1}+\sqrt{2R_0h_2}=\sqrt{2R_0}(\sqrt{h_1}+\sqrt{h_2}) \tag{7.9}$$

如果地球半径取 $R_0=6380$ km，h_1 和 h_2 的单位为 m，则有

$$d_0=3.57(\sqrt{h_1(\mathrm{m})}+\sqrt{h_2(\mathrm{m})})\ \mathrm{km} \tag{7.10}$$

由式(7.10)可见，视线距离决定于收发天线的架设高度；天线越高，视线距离越远。故在实际通信中，通常会尽量利用地形、地物把天线架高。

在标准大气情况下，考虑到大气折射的影响，需要对式(7.10)进行修正

$$d_0 = 4.12(\sqrt{h_1(\text{m})} + \sqrt{h_2(\text{m})})\ \text{km} \tag{7.11}$$

当收发天线高度一定时，实际通信距离 d 与 d_0 相比，有如下三种情况：当 $d < 0.7d_0$ 时，接收点处于亮区；当 $d > 1.2d_0$ 时，接收点处于阴影区；当 $0.7d_0 < d < 1.2d_0$ 时，接收点处于半阴影区。我们讨论的视距传播中的场强计算只适应于亮区情况，而在实际的工程系统中要满足亮区条件，否则地面绕射损耗将会加大电波传播的总损耗。

7.2.2 地面的反射

视距传播时，收发天线之间除了直射波，还有地面的反射波，因此必须考虑地面反射对电波传播的影响。

1. 地面上的有效反射区

当天线的架高远大于波长、地面可视为无限大理想导电面时，地面的影响可以利用镜像法和第一菲涅耳区来决定。如图 7.4，Q 为发射天线，Q'为 Q 的镜像，如此，P 点接收到的地面反射场可以认为是来源于镜像波源 Q'。根据电波传播第一菲涅耳区的概念，反射波的主要空间通道是以 Q'和 P 点为焦点的椭球体，而这个椭球体与地面相交为一个椭圆区域，可以认为，只有在这区域的反射才有重要意义，而这个区域以外的反射对接收点没有显著影响。因此，这个区域就称为地面上的有效反射区。工程上通常把第一菲涅耳区当作对传播起主要作用的区域，因此可得到相应地面上的有效反射区大小。地面上第一菲涅耳椭圆区的椭圆中心点在：

$$y_{01} \approx \frac{d}{2}\frac{\lambda d + 2h_1(h_1 + h_2)}{\lambda d + (h_1 + h_2)^2} \tag{7.12}$$

椭圆的长半轴为

$$a_1 \approx \frac{d}{2}\frac{\sqrt{\lambda d(\lambda d + 4h_1 h_2)}}{\lambda d + (h_1 + h_2)^2} \tag{7.13}$$

椭圆的短半轴为

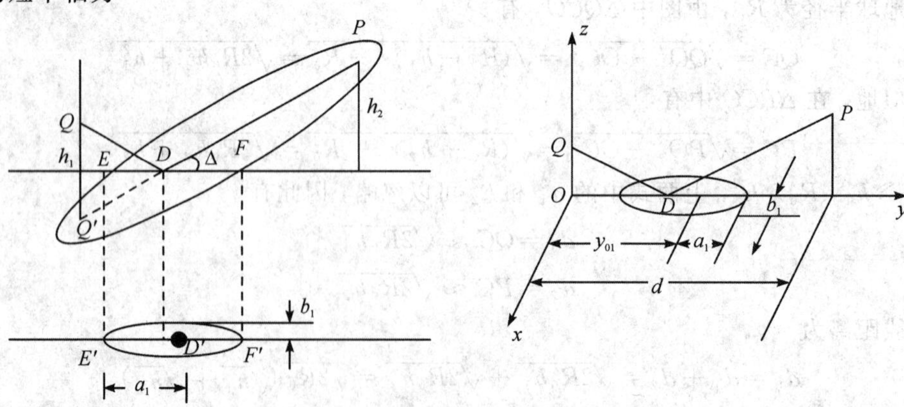

图 7.4 地面的有效反射区

$$b_1 \approx \frac{a_1}{d}\sqrt{\lambda d+(h_1+h_2)^2} \tag{7.14}$$

当收发天线高度以及距离确定以后，利用式(7.12)～式(7.14)可算出对电波反射起主要影响的区域(第一菲涅耳区)的尺寸。上述近似公式要求地面为平地面，同时要求 $d \gg h_1$，$h_2 \gg \lambda$，在地面视距通信中，上述条件一般都能满足。

2. 光滑平地面的反射

当电波遇到两种不同媒质的光滑分界面，而界面尺寸又远大于波长时，会发生镜面反射。虽然实际天线辐射的波是球面波，但当波源与反射区相隔很远时，到达反射区的球面波满足远场近似，可以视为平面波，此时可以应用第二章所介绍的平面波反射定律。对于光滑地面，如果电波传播距离较近时，可以不考虑地形的影响，而把地面当成是平地面。此时，由于忽略了地面波的影响，在接收点处接收到的场是直射波和地面反射波形成的干涉场。

如图 7.5，设收发天线的高度分别为 h_1、h_2，传播距离为 d，反射天线仰角为 Δ，直射波和反向波的传播距离分别为 r_1 和 r_2。在视距传播时，由于传播距离远大于天线架高($d \gg h_1$，$d \gg h_2$)，因此电波投射到地面的射线仰角 Δ 很小。在计算接收点场时，可作如下近似：① 接收点处直射波场强 E_1 和反射波场强 E_2 在空间方向上一致。② 忽略发射天线在直射波方向和反射波方向上的方向系数差别。如此，接收点 P 处总场强可表示为

$$E = E_1 + E_2 = E_1 \left|1 + |\Gamma| \mathrm{e}^{-\mathrm{j}[k(r_2-r_1)+\varphi]}\right| \tag{7.15}$$

式中，$|\Gamma|$ 和 φ 分别为地面反射点处反射系数 $\Gamma = |\Gamma| \mathrm{e}^{-\mathrm{j}\varphi}$ 的模值和相位。对于水平极化波和垂直极化波，反射系数分别为

$$\Gamma_{//} = |\Gamma_{//}| \mathrm{e}^{-\mathrm{j}\varphi_{//}} = \frac{(\varepsilon_r - \mathrm{j}60\lambda\sigma)\sin\Delta - \sqrt{(\varepsilon_r - \mathrm{j}60\lambda\sigma) - \cos^2\Delta}}{(\varepsilon_r - \mathrm{j}60\lambda\sigma)\sin\Delta + \sqrt{(\varepsilon_r - \mathrm{j}60\lambda\sigma) - \cos^2\Delta}} \tag{7.18}$$

$$\Gamma_{\perp} = |\Gamma_{\perp}| \mathrm{e}^{-\mathrm{j}\varphi_{\perp}} = \frac{\sin\Delta - \sqrt{(\varepsilon_r - \mathrm{j}60\lambda\sigma) - \cos^2\Delta}}{\sin\Delta + \sqrt{(\varepsilon_r - \mathrm{j}60\lambda\sigma) - \cos^2\Delta}} \tag{7.17}$$

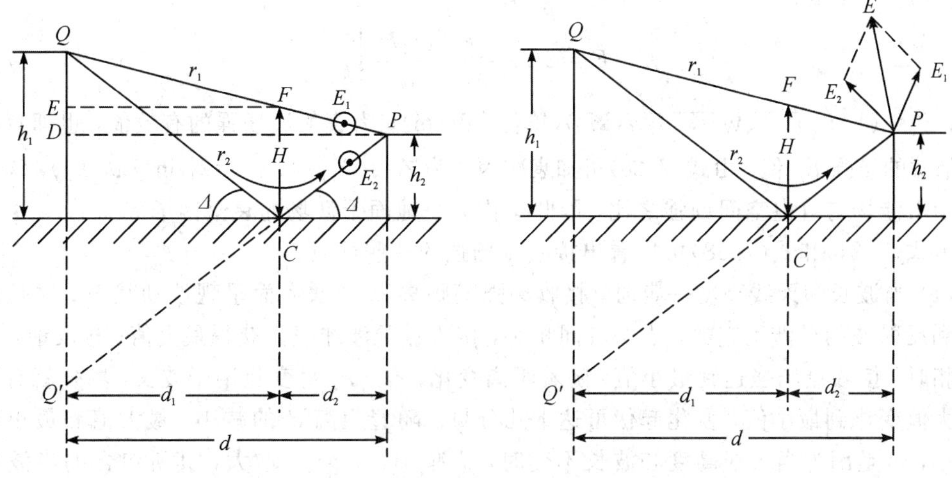

图 7.5　光滑平地面上的干涉场

由式(7.16)和式(7.17)可知：

(1) 当地面电导率为有限值时，若射线仰角很小($\Delta \approx 0$)，则有

$$\Gamma_{\perp} \approx \Gamma_{//} \approx -1 \tag{7.18}$$

若地面为理想导体，则不论仰角为何值，都有

$$\Gamma_{\perp} = +1, \Gamma_{//} = -1 \tag{7.19}$$

说明电波从理想导体表面被全部反射而不会透入理想导体中。

(2) 当地面反射区为干地或湿地时，在微波段有 $\varepsilon_r \gg 60\lambda\sigma$，此时，地面的相对复介电常数近似为

$$\bar{\varepsilon}_r = \varepsilon_r - j60\lambda\sigma \approx \varepsilon_r \tag{7.20}$$

此时，反射系数和波长无关，当仰角很小时，式(7.16)和式(7.17)可简化为

$$|\Gamma_{//}| \approx 1 - \frac{2\sin\Delta}{\sqrt{\varepsilon_r - 1}} \tag{7.21}$$

$$|\Gamma_{\perp}| \approx 1 - \frac{2\varepsilon_r \sin\Delta}{\sqrt{\varepsilon_r - 1}} \tag{7.22}$$

$$\varphi_{\perp} = \varphi_{//} = 180° \tag{7.23}$$

对于视距通信，通常电波仰角很小(小于1°)，因此不论是水平极化波还是垂直极化波，反射系数的幅值都近似为1，相角都近似为180°，此时接收点场强(式(7.15))可化为

$$E = E_1 \left|1 + e^{-j[k(r_2 - r_1) + \pi]}\right| = E_1 \left|1 - e^{-j[k(r_2 - r_1)]}\right| = 2E_1 \left|\sin\frac{k(r_2 - r_1)}{2}\right| \tag{7.24}$$

由图 7.5 中的几何关系知，

$$r_1 = \sqrt{d^2 + (h_2 - h_1)^2} \tag{7.25}$$

$$r_2 = \sqrt{d^2 + (h_2 + h_1)^2} \tag{7.26}$$

利用二项式定理展开，并忽略高阶项，然后两式相减，可得

$$r_2 - r_1 = \frac{2h_1 h_2}{d} \tag{7.27}$$

代入式(7.24)，有

$$E = 2E_1 \left|\sin\frac{2\pi h_1 h_2}{\lambda d}\right| \tag{7.28}$$

式中，$E_1 = (173\sqrt{P_T(\text{kW})G_T})/d(\text{km})$(单位 mV/m)，为直射波场强的有效值，也即自由空间传播时的场强 E_0 值。由式(7.28)可知衰减因子为 $A = |E|/|E_1| = 2|\sin(2\pi h_1 h_2)/(\lambda d)|$，它表示干涉场与自由空间场强之比，因此又称为平地面干涉场的衰落因子。

由式(7.24)和式(7.28)可以看出接收点场强的一些性质：

(1) 当波长和天线高度一定时，接收场强随距离 d 的增大而呈现波动状态。这是由直射波和反射波的干涉引起的，当两者同相时，接收点干涉加强而获得最大值；相反地，当二者反相时，接收点场强达到最小值。随着距离变化，$r_2 - r_1$ 每变化半个波长，场强就有可能从最大值变化到最小值，变化起伏可达十几分贝。随着距离 d 的减小，最大值和最小值间隔减小，这是因为当天线高度和波长不变时，d 减小，$r_2 - r_1$ 增大，其所包含的半波数增多，因而干涉场图形也就变得越来越密了。当 d 超过亮区进入阴影区，场强随着 d 单调下降。此外，干涉场衰落深度也随 d 的减小而减小，这是由于 d 减小，射线仰角 Δ 增大，反

射系数$|\Gamma|$随仰角的增大而减小，从而使得最大值$E_0(1+|\Gamma|)$减小，最小值$E_0(1-|\Gamma|)$增大。当然，随着距离 d 的变化，E_0 的大小也会有一定变化。

(2) 接收场强随天线高度也呈波动变化。当一个天线固定，另一个天线随高度变化时，接收场强会随天线高度变化，通常称这个变化图形为高度图形。当天线高度持续变化时，相应的反射点位置也在变化，从而改变了直射波和反射波的波程差，二者的相位差也随之发生变化。

(3) 当天线高度和传播距离一定时，改变工作波长也会有类似效果，即在同一接收点，对某些波长，可以得到接收点场强的最大值，而对另一些波长，则可能出现接收点场强的最小值。这是因为虽然波程差是常数，但波长同样会导致不同的相位差，也就会得到不同幅度的干涉场强。

3. 光滑球地面的反射

当传播距离较大时，必须考虑地球曲率的影响，其影响主要包括两个：首先，如果继续利用直射波和反射波干涉来计算接收场强的话，就不能再直接使用式(7.28)；其次，球形地面(简称球地面)在反射时对电波有扩散作用(球形地面上的反射如图 7.6 所示)。

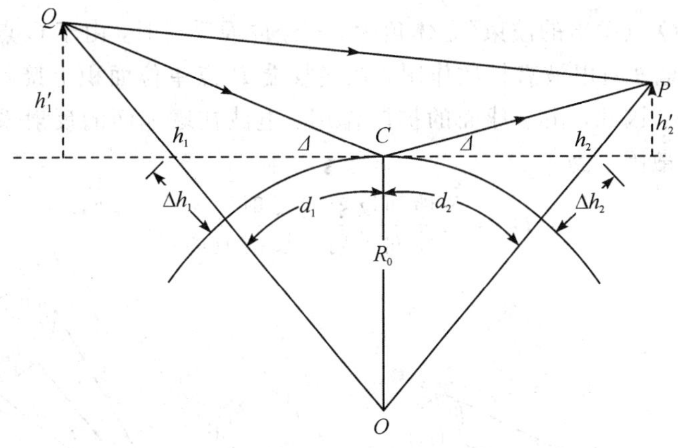

图 7.6　球形地面上的反射

1) 天线的等效高度

由于地球曲率的影响，如果要利用式(7.28)计算球形地面上的接收场强，必须对天线高度进行修正，也就是要用图 7.6 中的等效高度 h_1' 和 h_2' 来代替。过反射点 C 作切平面，则此时等效天线高度应该为自切平面算起的垂直高度 h_1' 和 h_2'，考虑到 h_1' 和 h_1、h_2' 和 h_2 的夹角很小，因此可以认为

$$h_1' \approx h_1 - \Delta h_1 \tag{7.29}$$

$$h_2' \approx h_2 - \Delta h_2 \tag{7.30}$$

依照前面视线距离的推导方法，可得

$$\Delta h_1 \approx \frac{d_1^2}{2R_0} \tag{7.31}$$

$$\Delta h_2 \approx \frac{d_2^2}{2R_0} \tag{7.32}$$

则可得球地面上的天线等效高度为

$$h_1' = h_1 - \frac{d_1^2}{2R_0} \tag{7.33}$$

$$h_2' = h_2 - \frac{d_2^2}{2R_0} \tag{7.34}$$

利用求得的天线等效高度，可得考虑地球曲率后的直射波和反射波波程差

$$\Delta r = \frac{2h_1' h_2'}{d} \tag{7.35}$$

从而可得接收点场强的有效值为

$$E = \frac{173\sqrt{P_t(\text{kW})G_T}\sqrt{1+|\Gamma|^2+2|\Gamma|\cos(2\pi\Delta r/\lambda+\varphi)}}{d(\text{km})}\ \text{mV/m} \tag{7.36}$$

当仰角 Δ 很小时，$\Gamma \approx -1$，

$$E \approx \frac{346\sqrt{P_t(\text{kW})G_T}}{d(\text{km})}\left|\sin\frac{2\pi h_1' h_2'}{d\lambda}\right|\ \text{mV/m} \tag{7.37}$$

2）球地面的扩散作用

如图 7.7，由 Q 点发出的波束（立体角为 $\mathrm{d}\tau$）经球面反射时，由于 C 点和 C' 点的反射切面不同，因而，球地面对电波有扩散作用，在接收端 P 点单位面积上接收到的反射波能量要比平面反射时小。因此，由于球面的扩散作用，电波在球地面的反射系数比平面反射要小。定义球地面扩散因子为

$$D_f = \frac{\text{球地面反射时反射波场强}}{\text{平地面反射时反射波场强}} \tag{7.38}$$

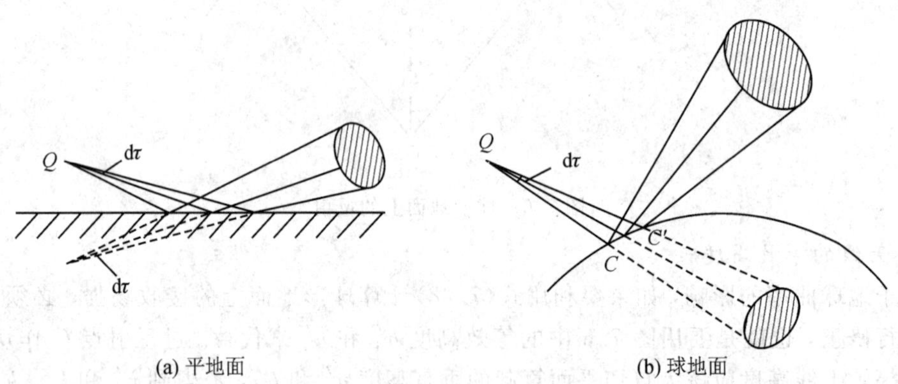

图 7.7　球地面上的扩散效应

球地面扩散因子 D_f 是一个小于 1 的系数，它的表达式为

$$D_f = \frac{1}{\sqrt{1+\dfrac{2d_1^2 d_2}{K d h_1'}}} = \frac{1}{\sqrt{1+\dfrac{2d_2^2 d_2}{K d h_2'}}} \tag{7.39}$$

式中，K 为考虑大气折射效应时对地球半径的修正系数，称等效地球半径因子，通常取 $K=4/3$。利用传播路径上的几何参数（d_1，d_2，h_1'，h_2'）求出 D_f 后，将考虑球面地影响后的 Δr 及 D_f 代入式(7.36)，可得接收点处的合成场强

$$E=\frac{173\sqrt{P_{\mathrm{t}}(\mathrm{kW})G_{\mathrm{T}}}\sqrt{1+D_{\mathrm{f}}^{2}|\Gamma|^{2}+2D_{\mathrm{f}}|\Gamma|\cos(2\pi\Delta r/\lambda+\varphi)}}{d(\mathrm{km})}\ \mathrm{mV/m}\tag{7.40}$$

当 $\varphi\approx180^{\circ}$时，上式可化为

$$E\approx\frac{173\sqrt{P_{\mathrm{t}}(\mathrm{kW})G_{\mathrm{T}}}\sqrt{1+D_{\mathrm{f}}^{2}|\Gamma|^{2}-2D_{\mathrm{f}}|\Gamma|\cos(4\pi h_{1}'h_{2}'/\lambda d)}}{d(\mathrm{km})}\ \mathrm{mV/m}\tag{7.41}$$

4. 粗糙地面的反射

实际地面都是起伏不平的，理想的光滑地面并不存在，因此前面所讨论的镜面反射只是一种理想情况。然而，从地面粗糙程度对电波传播的影响来看，波长与地面起伏高度之比有非常重要的意义。比如，高度几百米的丘陵，对超长波是十分平坦的地面，而对于分米或厘米波来说，却是非常粗糙的。因此，首先必须给出判断地面是否光滑的标准。通常我们利用瑞利准则来判断地面是否光滑。如图 7.8 所示，设地面有相同的起伏高度 Δh，当向地面投射平面波时，射线 1 和 2 分别在 A 点和 B 点反射，两射线的波程差为

$$\Delta r=DB+BC=2\Delta h\sin\Delta\tag{7.42}$$

由此引起的相位差为

$$\Delta\varphi=\frac{2\pi}{\lambda}\Delta r=4\pi\Delta h\ \frac{\sin\Delta}{\lambda}\tag{7.43}$$

相位差 $\Delta\varphi$ 越趋于 0，对接收点场强影响越小，地面越平坦。通常取 $\Delta\varphi\leqslant\pi/4$ 作为光滑和粗糙地面的分界线。由此，地面可视为光滑地面的条件是

$$\Delta h_{\max}\leqslant\frac{\lambda}{16\sin\Delta}\tag{7.44}$$

式(7.44)所给的瑞利准则并不唯一。比如，如果取两射线波程差引起的相位差 $\Delta\varphi\leqslant\pi/8$，则 $\Delta h_{\max}\leqslant\lambda/(32\sin\Delta)$，这时条件要更严格一些。相反，如果取 $\Delta\varphi\leqslant\pi/2$，则 $\Delta h_{\max}\leqslant\lambda/(8\sin\Delta)$，条件就变得宽松一些。同时，从上式可以看出，地面是否光滑由工作频率、入射角和起伏高度所决定。

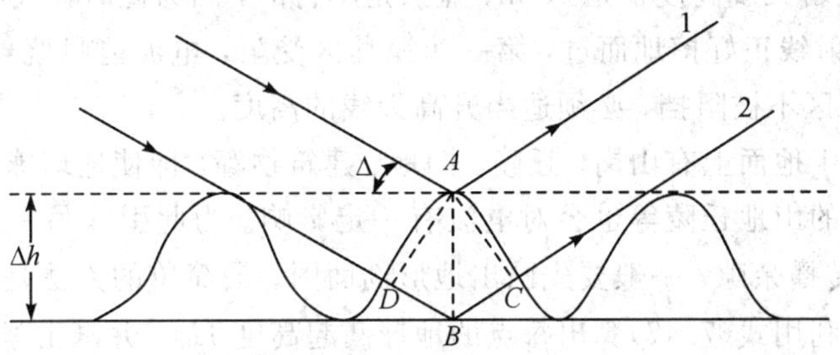

图 7.8　瑞利准则示意图

7.2.3　地面的绕射

1. 地球凸起高度与传播余隙

实际地面是球形的，如图 7.9，地面 A、B 两点间的视线会因地面凸起而受阻，由 C 点到弦 AB 的垂直距离 CO 就是地面凸起高度 H_{b}，设 O 点距离 A、B 两点分别为 d_1、d_2，由图中几何关系可知，$\angle DAO=\angle BCO$ 且 $AB\perp CD$，从而 ΔDAO 与 ΔBCO 相似，且

$$\frac{CO}{d_1}=\frac{d_2}{DO} \tag{7.45}$$

即

$$H_b=\frac{d_1 d_2}{DO} \tag{7.46}$$

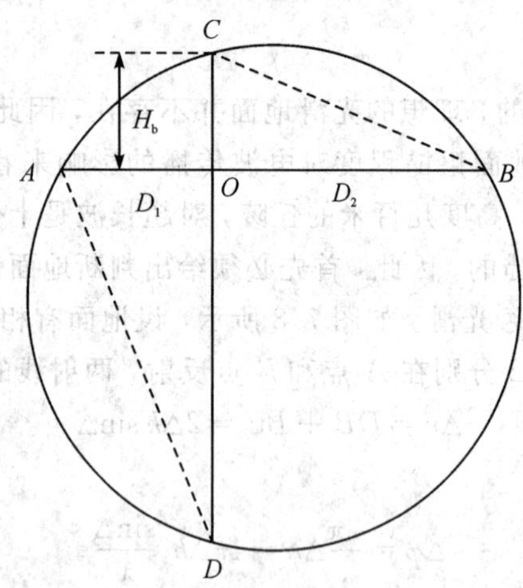

图 7.9　地面凸起

实际上 AB 的长度远小于地球周长，因此 d_1、d_2 就是地面的距离，而 DO 也可近似为地球直径，即 $DO=2R_0$，于是有

$$H_b=\frac{d_1 d_2}{2R_0} \tag{7.47}$$

利用式(7.47)可以计算出地面上各点的地面凸起高度，从而判断它是否会妨碍电波传播。比如，微波站间距为 $d=50$ km，则其中点处的地球凸起高度由式(7.47)计算可得为 $H_b=50$ m。此时，若天线高度也是 50 m，显然是不行的，因为此时视线距离正好为50 km，A、B 间的直射波射线正好擦地而过，第一菲涅耳区受阻，电波能量绕射损耗较大。此时，要保证最小菲涅耳区不被阻挡，必须适当升高天线的高度。

另一方面，由于地面上有山岗、丘陵、凹地、建筑物等，即使地球球面凸起高度不阻挡电波传播，地面上的山地丘陵等也会对电波有一定影响。为此引入另一个物理量——传播余隙 H_c。要计算传播余隙，一般要先画出地形剖面图。最简单的方法是在直角坐标下，横坐标为站间距离，利用式(7.47)算出每点的地球凸起高度 H_b，并画出球面地的剖面图，然后再把实测得到的或从地图上查出的山地起伏高度标在图上，得到图 7.10 所示的地形剖面图。在图 7.10 中，地形起伏的最高点与收发天线连线间的垂直距离就是传播余隙 H_c。由图中几何关系可知，

$$\frac{h}{h_2-h_1}=\frac{d_1}{d} \tag{7.48}$$

可得 $h=(h_2-h_1)d_1/d$，由此可得传播余隙为 $H_c=h+h_1-H_b-H_s$，式中 h_1、h_2 为收发天线高度，H_b 为地形最高点的地球凸起高度，H_s 为球面算起的地形最高点的高度。由式(7.47)并考虑大气折射影响，可得传播余隙的表达式

$$H_c = h_1 + (h_2 - h_1)\frac{d_1}{d} - \frac{d_1 d_2}{2R_0} - H_s \tag{7.49}$$

根据 H_c 的情况，并应用菲涅耳区的概念，可将视距传播电路分为三类：$H_c \geqslant F_0$ 时称为开电路；$0 < H_c < F_0$ 为半开电路；$H_c < 0$ 称为闭电路。其中，F_0 为最小菲涅耳半径，可由式(2.114)计算得到。上述三种电路中，第一种情况下，接收点有可能得到自由空间传播时的信号强度，第二、三种情况下，在最小菲涅耳区内存在障碍物。$H_c = 0$ 时，直射波射线正好与地形最高点相切。在实际微波视距电路中，除特殊情况，一般都应采用开电路。

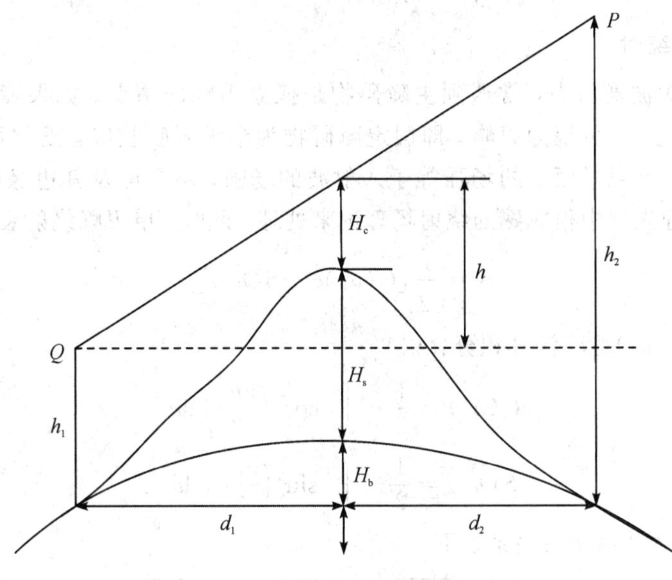

图 7.10　传播余隙

2. 光滑球形地面上的绕射

电波绕过传播路径上障碍物的现象称为绕射。如图 7.11，当电波沿光滑地面从 Q 点传播到 P 点时，高度 H_b 的球冠部分可看作这种障碍物。从电磁学知识可知，只有当障碍物尺寸与波长相当时，绕射才显著。因此，对微波而言，沿光滑球形地面的绕射极其微弱。

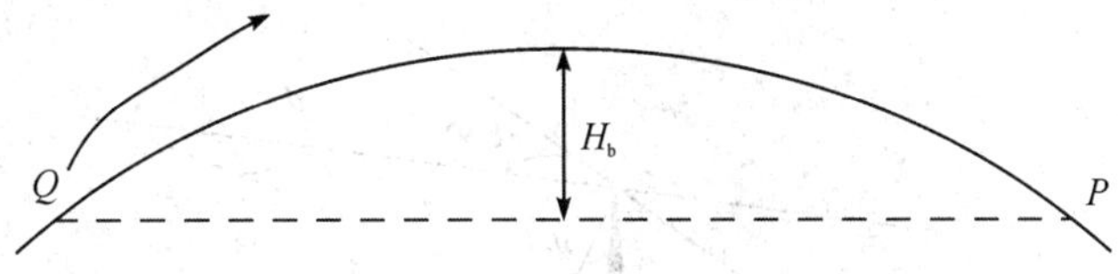

图 7.11　电波的绕射

无线电波沿光滑球形地面的绕射计算十分复杂，由已知文献可知，代表绕射的衰减因子 A 是一个无穷级数，它与大地的电参数、工作波长、天线高度、电波极化等有关，只有当传播距离 d 扩大到阴影区域，上述级数收敛才会加快，在工程上可以只取级数的第一项进行计算，这就是单项绕射公式。若取对数形式，可写成

$$A = F(x) + H(y_1) + H(y_2) \tag{7.50}$$

$$x = 2.2\sqrt[3]{fK^2R_0^2}\,d \tag{7.51}$$

$$y_n = 0.0096\sqrt[3]{f^2 K R_0}\, h_n \tag{7.52}$$

式中，K 为等效地球半径因子，R_0 为地球半径，d 为收发天线之间的距离，h_1 和 h_2 为收发天线高度，f 为工作频率。式(7.50)中第一项 $F(x)$表示距离的影响，其表达式为

$$F(x) = 11 + 10\lg(x) - 17.6x \tag{7.53}$$

$H(y_n)$表示天线高度的影响，通常称为高度因子或高度增益，其表达式为

$$H(y_n) = \begin{cases} 17.6\sqrt{y_n - 1.1} - 5\lg(y_n - 1.1) - 8 & y_n > 2 \\ 20\lg(y_n + 0.1y_n^3) & y_n < 2 \end{cases} \tag{7.54}$$

3. 单刃峰的绕射

在微波和超短波通信中，常遇到主障碍物是孤立山峰的情况。如果障碍物比较陡峭，且横向有一定宽度，则可视为刃峰，即假定障碍物为半无限吸收屏，投射至屏的电波全部被吸收，屏顶上半无限平面上的场强等于入射波的场强，不受屏及其边缘的影响。作此假设以后，可用物理光学中很成熟的绕射场理论来处理。此时，单刃峰绕射衰减因子为

$$A = \frac{1}{\sqrt{2}}[C(u_0) - jS(u_0)] \tag{7.55}$$

式中，$C(u_0)$和 $S(u_0)$为菲涅耳积分：

$$C(u_0) = \frac{1}{2} - \int_0^{u_0} \cos^2\left(\frac{\pi u^2}{2}\right) du \tag{7.56}$$

$$S(u_0) = \frac{1}{2} - \int_0^{u_0} \sin^2\left(\frac{\pi u^2}{2}\right) du \tag{7.57}$$

u_0 与障碍物的几何参数关系如下

$$u_0 = \varepsilon h\sqrt{\frac{2d}{\lambda d_1 d_2}} = \varepsilon\sqrt{\frac{2h\theta}{\lambda}} = \varepsilon\sqrt{\frac{2d}{\lambda}\alpha_1\alpha_2} \tag{7.58}$$

式中，d 是收发天线的距离，d_1、d_2 分别是收发天线到屏顶点的距离，h 是屏顶点到 d 的垂直距离，ε 是 h 的符号，当收发天线连线与障碍相交时为正，当连线从障碍上部通过而障碍又处在第一菲涅耳区时，它为负。角度 α_1、α_2 和 θ 分别为 d、d_1 和 d_2 三条线之间的夹角，如图 7.12 所示。

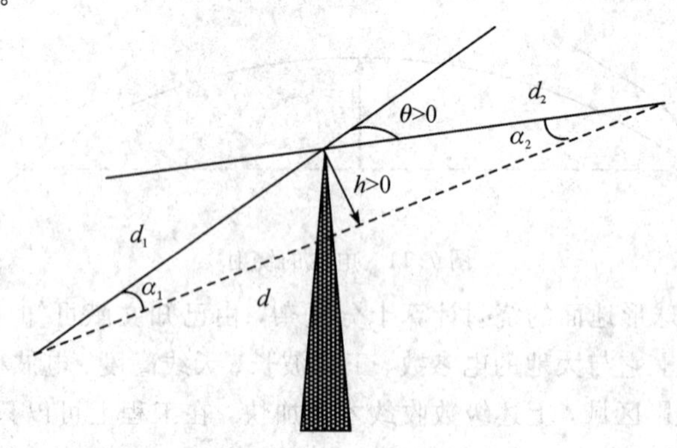

图 7.12　单刃峰绕射

4. 圆形障碍物的绕射

当障碍物有较大宽度，则可以用圆形障碍物来模拟，如图 7.13 所示。

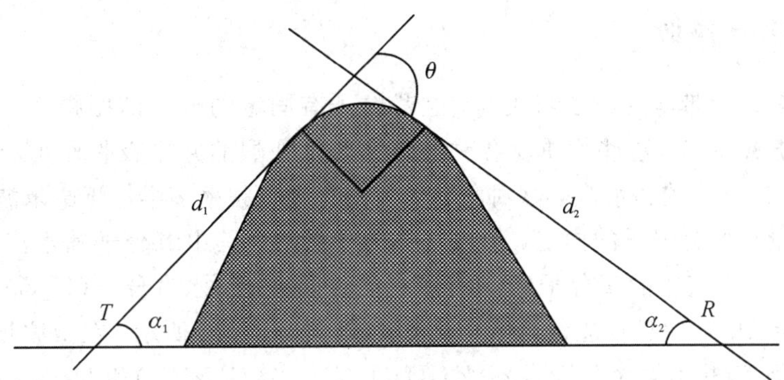

图 7.13　圆顶障碍物绕射

如果 $\theta \geqslant 0$(即障碍物顶高于收发天线连线)，则绕射损耗为

$$A = F(u_0) + T(\rho) + Q(\chi) \tag{7.59}$$

其中，第一项 $F(u_0)$相应于刃峰绕射，可由上节所述方法确定，但

$$u_0 = 2\sin\frac{\theta}{2}\left[\frac{2\left(d_1 + a_A\dfrac{\theta}{2}\right)\left(d_2 + a_A\dfrac{\theta}{2}\right)}{\lambda d}\right]^{1/2} \tag{7.60}$$

式中，d_1、d_2 为收发天线至切线点的距离，d 为收发天线距离，θ 为两线夹角，α_A 为障碍物等效曲率半径，它等于几何曲率半径乘以等效地球半径因子 K。$\alpha_A = 0$ 时，上式退化为单刃峰绕射时的情形。

第二项 $T(\rho)$是入射曲面损耗

$$T(\rho) = 7.2\rho - 2\rho^2 + 3.6\rho^3 - 0.8\rho^4$$

式中，$\rho^2 = d/(d_1 d_2)[\pi/(\lambda\alpha_A^2)]^{-1/3}$。　(7.61)

第三项 $Q(\chi)$是电波在障碍物上的爬行损耗

$$Q(\chi) = \begin{cases} \dfrac{T(\rho)\chi}{\rho} & -\rho < \chi < 0 \\ 12.5\chi & 0 < \chi < 4 \\ 17\chi - 6 - 20\lg\chi & \chi \geqslant 4 \end{cases} \tag{7.62}$$

式中

$$\chi = \left(\frac{\pi\alpha_A}{\lambda}\right)^{1/3}, \quad \theta = \sqrt{\frac{\pi}{2}}\,u_0\rho\,(\theta \gg 1\text{ 时}) \tag{7.63}$$

7.3　对流层大气对微波传播的影响

在前面的讨论中，假定地球周围的大气是一种均匀、无耗的理想媒质。实际上，地球周围的大气是一种不均匀媒质，电波在其中传播时，会发生折射、反射、散射、吸收等效应，同时还会引起降雨衰减、去极化等。对流层中电波的折射已在第 3 章详细讨论，在此不再重复介绍。本节主要讨论大气气体的吸收和降雨对地面视距传播的影响。

7.3.1 大气气体吸收

任何物质都是由带电的粒子组成的，这些粒子有固定的电磁谐振频率，当入射电磁波频率接近其谐振频率时，这些物质就会对电磁波产生强烈的共振吸收作用。大气层中充满着氧气、氮气、二氧化碳和水汽等多种气体，其固有吸收频率多半位于毫米波范围内，在该频率上电磁能量转变为分子的内能，形成气体分子吸收，其中氧分子和水汽分子对微波起主要的吸收作用。大气中的氧分子(O_2)有固有的磁偶极矩，水汽分子(H_2O)有固有的电偶极矩，它们都能从电波中吸收能量，产生吸收衰减。如图 7.14 所示，在微波频率，大气有三个明显的吸收峰，其中心频率分别为 22.2 GHz(H_2O)、60 GHz(O_2)和 118.7 GHz(O_2)。需要说明的是，大气吸收是大气温度、湿度和压强的函数，而这些气象参数会随高度、地区、季节甚至每天的不同时间而变化。

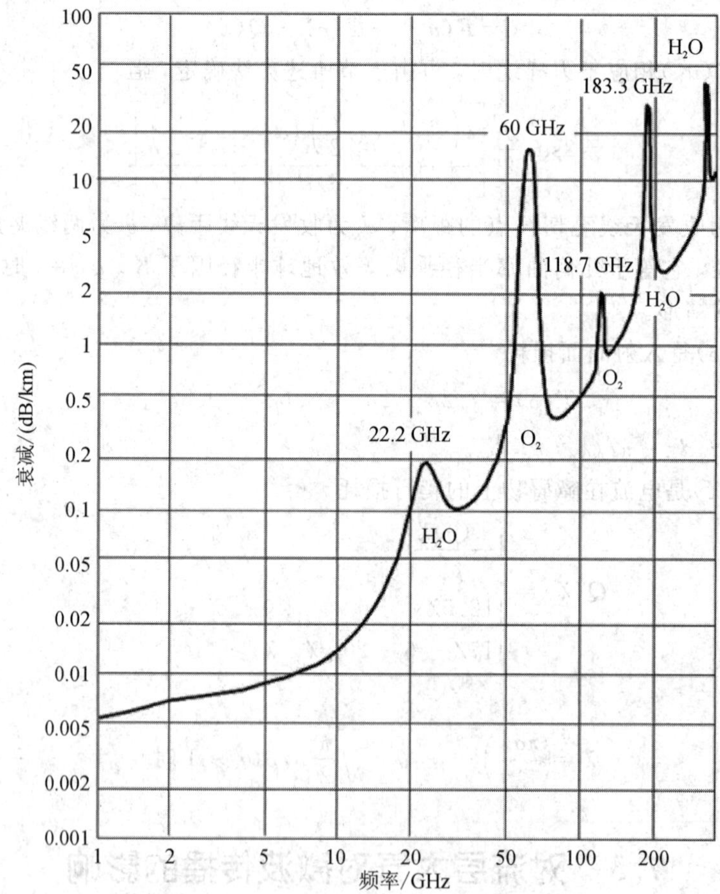

图 7.14　氧和水汽的衰减曲线

在大气层中，电波通过路径长度 r_0 后，气体的总衰减为

$$A_0 = \int_0^{r_0} [\gamma_o(r) + \gamma_w(r)] \, dr \quad \text{dB} \tag{7.64}$$

式中，A_0 表示由大气分子吸收引起的衰减，根据式(2.226)的定义，A_0 应该为负值。在讨论微波损耗时，通常略去负号，在此我们采用这种习惯表示法。γ_o 和 γ_w 分别表示氧和水汽

的吸收系数，或称为衰减率，单位是 dB/km，二者之和为大气气体的总衰减率。本节只给出了大气气体吸收的结论，γ_o 和 γ_w 的计算将在 8.2.3 节详细讨论。

7.3.2　降水损耗

降水如雨、雪、冰雹等与对流层有关，在地面视距无线电通信中，应考虑以下几点：

(1) 由于在雨天，地表附近的空气混合得很好，因此折射率将单调变化，接近标准状态。在这种情况下，K 因子引起的衰落效应将减小。因此，在假设没有任何反射路径的情况下，衰落余量的主体部分将抵抗降水的损耗。

(2) 在低于 8 GHz 的频率下，降雨损耗可以忽略不计。频率在 8 GHz 到 10 GHz 之间时，降雨损耗变得非常重要，在频率高于 10 GHz 的长距离路径中，应在计算中考虑降雨损耗。近年来，人们开始考虑使用高于 60 GHz 的频率，甚至使用 100 GHz 以上的频率，因此降雨损耗将是一个重要因素。

(3) 根据第三章关于对流层降雨、水汽和氧气损耗的结果，应考虑频率高于 10 GHz 的降雨损耗、频率 22 GHz 时水汽损耗的增加以及频率 60 GHz 时氧气损耗的增加。

(4) 由于设计计算中考虑了降雨损耗，因此在正常情况下，降雨不会导致中断，但严重的阵雨条件会影响传播质量，特别是在 SHF 和 EHF 波段。

下面将讨论地面视距无线电链路中计算降雨损耗的方法，该方法基于 ITU-R P.530 建议，并作了一些小的修改。该预测程序对世界各地都有效，至少对频率高达40 GHz、路径长度达 60 km 的链路有效。

第 1 步，获取 0.01%时间被超过的降雨率 $R_{0.01}$(积分时间为 1 分钟)。该降雨率可以从本地长期测量获得，如果缺少本地长期测量数据，则可以从图 7.15 获得估计值。

第 2 步，利用表 3.3，对于所考虑的频率、极化和降雨率 R(dB/km)，计算衰减率 γ_R：

$$\gamma_R = KR^\alpha \tag{7.65}$$

第 3 步，将实际路径长度 d 乘以距离缩减因子，得到降雨条件下链路的等效长度 d_e：

$$d_e = \frac{d}{1 + d/d_0} \tag{7.66}$$

式中，当 $R_{0.01} \leqslant 100$ mm/h 时，有

$$d_0 = 35e^{-0.015R_{0.01}} \tag{7.67}$$

当 $R_{0.01} > 100$ mm/h 时，则用 100 mm/h 代替 $R_{0.01}$。

第 4 步，计算 0.01%时间被超过的路径衰减：

$$A_{0.01} = \gamma_R \cdot d_e \text{ dB} \tag{7.68}$$

第 5 步，对于位于纬度等于或大于 30°(北或南)的无线电链路，其他百分时间(也称时间百分比)p(p 在 0.001%到 1%之间)被超过的衰减可由下式算出：

$$A_p = 0.12A_{0.01}p^{-(0.546+0.043\lg p)} \tag{7.69}$$

第 6 步，对于位于 30°(北或南)以下纬度的无线电链路，其他百分时间 p(p 在 0.001%到 1%之间)被超过的衰减可由下式算出：

$$A_p = 0.07A_{0.01}p^{-(0.855+0.139\lg p)} \tag{7.70}$$

第 7 步，如果缺少年平均概率 p 的统计数据，则可以利用下式，将最坏月概率 p_w 转换

为年平均概率 p：

$$p = 0.3 p_{\mathrm{w}}^{1.15} \tag{7.71}$$

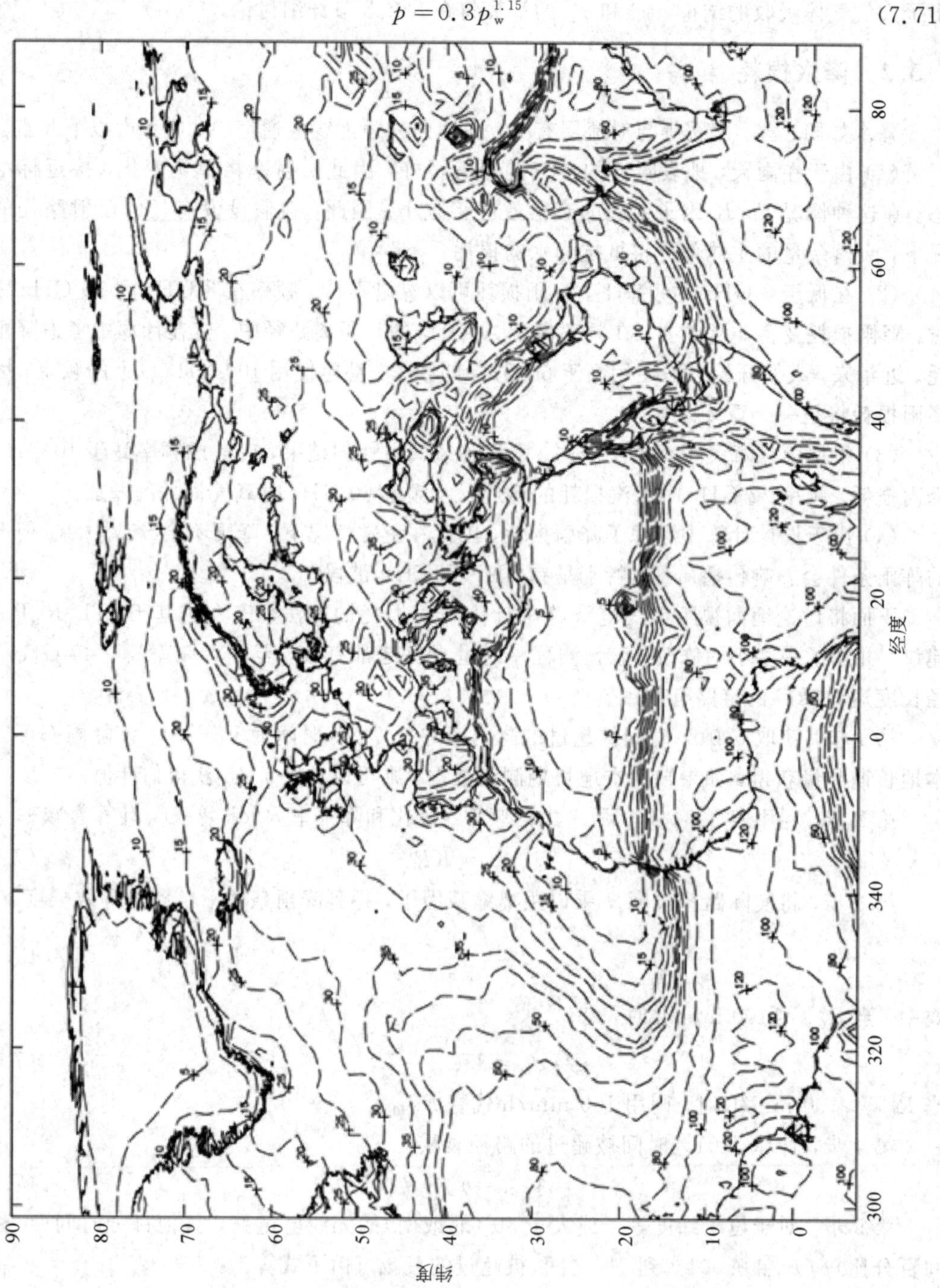

图 7.15　年降雨率超过常年 0.01% 的情况图(单位为 mm/h)

如果在一个给定频率 f_1 上有可靠的长期衰减统计，那么，对于相同链路长度和相同气候区以及在 7～50 GHz 频率范围内，可使用以下经验表达式来获得另一频率 f_2 上的衰减统计的估计值：

$$A_2 = A_1 \left(\frac{\phi_2}{\phi_1}\right)^{1-H} \tag{7.72}$$

式中

$$\phi(f) = \frac{f^2}{1+10^{-4} \times f^2} \tag{7.73}$$

$$H = 1.12 \times 10^{-3} (\phi_2/\phi_1)^{0.5} (\phi_1 A_1)^{0.55} \tag{7.74}$$

A_1 和 A_2 分别为频率 f_1 和 f_2 时，在相同的百分时间被超过的衰减值。

给定一个极化(垂直极化 V 或水平极化 H)处的长期衰减统计，可使用以下公式估算同一链路上另一个极化的衰减：

$$A_V = \frac{300A_H}{335 + A_H} \tag{7.75}$$

$$A_H = \frac{335A_V}{300 - A_V} \tag{7.76}$$

式中，A_V 和 A_H 的单位为 dB。

7.3.3 去极化

去极化效应会引起严重的同信道干扰，并且在一定程度上引起相邻信道干扰。在地面视距传播中，必须分别考虑晴空大气和降水条件下的去极化效应，本节中主要考虑交叉极化鉴别度 XPD。

1. 晴空条件下的去极化

由于晴空大气交叉极化引起传输中断的概率 P_{XP} 为

$$P_{XP} = P_0 \times 10^{-\frac{M_{XPD}}{10}} \tag{7.77}$$

式中，M_{XPD}(dB)是参考误码率(BER)的等效 XPD 余量，由下式给出：

$$M_{XPD} = \begin{cases} C - \dfrac{C_0}{I} & \text{无 XPIC} \\ C - \dfrac{C_0}{I} + \text{XPIF} & \text{有 XPIC} \end{cases} \tag{7.78}$$

C_0/I 是参考误码率的载波干扰比，可以通过仿真或测量来评估。XPIF 是一个实验室测量的交叉极化改善因子，它给出了在足够大的载波噪声比(通常为 35 dB)下的交叉极化隔离度(XPI)与有无交叉极化干扰抵消器(XPIC)的系统在特定误码率下的 XPI 之差。XPIF 的典型值约为 20 dB。参数 C 定义为

$$C = \text{XPD}_0 + Q \tag{7.79}$$

式中，

$$\text{XPD}_0 = \begin{cases} \text{XPD}_g + 5 & \text{XPD}_g \leqslant 35 \\ 40 & \text{XPD}_g > 35 \end{cases} \tag{7.80}$$

XPD_g 是制造商保证的发射和接收天线在瞄准角的最小 XPD，即发射和接收天线的最小瞄准 XPD_s。参数 Q 为

$$Q = -10\lg\left(\frac{k_{XP} \cdot \eta}{P_0}\right) \tag{7.81}$$

式中

$$k_{XP}=\begin{cases}0.7 & \text{一发射天线}\\ 1-0.3\exp\left[-4\times10^{-6}\left(\dfrac{s_t}{\lambda}\right)^2\right] & \text{两发射天线}\end{cases} \tag{7.82}$$

当两个正交极化传播信号来自不同天线时，垂直间隔为 s_t(m)，载波波长为 λ(m)。η 为多径发生因子，定义为

$$\eta=1-e^{-0.2(P_0)^{0.75}} \tag{7.83}$$

式中，$P_0=p_w/100$，它是与百分时间 p_w(%)对应、且在平均最坏月达到 $A=0$ dB 的多径因子。

2. 降雨引起的去极化

对于地面视距传播中降雨引起的去极化，如果无法获得详细的预测或测量的路径，可以利用以下半经验公式由降雨的同极化衰减(CPA)累计分布获得 XPD 的粗略估计：

$$\text{XPD}=U-V(f)\lg(\text{CPA})\quad \text{dB} \tag{7.84}$$

系数 U 和 $V(f)$ 通常取决于许多变量和经验参数，包括频率 f。对于小仰角和水平或垂直极化的视距路径，这些系数可近似为

$$U=U_0+30\lg f \tag{7.85}$$

$$V(f)=\begin{cases}12.8f^{0.19} & 8\leqslant f\leqslant 20\ \text{GHz}\\ 22.6 & 20<f\leqslant 35\ \text{GHz}\end{cases} \tag{7.86}$$

对于大于 15 dB 的衰减，U_0 的平均值约为 15 dB，所有测量的下限为 9 dB。在计算 XPD 时，由于 U 和 $V(f)$ 值的变化，使得垂直和水平极化的 CPA 之间差异不明显。建议在使用公式(7.84)时，使用圆极化的 CPA 值。

如果已有频率 f_1 下的长期 XPD 统计数据，则可以使用以下半经验公式得到另一个频率 f_2 下的 XPD：

$$\text{XPD}_2=\text{XPD}_1-20\lg\frac{f_2}{f_1},\quad 4\ \text{GHz}<f_1,\ f_2\leqslant 30\ \text{GHz} \tag{7.87}$$

式中，XPD_1 和 XPD_2 是频率 f_1 和 f_2 处相同时间百分比内未超过的 XPD 值。

降水引起传播中断的概率定义为

$$P_{XPR}=10^{n-2} \tag{7.88}$$

式中，

$$n=\frac{-12.7+\sqrt{161.23-4m}}{2} \tag{7.89}$$

$$m=\begin{cases}23.26\lg\dfrac{A_p}{0.12A_{0.01}} & m\leqslant 40\\ 40 & \text{其他}\end{cases} \tag{7.90}$$

n 的有效值必须在 -3 到 0 范围内。在某些情况下，特别是当使用 XPIC 设备时，n 值可以小于 -3。$A_{0.01}$(dB)为由式(7.68)给出的超过 0.01%时间的路径衰减。A_p(dB)为等效路径衰减，定义为

$$A_p=10^{(U-C_0/I+\text{XPIF})/V} \tag{7.91}$$

式中，U 和 V 分别由式(7.85)和式(7.86)给出，C_0/I(dB)是对没有 XPIC 的参考误码率定

义的载波干扰比，XPIF(dB)是参考误码率的交叉极化改善因子。如果未使用XPIC设备，则XPIF为0。

7.4 多径平坦衰落

本节介绍与多径相关的衰落发生概率的计算方法，该方法有一些限制条件。首先，该方法只适应于窄带系统。该条件实际上意味着衰落后的频率宽度与原始信道的频率宽度相似或更宽。这种效应称为平坦衰落。此外，该方法适用于晴空条件，同时不考虑水凝物影响。

平坦衰落与多径传播有关，也与波束扩展以及发射和到达角度的变化等机制有关。平坦衰落概率计算方法基于深衰落假设，该衰落可以用瑞利概率分布函数来表征。因此，衰落深度 F 大于 F_1 的概率可以表示为

$$P(F > F_1) = P_0 \cdot 10^{-F_1/10} \tag{7.92}$$

参数 P_0 称为多径衰落发生因子，它取决于无线电链路长度、频率、地形粗糙度和天气因素。衰落超过衰减值 A_1 时的百分时间可以表示为(用百分比表示)

$$p(A > A_1) = P_0 \cdot 10^{-A_1/10} \cdot 100 \tag{7.93}$$

有很多方法可以计算超过 F 深度的平坦衰落概率，这些方法所使用的方程都是由式(7.92)和式(7.93)导出的，不同点在于 P_0 的计算。目前，用得更多的是ITU-R P.530建议的方法。该方法不需要路径剖面高度，不仅可用于初始规划阶段，也可用于详细设计阶段。该方法实际上由两种互补的方法组成：第一种方法适用于小百分比时间，换句话说，适用于深衰落，第二种方法将第一种方法扩展到任意深度和百分比时间。该建议定义了切断或过渡衰减值 A_t，作为深衰落和非深衰落的区分标准，可由以下经验插值公式得到：

$$A_t = 25 + 1.2\lg p_0 \tag{7.94}$$

式中，p_0 是多径传播发生因子，表示为超过0 dB衰减值的百分时间。在每种情况下，在平均最差月超过衰落深度 A(dB)的百分时间 p_w 可由以下通用公式获得：

$$p_w = p_0 \times 10^{-A/10} \tag{7.95}$$

7.4.1 小百分比时间

ITU-R P.530建议的第一种方法用于非常深的衰落，其中介绍了两个计算程序，其中一个适用于系统的初始规划，另一个适用于系统的详细规划。

1. 初始规划

在初始规划阶段，平均最差月份超过衰落深度 A(dB)的百分时间 p_w 为

$$p_w = p_0 10^{-\frac{A}{10}} = Kd^{3.1}(1 + |\varepsilon_p|)^{-1.29} f^{0.8} 10^{-0.00089h_L - \frac{A}{10}} \tag{7.96}$$

式中，d 为距离，单位为m，f 为频率，单位GHz，p_0 为多径传播发生因子(%)。K 为地理气候因子，可利用下式快速计算得到：

$$K = 10^{-4.6-0.0027dN_1} \tag{7.97}$$

dN_1 是低对流层65 m范围内，平均年份的1%未超过的折射梯度。如果没有目标区域 dN_1 的本地数据，则可以利用ITU-R P.453建议提供的数据，通过对最近的4个数据网络点进行双线性插值得到。

$|\varepsilon_p|$ 为路径倾角，单位为 mrad，定义为

$$|\varepsilon_p|=\frac{|h_r-h_e|}{d} \tag{7.98}$$

式中，h_r 和 h_e 为天线高度，单位为 m，d 是路径长度，单位为 km。

2. 详细规划

当需要对无线电中继链路进行详细规划或设计时，平均最差月份超过衰落深度 A(dB) 的百分时间 p_w 由下式计算：

$$p_w=p_0 10^{-\frac{A}{10}}=Kd^{3.4}(1+|\varepsilon_p|)^{-1.03}f^{0.8}10^{-0.00076h_L-\frac{A}{10}} \tag{7.99}$$

上式，h_L 是较低天线的高度(即 h_r 和 h_e 中较小的一个)，该式适应频率 $f_{\min}\leqslant f\leqslant f_{\max}$，其中：

$$f_{\min}=\frac{15}{d},\quad f_{\max}=45 \tag{7.100}$$

7.4.2 所有百分比时间

本节介绍的预测方法适用于任何衰落深度，它结合了上一节给出的深衰落预测方法和低到 0 dB 的浅衰落经验插值过程，它既可用于初始规划阶段的计算，也可用于详细规划阶段的计算。

如果所需的衰减值 A 等于或大于截止或过渡衰减值 A_t，则使用小百分比时间的计算公式。如果低于 A_t，则在平均最差月份，衰落 A(dB)被超过的百分时间 p_w 可表示为

$$p_w=100[1-\exp(-10^{-q_a A/20})] \tag{7.101}$$

因子 q_a 定义为

$$q_a=2+10^{-0.016A}[1+0.3 10^{-A/20}]\left[q_t+4.3\left(10^{-A/20}+\frac{A}{800}\right)\right] \tag{7.102}$$

式中，

$$q_t=\frac{(q'_a-2)}{[10^{-0.016A_t}(1+0.3 10^{-A_t/20})]}-4.3\left(10^{-A_t/20}+\frac{A_t}{800}\right) \tag{7.103}$$

$$q'_a=-20\lg\frac{\left[-\ln\left(\frac{100-p_t}{100}\right)\right]}{A_t} \tag{7.104}$$

式中，A_t 是过渡衰减值，p_t 是过渡百分时间，此百分时间是平均最差月过渡衰减值 A_t 被超过的百分时间，可通过下式计算

$$p_t=p_0 10^{-A_t/10} \tag{7.105}$$

p_0 为多径传播发生因子。

综上所述，要利用 ITU-R P.530 建议的方法计算衰落发生概率，第一步是计算 p_0，可在式(7.96)或式(7.99)中令 $A=0$ 计算得到；接下来，根据式(7.94)计算过渡衰减值。如果计算超过百分时间的衰减值等于或高于过渡衰减值，则使用小百分比时间法，否则使用所有百分比时间法。图 7.16 给出了不同参数 p_0 下，最差月衰减值被超过的百分时间随衰落深度的变化曲线。

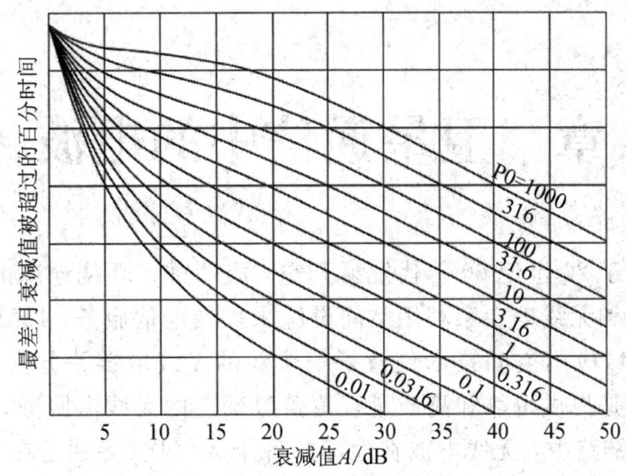

图 7.16　衰减值 A（在平均最差月份）被超过的百分时间 p_w

思　考　题

7.1　地面视距传播中，主要的传输损耗有哪些？

7.2　地面对地面视距传播有哪些影响？

7.3　什么是视线距离？它和哪些因素有关？

7.4　不同类型的地面反射对电波传播的影响有什么不同？

7.5　如何计算地面和不同障碍物绕射对电波的损耗？

7.6　为什么大气气体会对电波有吸收损耗？

7.7　如何计算降雨对电波的衰减？

7.8　试讨论晴空大气和降雨对电波的去极化效应。

7.9　分析平坦衰落和频率选择性衰落之间的区别。

7.10　列出衰落发生概率的计算方法。

第 8 章　卫星通信中的电波传播

第一艘宇宙飞船于 20 世纪 60 年代发射升空，成功进入环绕地球的轨道。空间电信技术的发展促使科学家和无线电专家利用空间设施来扩展电信服务，以满足国际社会日益增长的需求。在电信领域应用空间技术创造了一个新的无线电链路分支，称为“卫星通信”。卫星通信的主要目标是提供可靠和高质量且覆盖范围广的无线电服务，以满足大规模通信的需求。在卫星通信链路中，无线电波在地球的各个大气层(特别是在地对空方向上)受到许多传播效应的影响。卫星通信虽然是基于视距传播的，但由于其传播介质的不同，电波传播具有不同的传播特性。本章主要讨论卫星通信中的电波传播问题，包括晴空条件下的卫星电波传播、卫星通信路径上的水凝物(包括雨、云、雾等)衰减、无线电波的去极化、电离层的影响、当地环境的影响等。

8.1　卫星通信中的主要电波传播效应

当频率低于 30 MHz 时，无线电波会被电离层反射，电波不能到达卫星，因此，卫星通信系统的工作频率需要大于 30 MHz，通常卫星通信系统会选择大气吸收峰间的窗口频率，以便减少大气吸收损耗。自由空间传播损耗是卫星通信链路最重要的传播损耗，由于其链路固定，在系统设计中容易预测。另外，如图 8.1 所示，卫星系统的无线电波信号要穿越整

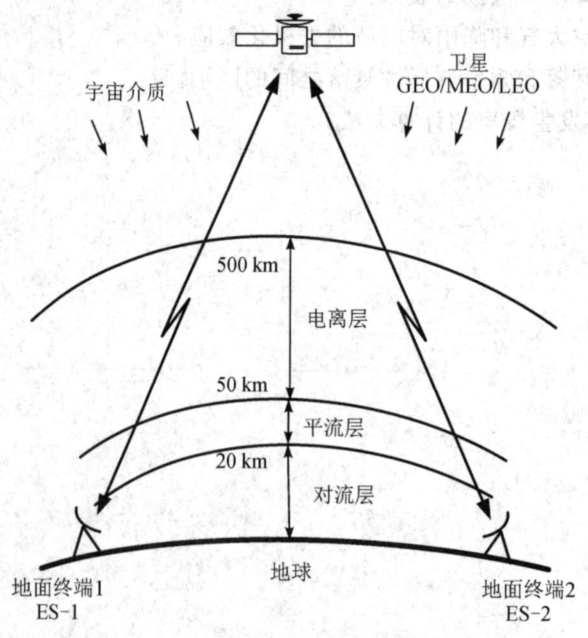

图 8.1　卫星无线电链路中典型的无线电波路径

个大气层，因此电离层和对流层会对无线电波产生不同的传播效应和影响，主要传播效应包括大气气体分子的吸收、水凝物引起的衰减、去极化、闪烁、群延迟和色散等。

频率在确定用于卫星通信的无线电波传播特性方面起着重要作用，电离层是评估传播效应的一个关键因素。因此，在讨论空间通信中的无线电波传播因素时，将频谱分为两个区域：一个是受对流层影响的高频率区域(30 GHz 以上)，在此范围，电离层对无线电波传播的影响基本上是不存在的，即可将电离层看作透明的，另一个是受电离层影响的低频区域(30 GHz 以下)。

8.1.1 3 GHz 以上电波的传播效应

卫星通信中，3 GHz 以上频段的电波传播主要受对流层影响，呈现出以下传播效应。

1. 大气气体衰减

电波传播路径中存在于地球大气中的气体成分会导致信号振幅降低，即大气气体衰减。大气气体衰减是一个吸收过程，在卫星通信频率下，主要的影响成分是氧气和水汽。大气气体衰减随电波频率增高而增加，同时取决于大气温度、压强和湿度。

2. 水凝物衰减

电波传播路径中的水凝物(雨、云、雾、雪、冰等)会导致信号振幅降低，即为水凝物衰减。水凝物是大气中水汽凝结形成的产物。无线电波受到的水凝物衰减包括吸收和散射过程。降雨衰减会对空间通信造成重大损害，对 10 GHz 以上频段电波衰减尤其严重。云雾衰减的影响比降雨衰减小得多，然而，在链路计算中也必须考虑，尤其是对于 15 GHz 以上频率的电波。干雪和冰粒子衰减通常很低，在低于 30 GHz 的空间通信链路上可以忽略。

3. 去极化

水凝物(主要是雨或冰颗粒)和多径传播都会导致无线电波极化的变化，即无线电波的去极化。去极化以后的无线电波由于其极化状态发生了改变，从而使功率从期望的极化状态转移到非期望的正交极化状态，从而导致两个正交极化信道之间的干扰或串扰。在约 12 GHz 以上的频段中，雨和冰的去极化是一个必须考虑的问题，尤其是对于“频率复用”通信链路(该通信链路在同一频段中使用两个独立的正交极化信道来增加信道容量)。多径去极化通常仅限于极低仰角的空间通信，并取决于接收天线的极化特性。

4. 无线电噪声

在通信链路的频段中出现不希望的信号或功率，即为无线电噪声，可由自然或人造源引起。无线电噪声会降低接收机系统的噪声特性，并影响天线设计或系统性能。频率高于 1 GHz 的主要自然噪声源包括大气气体(氧气和水蒸气)、雨、云和地表辐射。人造噪声源包括其他空间或地面通信链路、电气设备和雷达系统。只有在频率低于 1 GHz 的情况下，才考虑外空间的宇宙噪声。

5. 到达角变化

传输路径中折射率的变化会引起无线电波传播方向的变化，从而导致电波到达角的变化。到达角变化是一个折射过程，通常只有在大口径天线(10 米或以上)和远高于 10 GHz 的频率下才能观测到。到达角变化会导致卫星位置的明显偏移，可以通过重新安装天线进行补偿。

6. 带宽相干性

带宽相干性指无线电波所支持的信息带宽或信道容量的上限，由大气的色散特性或多径传播引起。典型空间通信频率的相干带宽为一个或多个吉赫，除必须通过等离子体传播的链路外，相干带宽都不会成为严重问题。

7. 天线增益衰减

天线增益衰减是指由于孔径上的振幅和相位的去相关，接收天线的增益明显降低。这种效应可以由大雨产生，然而，只有在频率高于约 30 GHz 的大口径天线上，以及在雨中很长路径长度(即低仰角)时，才能观察到这种情况。

8.1.2 3 GHz 以下电波的传播效应

卫星通信中，在电离层穿透频率以上、高达约 3 GHz 频率的电波频段主要呈现出以下传播效应。

1. 电离层闪烁

电离层闪烁是指电离层中电子密度不规则引起的无线电波振幅和相位的快速波动。在 30 MHz 至 7 GHz 的链路上都可以观察到闪烁效应，观察到的大部分振幅闪烁在 VHF (30～300 MHz)波段。闪烁可能非常严重，利用它可以确定在特定大气条件下可靠通信的实际限制。通过赤道、极光和极地区域的电波传播，电离层闪烁最为严重，在一天中日出和日落时段电离层闪烁最严重。

2. 极化旋转

在存在地球磁场的情况下，无线电波与电离层中的电子相互作用会使无线电波极化面发生旋转。这种情况称为法拉第效应，会严重影响使用线极化的 VHF 空间通信系统。极化面的旋转是因为波的两个旋转分量以不同的传播速度穿过电离层。在 100 MHz 时，可以产生 30 转(10800°)的法拉第旋转，随着频率的增加，其影响与频率平方成反比。

3. 群延迟(或传播延迟)

由于传播路径上存在自由电子，会导致无线电波传播速度降低。无线电波的群速度被延迟(减慢)，从而与自由空间传播相比增加了传播时间。对于无线电导航或卫星测距链路来说，这种影响可能非常关键，因为这些链路需要准确了解距离和传播时间，才能获得较好的传输性能。对于 30°仰角的地-空路径，在 100 MHz 时群延迟约为 25 μs，与频率平方的倒数近似成正比。

4. 多径衰落和闪烁

地形和表面粗糙度会使无线电波的振幅和相位发生变化。这个问题在地面通信中很重要，在低仰角的地-空传播以及 VHF 移动卫星链路中也必须考虑。

5. 对流层折射和衰减

对流层折射率变化会引起电波到达角或振幅的变化。在无线电频段，对流层的折射率是温度、压强和水汽含量的函数。在 3 GHz 以上和以下的频率，都会发生对流层折射弯曲和振幅衰减，但在低仰角(即 5°～10°)时最为明显。

6. 无线电噪声

与 8.1.1 节所介绍的 3 GHz 以上电波的无线电噪声一样，3 GHz 以下电波也会有无线电噪声。两种频段无线电噪声的产生原因类似，在此不再重复介绍。

8.2 晴空损耗

在没有云、雾、风暴、雨、雪、冰雹等大气现象的情况下，卫星通信电波也会受到自由空间传播、天线耦合、波束扩展等因素的影响，产生损耗，即所谓的晴空损耗。

8.2.1 自由空间传播损耗

由于无线电波在卫星站和地面站之间的传播是基于视距条件的，因此其自由空间传播损耗可用以下公式计算：

$$FSL = L_f = 92.4 + 20\lg f + 20\lg d \tag{8.1}$$

由式(8.1)可以看出，自由空间传播损耗与频率和距离的平方成正比，因此随着频率的增加，自由空间传播损耗也随之增加。上式中，L_f 单位为 dB，f 和 d 单位分别为 GHz 和 km。图 8.2 给出了赤道卫星三个典型高度 FSL 随频率的变化。

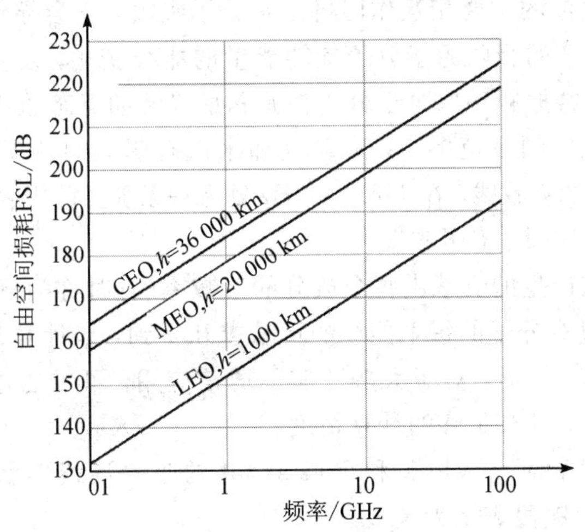

图 8.2　卫星无线电链路中的自由空间损耗

8.2.2 波束扩展损耗

折射率指数随地面高度永久和持续降低，导致无线电波逐渐倾斜，从而在低仰角出现散焦。在 1～100 GHz 频率范围内的散焦大小与频率无关。当天线仰角小于 5°时，若波束扩展损耗表示为 A_{bs}，则在所有纬度，可以使用下式来估计 A_{bs} 的年平均值

$$A_{bs} = 2.27 - 1.16\lg(1 + \theta_0) \tag{8.2}$$

式中，θ_0 是考虑折射率影响的视在仰角，单位 mrad。

式(8.2)还可用于估计纬度 γ 高达 53°的平均最差月份的波束扩展损耗。如果天线位于纬度 γ 大于 60°的位置，则可用下式计算平均最差月份的波束扩展损耗：

$$A_{bs}=13-6.4\lg(1+\theta_0) \tag{8.3}$$

如果天线纬度 γ 介于二者之间($53°<\gamma<60°$)，则 A_{bs} 的值由它们之间的线性插值得到，即，

$$A_{bs}=A_{bs}(>60°)-\frac{60}{7}\times\Delta A_{bs}+\frac{1}{7}\times\Delta A_{bs}\times\gamma \tag{8.4}$$

式中，γ 是目标点的纬度，单位为度，$\Delta A_{bs}=A_{bs}(>60°)-A_{bs}(<53°)$。

8.2.3 大气吸收损耗

由于传输路径中存在气体成分，在地球大气中传播的无线电波的信号电平会降低。根据频率、温度、压强和水汽浓度，信号退化可能轻微，也可能严重。本节讨论了大气气体(主要是卫星通信频率下的氧气和水汽)的影响，并介绍了计算无线电链路衰减的方法。

1. 氧气和水汽衰减

地球大气中有许多气体成分可以与无线电链路中的电波相互作用。干燥大气的主要成分及其近似体积百分比为：氧气占21%，氮气占78%，氩气占0.9%，二氧化碳占0.1%，全部气体充分混合，高度约为80 km。水汽是大气的主要可变成分，在海平面和100%相对湿度条件下，它约占标准大气体积的1.7%。

气体成分和无线电波的主要相互作用机制是分子吸收，它会导致无线电波的信号振幅降低(衰减)。对无线电波的吸收源于分子旋转能量的能级变化，发生在特定的共振频率或窄带频率。相互作用的共振频率取决于分子初始和最终转动能态的能级。

在空间通信所使用的频段范围，只有氧气和水汽有明显的共振频率。氧气在60 GHz附近有一系列非常靠近的吸收线，在118.74 GHz处有一条孤立的吸收线。水汽在22.3 GHz、183.3 GHz和323.8 GHz频率有吸收线。

大气中氧气和水汽产生的衰减由每个成分的衰减率(有时称为衰减系数)来描述，单位为dB/km。衰减率通过对分子的每个能级的贡献求和得到，该计算是对温度、压强和水汽浓度各个值的复杂计算。然而，对于大多数实际通信应用，可以通过近似方法计算大气中的氧气和水汽的衰减率，且有足够的计算精度。

近似技术之一是基于Van Vleck和Weisskopf的吸收谱线形状轮廓。表面温度20℃时，氧气的衰减率 γ_o 分频段表示为

$$\gamma_o(\mathrm{dB/km})=\begin{cases}\left[\dfrac{6.6}{f^2+0.33}+\dfrac{9}{(f-57)^2+1.96}\right]f^2 10^{-3} & f<57\ \mathrm{GHz}\\ 14.9 & 56\leqslant f\leqslant 63\ \mathrm{GHz}\\ \left[\dfrac{4.13}{(f-63)^2+1.1}+\dfrac{0.19}{(f-118.7)^2+2}\right]f^2 10^{-3} & 63<f\leqslant 350\ \mathrm{GHz}\end{cases} \tag{8.5}$$

而在频率 $f\leqslant 350$ GHz范围内，水汽的衰减率 γ_w 均为

$$\gamma_w(\mathrm{dB/km})=\left[0.067+\frac{2.4}{(f-22.3)^2+6.6}+\frac{7.33}{(f-183.5)^2+5}+\frac{4.4}{(f-323.8)^2+10}\right]f^2\rho 10^{-4} \tag{8.6}$$

其中，f 为频率，单位为GHz，ρ 为水汽浓度，单位为 g/m^3。

利用上式计算了水汽浓度为 7.5 g/m^3(对应于 20℃时 42%的相对湿度)时，频率在 10 到 350 GHz 下的氧气和水汽衰减率，计算结果如图 8.3 和图 8.4 所示。

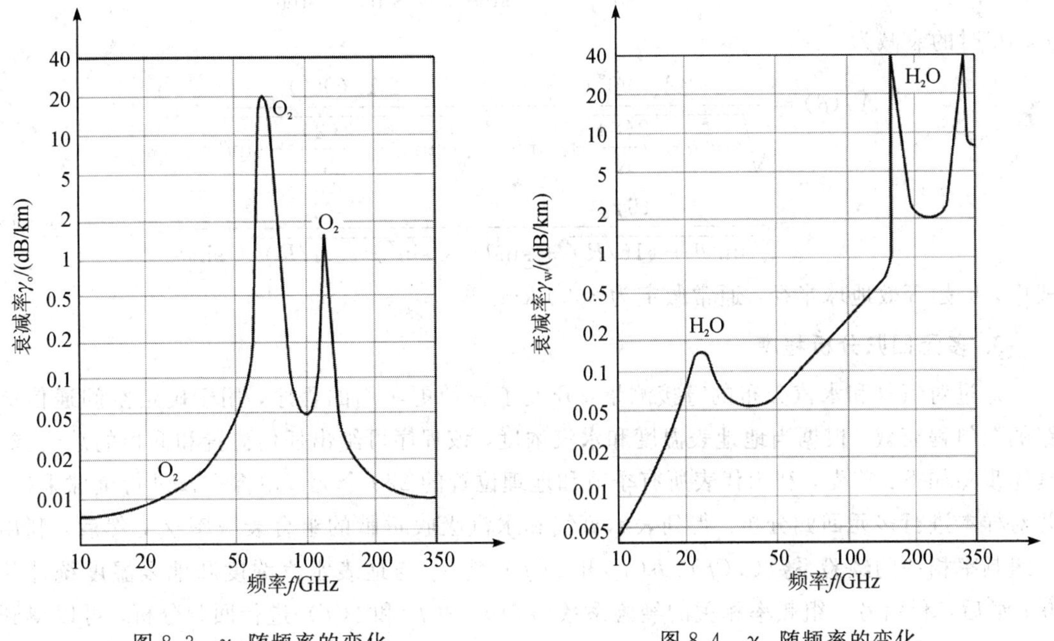

图 8.3　γ_o 随频率的变化　　图 8.4　γ_w 随频率的变化

上述结果是针对表面温度 20℃得到的，随着温度的降低，衰减率将略有增加。温度的影响可通过在 γ_o 和 γ_w 中添加以下因子得到：

$$\Delta\gamma(\mathrm{dB/km}) = 0.01(20 - T_0) \tag{8.7}$$

式中，T_0 为表面温度，单位为摄氏度。注意，随着温度降低，每摄氏度衰减率将增加约 1%，反之亦然。

2. 总斜程大气衰减

设总路径长度为 r_0，则给定频率下的总大气衰减 A_a 通过对衰减率沿路径 r 积分得到，即：

$$A_a = \int_0^{r_0} [\gamma_o(r) + \gamma_w(r)] \cdot \mathrm{d}r \quad \mathrm{dB} \tag{8.8}$$

式中，γ_o 和 γ_w 分别是氧气和水汽的衰减率，单位为 dB/km，它们都是空间位置的函数。

对于仰角为 θ 的倾斜路径，其总大气衰减可通过以下两步得到。首先，假设氧气和水汽存在大气“标高”，这是大气中发生吸收的有效相互作用区域。天顶($\theta=90°$)衰减(单位为 dB)是衰减率(单位为 dB/km)和标高(单位为 km)的乘积。然后，仰角 θ 下的倾斜路径衰减由天顶衰减乘以适当的路径长度因子计算得到，路径长度因子由仰角决定。附录 B 中给出了倾斜路径链路的仰角路径长度相关因子的一般计算程序。

例如，对氧气来说链路的标高为 8 km，对水汽来说标高为 2 km，则链路的天顶总衰减为

$$A_T(90°) = A_o(90°) + A_w(90°) = 8\gamma_o + 2\gamma_w \tag{8.9}$$

其中，γ_o 和 γ_w 由式(8.5)和式(8.6)计算得到。

然后，由附录B可得，$\theta>10°$时的衰减为

$$A_{\mathrm{T}}(\theta)=\frac{A_{\mathrm{o}}(90°)}{\sin\theta}+\frac{A_{\mathrm{w}}(90°)}{\sin\theta}=\frac{8\gamma_{\mathrm{o}}}{\sin\theta}+\frac{2\gamma_{\mathrm{w}}}{\sin\theta} \tag{8.10}$$

$\theta<10°$时的衰减为

$$\begin{aligned}A_{\mathrm{T}}(\theta)&=\frac{2A_{\mathrm{o}}(90°)}{\sqrt{\sin^2\theta+\frac{2(8)}{R}}+\sin\theta}+\frac{2A_{\mathrm{w}}(90°)}{\sqrt{\sin^2\theta+\frac{2(2)}{R}}+\sin\theta}\\&=\frac{16\gamma_{\mathrm{o}}}{\sqrt{\sin^2\theta+(16/R)}+\sin\theta}+\frac{4\gamma_{\mathrm{w}}}{\sqrt{\sin^2\theta+(4/R)}+\sin\theta}\end{aligned} \tag{8.11}$$

式中，R是等效地球半径，通常假定为8500 km。

3. 多元回归分析程序

通过对氧气和水汽分布的直接测量，开发了一种更实用的程序，用于确定空间通信链路的总斜程衰减。根据当地地表温度和水汽浓度，该程序可给出任何位置和仰角的总衰减。具体步骤如下：首先，利用代表所有季节和地理位置的220个无线电探空仪进行全球采样，并对样本进行多元回归分析，得到表示氧气和水汽吸收贡献的组合衰减率γ_{a}；然后，利用一组频率相关的经验系数($a(f)$、$b(f)$和$c(f)$)将γ_{a}与地表水汽浓度和地表温度统计关联；最后，利用另一组频率相关的经验系数($\alpha(f)$、$\beta(f)$和$\xi(f)$)进行回归分析，可以得到天顶大气总衰减A_{a}。

根据上述程序，可得衰减率γ_{a}为

$$\gamma_{\mathrm{a}}=a(f)+b(f)\rho_0-c(f)T_0\quad \mathrm{dB/km} \tag{8.12}$$

天顶($\theta=90°$)大气总衰减A_{a}为

$$A_{\mathrm{a}}(90°)=\alpha(f)+\beta(f)\rho_0-\xi(f)T_0\quad \mathrm{dB} \tag{8.13}$$

式中，ρ_0为当地平均地表水汽浓度，单位为$\mathrm{g/m^3}$，T_0是当地平均地表温度，单位为℃，$a(f)$、$b(f)$、$c(f)$、$\alpha(f)$、$\beta(f)$和$\xi(f)$是从多元回归分析中得出的与频率相关的经验系数。表8.1给出了式(8.12)中衰减率的回归系数，表8.2给出了1～350 GHz频率范围内，式(8.13)中天顶大气总衰减的系数。表8.1和表8.2只给出了部分频率对应的回归系数，要得到其他频率的系数，需要进行幂律插值，附录C描述了系数的插值程序。

对于倾斜路径，可从回归系数中得到标高H_{a}：

$$H_{\mathrm{a}}=\frac{A_{\mathrm{a}}(90°)}{\gamma_{\mathrm{a}}}=\frac{\alpha(f)+\beta(f)\rho_0-\xi(f)T_0}{a(f)+b(f)\rho_0-c(f)T_0} \tag{8.14}$$

表8.1 计算气体吸收衰减率的系数

频率 f/GHz	系数		
	$a(f)$	$b(f)$	$c(f)$
1	0.005 88	0.000 017 8	0.000 051 7
4	0.008 02	0.000 141	0.000 085
6	0.008 24	0.000 3	0.000 089 5
12	0.008 98	0.001 37	0.000 108

续表

频率 f/GHz	系数		
	$a(f)$	$b(f)$	$c(f)$
15	0.009 53	0.002 69	0.000 125
16	0.009 76	0.003 45	0.000 133
20	0.0125	0.0125	0.000 101
22	0.0181	0.0221	0.000 129
24	0.0162	0.0203	0.000 056 3
30	0.0179	0.01	0.000 28
35	0.0264	0.0101	0.000 369
41	0.049 9	0.0121	0.000 62
45	0.0892	0.014	0.001 02
50	0.267	0.0171	0.002 51
55	3.93	0.022	0.0158
70	0.449	0.0319	0.004 43
80	0.16	0.0391	0.0013
90	0.113	0.0495	0.000 744
94	0.106	0.054	0.000 641
110	0.116	0.0749	0.000 644
115	0.206	0.0826	0.001 85
120	0.985	0.0931	0.0115
140	0.123	0.129	0.000 372
160	0.153	0.206	0.000 784
180	1.13	1.79	−0.002 37
200	0.226	0.366	0.001 67
220	0.227	0.316	0.000 174
240	0.258	0.356	−0.000 119
280	0.336	0.497	−0.000 066 4
300	0.379	0.629	0.000 808
310	0.397	0.812	0.002 86
320	0.732	2.36	0.004 67
330	0.488	1.61	0.009 45
340	0.475	1.06	0.005 19
350	0.528	1.23	0.007 22

表 8.2 计算总天顶($\theta=90^\circ$)大气衰减的系数

频率 f/ GHz	系数		
	$\alpha(f)$	$\beta(f)$	$\xi(f)$
1	0.0334	0.000 002 76	0.000 112
4	0.0397	0.000 276	0.000 176
6	0.0404	0.000 651	0.000 196
12	0.0436	0.003 18	0.000 315
15	0.0461	0.006 34	0.000 455
16	0.0472	0.008 21	0.000 536
20	0.056	0.0346	0.001 55
22	0.076	0.0783	0.0031
24	0.0691	0.0591	0.0025
30	0.085	0.0237	0.001 33
35	0.123	0.0237	0.001 49
41	0.237	0.0284	0.002 11
45	0.426	0.0328	0.002 99
50	1.27	0.0392	0.005 72
55	24.5	0.049	−0.001 21
70	2.14	0.0732	0.0104
80	0.705	0.0959	0.005 86
90	0.458	0.122	0.005 74
94	0.417	0.133	0.005 94
110	0.431	0.185	0.007 85
115	0.893	0.203	0.0113
120	5.35	0.221	0.0363
140	0.368	0.319	0.0119
160	0.414	0.506	0.0191
180	2.81	5.04	0.192
200	0.562	0.897	0.0339
220	0.543	0.777	0.0276
240	0.601	0.879	0.0307
280	0.76	1.22	0.0428

续表

频率 f/ GHz	系　数		
	$\alpha(f)$	$\beta(f)$	$\xi(f)$
300	0.853	1.54	0.0551
310	0.905	1.97	0.0735
320	1.66	6.13	0.238
330	1.13	3.94	0.155
340	1.07	2.56	0.0969
350	1.2	2.96	0.114

4. 大气衰减程序概要

如前所述，多元回归分析为合理估计地-空链路中气体吸收引起的大气总衰减提供了最直接和实用的程序，下面总结仰角 θ、工作频率 f 的大气总衰减计算基本步骤，其中所需输入参数包括工作频率 f_0，单位为 GHz；仰角 θ，单位为°；表面水汽密度 ρ_0，单位为 g/m^3；表面温度 T_0，单位为℃。

第一步，利用式(8.12)和表 8.1 中的系数计算频率 f_o 下的衰减率，即：

$$\gamma_a = a(f_o) + b(f_o)\rho_0 - c(f_o)T_0 \quad \text{dB/km} \tag{8.15}$$

第二步，利用式(8.13)和表 8.2 中的系数计算频率 f_o 下的总天顶衰减，即：

$$A_a(90°)\big|_{f_o} = \alpha(f_o) + \beta(f_o)\rho_0 - \xi(f_o)T_0 \quad \text{dB} \tag{8.16}$$

第三步，对倾斜路径，利用式(8.14)计算标高 H_a，即

$$H_a = \frac{A_a(90°)\big|_{f_o}}{\gamma_a(f_o)} \tag{8.17}$$

第四步，仰角 θ 时斜程总单向大气衰减为

$$A_a(\theta) = \begin{cases} \dfrac{H_a A_a(90°)}{\sin\theta} & \theta \geqslant 10° \\ \dfrac{2H_a A_a(90°)}{\sqrt{\sin^2\theta + \dfrac{2H_a}{8500}} + \sin\theta} & \theta < 10° \end{cases} \tag{8.18}$$

特别地，当 $\theta = 0°$ 时，有

$$A_a(0) = \sqrt{2H_a R}A_a(90°) = 130.38\sqrt{H_a}A_a(90°) \tag{8.19}$$

8.3 对流层对卫星通信的影响

8.3.1 水凝物的衰减

降水对传输路径的影响是空间通信中的主要问题，尤其是对于那些在 10 GHz 以上频率下运行的系统。大气中的降水有多种形式，水凝物是指大气中凝结水汽的产物，如雨、

云、雾、冰雹、冰或雪。无线电波路径中的水凝物，尤其是降雨，会对电波传播产生衰减、去极化等效应，从而会对空间通信造成重大损害。水凝物会吸收和散射无线电波能量，导致信号衰减(传输信号振幅降低)，从而降低通信链路的可靠性和性能。卫星链路上，水凝物和多径传播都会引起电波的去极化，在 3 GHz 以上频段电波传播时主要考虑水凝物去极化，而在 3 GHz 以下的频段上电波传播时主要考虑多径去极化。本节主要介绍卫星链路上雨、云和雾的衰减，重点介绍了雨衰的经典推导以及预测经验模型，水凝物导致的去极化将在 8.6 节介绍。

1. 水凝物物理特性

1) 雨的特性

(1) 雨滴的形状与末速度。

雨滴的形状与其尺寸大小有关，最小的雨滴相当于在云中发现的微小水滴，最大的雨滴一般不会大于 4 mm。当半径大于 4 mm 时，雨滴不稳定，会发生破裂。因此，雨滴的半径通常在 0.05～4 mm 之间。半径小于 1 mm 的雨滴基本为球形，对于较大的雨滴，其形状为底部有一凹槽的扁椭球形，其旋转轴近似于垂直方向。按降雨率 R(mm/h)的不同，雨可以分为毛毛雨、小雨、中雨、大雨和暴雨。

雨滴的末速度与雨滴的尺寸分布有关，是计算降雨衰减的一个重要参量。广泛使用的雨滴末速度公式为

$$V(D)=\begin{cases}28D^2 & D\leqslant 0.075\ \text{mm}\\ 4.5D-0.18 & 0.075\ \text{mm}\leqslant D\leqslant 0.5\ \text{mm}\\ 4.0D+0.07 & 0.5\ \text{mm}\leqslant D\leqslant 1\ \text{mm}\\ -0.425D^2+3.695D+0.8 & 1\ \text{mm}\leqslant D\leqslant 3.6\ \text{mm}\end{cases}\tag{8.20}$$

式中，D 为雨滴直径，单位为 mm，$V(D)$为雨滴末速度，单位为 m/s。

在无风的情况下，雨滴的末速度为

$$V(D)=9.65-10.3\mathrm{e}^{-0.6D}\quad \text{m/s}\tag{8.21}$$

(2) 雨滴的尺寸分布。

雨滴尺寸分布也称为雨滴谱，是研究降雨特性、雷达气象和无线电波传播的重要参数。常用的雨滴尺寸分布有 M-P 负指数分布、Joss 分布、对数正态分布、Weibull 分布和广州的雨滴谱拟合模型。

① M-P 负指数分布。

Marshall 和 Palmer 根据他们自己的测量结果和 Laws 和 Parsons 的测量结果，提出了负指数模型，其形式为

$$N(D)=N_0\mathrm{e}^{-\Lambda D}\tag{8.22}$$

式中，D 为直径，$N_0=8000\ \text{m}^{-3}\ \text{mm}^{-1}$，$\Lambda=4.1R^{-0.21}\ \text{mm}^{-1}$，$R$ 为降雨率，单位为 mm/h。

② Joss 分布。

Joss 等人利用雨滴谱仪在瑞士的 Locamo 测量了雨滴尺寸分布，发现尺寸分布随降雨类型有一定的变化，他们将降雨类型分为：毛毛雨(Drizzle)、广布雨(Widespread)和雷暴雨(Thunderstorm)。每种降雨类型的雨滴尺寸分布均为负指数类型，只是系数不同，分别为

$$N(D)=\begin{cases}30000\mathrm{e}^{-5.7R^{-121}D} & 毛毛雨\\ 7000\mathrm{e}^{-4.1R^{-121}D} & 广布雨\\ 1400\mathrm{e}^{-3.0R^{-121}D} & 雷暴雨\end{cases} \tag{8.23}$$

单位是 $\mathrm{m^{-3}\cdot mm^{-1}}$。

③ 对数正态分布。

对数正态分布雨滴谱模型被广泛用来描述热带雨林气候的雨滴尺寸分布特征，三参数的对数正态分布表示为

$$N(D)=\frac{N_{\mathrm{T}}}{\sigma D\sqrt{2\pi}}\exp\left[-\frac{1}{2}\left(\frac{\ln D-\mu}{\sigma}\right)^2\right] \quad (\mathrm{m^{-3}\cdot mm^{-1}}) \tag{8.24}$$

其中，$N_{\mathrm{T}}=a_1R^{b_1}$，$\mu=a_2+b_2\ln R$，$\sigma^2=a_3+b_3\ln R$，式中系数根据降雨类型由表 8.3 给出。

表 8.3 不同降雨类型的对数正态分布雨滴谱参数

降雨类型	a_1	b_1	a_2	b_2	a_3	b_3
毛毛雨	718	0.399	−0.505	0.128	0.038	0.013
广布雨	264	−0.232	−0.473	0.174	0.161	0.018
雷暴雨	63	0.491	−0.178	0.195	0.209	−0.030

④ Weibull 分布。

日本东京的降雨观测实验表示，在 8～312.5 GHz 频率范围内，雨滴谱的实验结果与 Weibull 分布更接近。Weibull 分布最早是在 1982 年由 Sekine 和 Lind 提出的，表示形式为

$$n(D)=N_0\frac{\eta}{\sigma}\left(\frac{D}{\sigma}\right)^{n-1}\exp\left\{-\left(\frac{D}{\sigma}\right)^{\eta}\right\} \tag{8.25}$$

式中，$N_0=1000\ \mathrm{m^{-3}}$，$\eta=0.95R^{0.14}$，$\sigma=0.26R^{0.42}$ mm。

⑤ 广州的雨滴谱拟合模型。

中国电波传播研究所赵振维研究了我国亚热带的广州地区的降雨特性，根据测量结果得到了广州的雨滴尺寸分布模型，其表示形式为

$$N(D)=2.306\times10^5R^{0.364}D^{-0.274}\mathrm{e}^{-\Lambda} \tag{8.26}$$

其中，$\Lambda=7.41R^{-0.0527}D^{0.452}$。

(3) 水的介电常数。

雨滴或其他水滴的介电特性对电波传播的影响起着关键的作用，雨滴的散射与吸收特性与它的介电特性密切相关。雨滴是由水构成的，所以需要计算不同波段的液态水的复介电常数，通常用相对介电常数 $\varepsilon=\varepsilon_1-\mathrm{j}\varepsilon_2$ 或折射率 $n=n_1-\mathrm{j}n_2$ 表示，两者之间的关系为 $n=\sqrt{\varepsilon}$。常用的介电常数的经验公式有德拜(Debye)公式、Ray 公式和修正的双德拜公式。

德拜(Debye)公式为

$$\varepsilon=n^2=\frac{\varepsilon_s-\varepsilon_\infty}{1+\mathrm{j}\dfrac{\lambda'}{\lambda}}+\varepsilon_\infty \tag{8.27}$$

式中，ε_s 是静电场的水的相对介电常数，ε_∞ 是光学极限时水的相对介电常数，λ' 为松弛波长，λ 为载波波长，它们的取值见表 8.4。

表 8.4　德拜公式中的参数值

温度 T/℃	ε_s	ε_∞	λ'
0	88	5.5	3.9
20	80	5.5	1.53
40	73	5.5	0.0859

Ray 研究了许多试验结果，得到了适用于－20～50℃、波长大于 1 mm 的水滴介电常数经验公式，其实部和虚部分别为

$$\varepsilon_1=\varepsilon_\infty+\frac{(\varepsilon_s-\varepsilon_\infty)\left(1+\frac{\lambda_s}{\lambda}\right)^{1-\alpha}\sin\left(\alpha\frac{\pi}{2}\right)}{1+2(\lambda_s/\lambda)^{1-\alpha}\sin\left(\alpha\frac{\pi}{2}\right)+\left(\frac{\lambda_s}{\lambda}\right)^{2(1-\alpha)}} \tag{8.28}$$

$$\varepsilon_2=\frac{\sigma\lambda}{18.8496\times10^{10}}+\frac{(\varepsilon_s-\varepsilon_\infty)\left(\frac{\lambda_s}{\lambda}\right)^{1-\alpha}\cos\left(\alpha\frac{\pi}{2}\right)}{1+2\left(\frac{\lambda_s}{\lambda}\right)^{1-\alpha}\sin\left(\alpha\frac{\pi}{2}\right)+\left(\frac{\lambda_s}{\lambda}\right)^{2(1-\alpha)}} \tag{8.29}$$

式中，$\sigma=12.5664\times10^8$ 为与频率无关的电导率，其他参数定义为

$$\varepsilon_s=78.54[1-4.579\times10^{-3}(t-25)+1.19\times10^{-5}(t-25)^2-2.8\times10^{-8}(t-25)^3] \tag{8.30}$$

$$\varepsilon_\infty=5.27134+2.16474\times10^{-2}t-1.31198\times10^{-3}t^2 \tag{8.31}$$

$$\alpha=-\frac{16.8129}{t+273}+6.09265\times10^{-2} \tag{8.32}$$

$$\lambda_s=3.3836\times10^{-4}\exp\left(\frac{2513.98}{t+273}\right) \tag{8.33}$$

式中，t 表示温度，单位为℃。

根据修正的双德拜公式，水的介电常数实部和虚部分别为

$$\varepsilon_1=\frac{\varepsilon_s-\varepsilon_a}{1+(f/f_p)^2}+\frac{\varepsilon_a-\varepsilon_b}{1+(f/f_s)^2}+\varepsilon_b \tag{8.34}$$

$$\varepsilon_2=\frac{f(\varepsilon_s-\varepsilon_a)}{f_p[1+(f/f_p)^2]}+\frac{f(\varepsilon_a-\varepsilon_b)}{f_s[1+(f/f_s)^2]} \tag{8.35}$$

式中，$\varepsilon_s=77.66+103.3(\theta-1)$，$\varepsilon_a=5.48$，$\varepsilon_b=3.51$，$f_p=20.09-142.4(\theta-1)+294(\theta-1)^2$，$f_s=590-1500(\theta-1)$，$\theta=300/T$，$T$ 为温度，单位为 K，f 为频率，单位为 GHz，该经验公式适应频率范围为 0～1000 GHz。

在计算降雨传播特性时通常使用 Ray 经验公式，如国际电信联盟(ITU-R)的雨衰减模型即是利用了 Ray 的水介电常数经验公式得到的，在计算云和雾的传播特性时多使用双德拜公式。

(4) 雨顶高度。

为了预报地空路径的降雨衰减，需要知道雨顶高度的参数，由于缺乏对全球范围雨顶高度的数据了解，通常采用 0℃等温层高度来近似雨顶高度(海拔高度)，ITU-R 推荐的全球雨顶高度模式为

$$h_R=\begin{cases}5-0.075(\varphi-23) & \varphi>23^\circ & \text{北半球}\\ 5 & 0^\circ\leqslant\varphi\leqslant23^\circ & \text{北半球}\\ 5 & 0^\circ\geqslant\varphi\geqslant-21^\circ & \text{南半球}\\ 5+0.1(\varphi+21) & -71^\circ\leqslant\varphi\leqslant-21^\circ & \text{南半球}\\ 0 & \varphi<-71^\circ & \text{南半球}\end{cases} \tag{8.36}$$

式中，φ 为纬度。

2) 云的特性

按照云的形成不同，可将云分为浓积云、积雨云、雨层云、高积云、高层云、层积云、层云、积云、卷层云、卷积云、卷云。积云的总云滴数密度为 250 个/cm^3，积云的平均离地高度为3.4 km。积云的含水量一般较其他云的大，平均为 2 g/m^3，最大可至 25～30 g/m^3，云滴谱随云型和所处云的高度有很大变化，晴天积云的云滴半径为 3～33 μm，而浓积云和积雨云的半径为 3～100 μm，有时超过 100 μm。

使用最多的云尺寸分布为广义 Gamma 分布，其形式为

$$N(r)=ar^2\exp(-br)\quad \text{cm}^{-3}\mu\text{m}^{-1} \tag{8.37}$$

式中，r 是云滴半径，$N(r)$为单位体积、单位半径间隔内的云滴数量。a 和 b 是与云类型有关的参数，可用能见度 V(km)和含水量 W(g/m^3)定义为

$$\begin{cases}a=\dfrac{9.781}{V^6W^5}\times10^{15}\\ b=\dfrac{1.304}{VW}\times10^4\end{cases} \tag{8.38}$$

3) 雾的特性

雾是由悬浮在近地面空气中缓慢沉降的水滴或冰晶等组成的一种胶体系统。能见度在 1 km 内，飘浮在近地面的水凝物为雾。根据能见度 V 的不同，可将雾分为重雾($V<50$ m)、浓雾(50 m$<V<$200 m)、大雾(200 m$<V<$500 m)、轻雾或霭($V>1$ km)。雾滴半径通常在 1～10 μm 之间，在形成初期或消散过程中雾滴半径可能小于 15 μm。能见度 $V<50$ m 时雾滴半径可达 20～30 μm，能见度 $V>100$ m 时雾滴半径大多小于 8 μm。雾滴浓度一般在 10～100 个/cm^3，轻雾浓度约为 50～100 个/cm^3，浓雾可达 500～600 个/cm^3。雾的大小可以用含水量和能见度来表示，能见度 V 和含水量 W 的关系为

$$V=C\frac{r_{\text{eff}}}{W} \tag{8.39}$$

式中，r_{eff} 为雾滴等效半径，单位为 μm，C 为常数，通常取 2.5，V 为能见度，单位为 m。

和云类似，雾滴同样满足式(8.37)所定义的广义 Gamma 分布。

2. 降雨衰减

设在波传播方向上雨区长度为 L，则电波在其中的衰减为

$$A = \int_0^L \alpha \mathrm{d}x \tag{8.40}$$

式中，α 为雨区的衰减率，单位为 dB/km，积分沿传播路径进行，积分范围从 $x=0$ 到 $x=L$。

如图 8.5，设辐射功率为 P_t 的平面波，照射到由球形雨滴均匀分布形成的雨区，如果雨的参数(如雨滴的密度和大小)不变，则经过长度为 L 的雨区后接收端的信号功率 P_r 为

$$P_r = P_t \mathrm{e}^{-kL} \tag{8.41}$$

式中，k 为雨区的衰减系数，单位为长度单位的倒数。

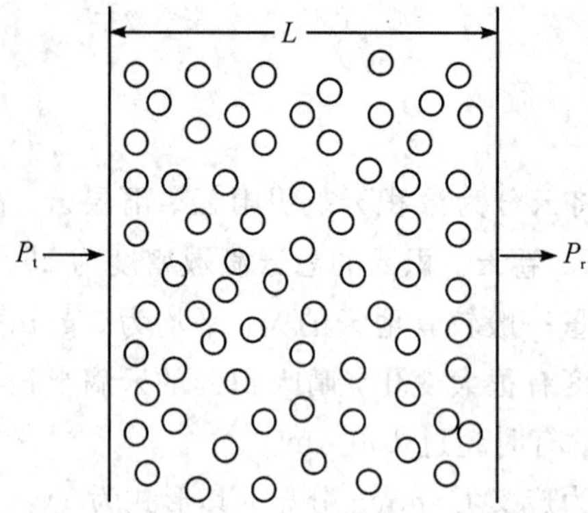

图 8.5　电波入射到球形雨滴均匀分布形成的雨区

电波的衰减通常表示为

$$A(\mathrm{dB}) = 10\lg \frac{P_t}{P_r} \tag{8.42}$$

将对数基底换为 e，并考虑式(8.41)，可得

$$A(\mathrm{dB}) = 4.343\ kL \tag{8.43}$$

衰减系数 k 为

$$k = \rho Q_t \tag{8.44}$$

式中，ρ 为雨滴密度，即单位体积的雨滴数，Q_t 是雨滴的消光截面，具有面积的单位。消光截面 Q_t 是散射截面 Q_s 和吸收截面 Q_a 之和，是雨滴半径 r、电波波长 λ 和水滴复折射率 m 的函数，即

$$Q_t = Q_s + Q_a = Q_t(r, \lambda, m) \tag{8.45}$$

真实雨滴半径并非都是均匀的，必须通过对所有雨滴大小进行积分来确定衰减系数，即

$$k = \int Q_t(r, \lambda, m) N(r) \mathrm{d}r \tag{8.46}$$

式中，$N(r)$为雨滴尺寸分布，$N(r)\mathrm{d}r$ 可以解释为半径在 r 和 $r+\mathrm{d}r$ 之间单位体积的雨滴数。

根据上述 k 和式(8.43)，可得出以 dB/km 为单位的衰减率(其中 $L=1$ km)：

$$\alpha\left(\frac{\mathrm{dB}}{\mathrm{km}}\right) = 4.343 \int Q_t(r, \lambda, m) N(r) \mathrm{d}r \tag{8.47}$$

上述结果表明，降雨衰减与雨滴大小、雨滴尺寸分布、降雨率和消光截面有关。前三个参数只是降雨结构的特征，正是通过消光截面给出了降雨衰减的频率和温度相关性。所有参数都表现出时间和空间上的不确定性或不可直接预测性，因此大多数降雨衰减分析必须依靠统计分析来定量评估降雨对通信系统的影响。

求解式(8.46)需要知道 Q_t 和 $N(r)$，它们都是雨滴尺寸的函数。如果雨滴为球形，则可以利用经典 Mie 散射理论得到消光截面 Q_t：

$$Q_t = \frac{\lambda^2}{2\pi}\sum_{n=1}^{\infty}(2n+1)\mathrm{Re}(a_n + b_n) \tag{8.48}$$

式中，Re 表示取实部，a_n 和 b_n 为经典 Mie 散射系数，是粒子尺寸、折射率(或介电常数)和波长的函数，其表达式为

$$\begin{cases} a_n = \dfrac{\psi_n(\alpha)\psi'_n(\beta) - m\psi_n(\beta)\psi'_n(\alpha)}{\xi_n(\alpha)\psi'_n(\beta) - m\psi_n(\beta)\xi'_n(\alpha)} \\ b_n = \dfrac{m\psi_n(\alpha)\psi'_n(\beta) - \psi_n(\beta)\psi'_n(\alpha)}{m\xi_n(\alpha)\psi'_n(\beta) - \psi_n(\beta)\xi'_n(\alpha)} \end{cases} \tag{8.49}$$

式中，$\alpha = kr$，$\beta = mkr$，r 为雨滴半径，$\psi_n(x) = xj_n(x)$ 和 $\xi_n(x) = xh_n^{(1)}(x)$ 为第一类和第三类 Ricatti-Bessel 函数，$j_n(x)$ 和 $h_n^{(1)}(x)$ 为第一类和第三类 Bessel 函数。

如果雨滴的尺寸远小于电波波长，则雨滴满足瑞利近似条件，即 $2\pi r \ll \lambda$，此时式(8.48)的消光截面可以简化为

$$Q_t = \frac{8\pi^2}{\lambda} r^3 \mathrm{Im}\left[\frac{m^2 - 1}{m^2 + 2}\right] \tag{8.50}$$

式中，Im 表示取虚部。瑞利近似适用于 40～80 GHz 的频率范围。

式(8.48)和式(8.50)可以用来计算球形雨滴的消光截面，如果雨滴是非球形，则需要使用计算电磁方法来计算，常用的计算电磁方法有 T 矩阵法、离散偶极子近似法(DDA)、有限元法(FEM)、时域有限差分法(FDTD)等。

对总路径 L 上的衰减率积分，便可得到给定路径的总降雨衰减，即：

$$A(\mathrm{dB}) = \int_0^L \alpha(x)\mathrm{d}x = 4.343\int_0^L \left[\int Q_t(r, \lambda, m)N(r)\mathrm{d}r\right]\mathrm{d}x \tag{8.51}$$

式中，x 在雨区范围内沿电波传播方向积分。通常情况下，Q_t 和雨滴尺寸分布都沿路径变化，因此这些变化必须考虑到积分过程中。一般来说，很难确定 Q_t 和雨滴尺寸分布沿传播路径的变化，对于轨道卫星的倾斜路径更是如此。

为了开发实用的降雨衰减预测模型，必须进行近似或统计处理。对地面路径上的降雨衰减测量值与路径上测量的降雨率进行比较研究，发现衰减率(dB/km)可以很好地近似为

$$\alpha\left(\frac{\mathrm{dB}}{\mathrm{km}}\right) = a \cdot R^b \tag{8.52}$$

式中，R 是在地球表面测得的降雨率(mm/h)，a 和 b 是经验系数，它们依赖于频率和温度。对 15～70 GHz 频段，a 和 b 可近似表示为

$$a(f) = 10^{1.203\lg(f) - 2.290}, \quad b(f) = 1.703 - 0.493\lg(f) \tag{8.53}$$

表 8.5 给出了温度为 0℃时，不同频率和降雨率下的系数 a、b 以及衰减率 α。图 8.6 给出了雨衰减率随频率和雨强的变化。该结果与利用 Mie 理论直接计算结果非常吻合。

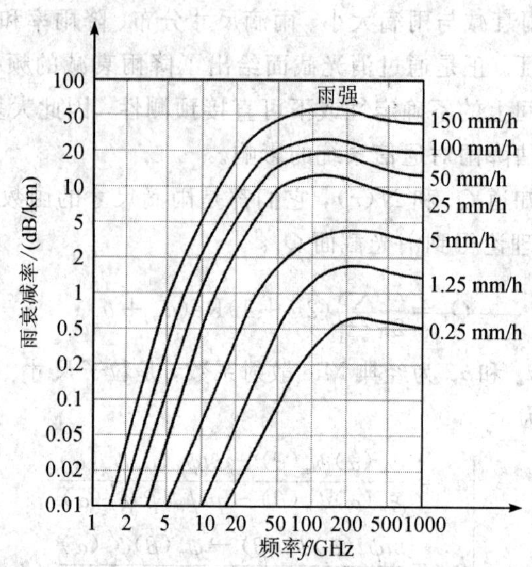

图 8.6　雨衰减率随频率和雨强的变化

表 8.5　以频率和降雨率表示的雨衰减系数和衰减率(温度 0℃)

f/GHz	a	b	衰减率		
			$R=10$	$R=50$	$R=100$
2	0.000 34	0.891	0.003	0.011	0.021
4	0.001 47	1.016	0.015	0.078	0.158
6	0.003 71	1.124	0.049	0.3	0.657
12	0.0215	1.136	0.29	1.83	4.02
15	0.0368	1.118	0.48	2.92	6.34
20	0.0719	1.097	0.9	5.25	11.24
30	0.186	1.043	2.05	11	22.7

上述结果考虑的是球形雨滴引起的降雨衰减，因此其结果与入射电波的极化状态无关。非球形雨滴(更能代表真实的雨滴)的系数 a 和 b，也可以通过应用类似于球形雨滴 Mie 计算的方法得到。结果如表 8.6 所示，其中列出了水平极化波(a_h，b_h)和垂直极化波(a_v，b_v)的系数。该系数适用于 20℃温度下 Law-Parsons 雨滴尺寸分布，同时假设雨滴为一个有垂直旋转轴的扁椭球。

圆极化波的系数可由表 8.6 中的数值计算：

$$a_c=\frac{a_h+a_v}{2} \tag{8.54}$$

$$b_c=\frac{a_h b_h+a_v b_v}{2a_c} \tag{8.55}$$

除水平或垂直外，其他线性极化波的系数可以根据表 8.6 中的数值得到：

$$a_\delta=\frac{1}{2}[a_h+a_v+(a_h-a_v)\cos^2\theta\cos 2\delta] \tag{8.56}$$

$$b_\delta = \frac{1}{2a_\delta}[a_h b_h + a_v b_v + (a_h b_h - a_v b_v)\cos^2\theta\cos 2\delta] \tag{8.57}$$

其中，θ 是路径仰角，δ 是相对于水平方向的极化倾斜角。

表 8.6　降雨衰减计算的衰减率系数

频率/GHz	a_h	a_v	b_h	b_v
1	0.000 038 7	0.000 035 2	0.912	0.88
2	0.000 154	0.000 138	0.963	0.923
4	0.000 65	0.000 591	1.121	1.075
6	0.001 75	0.001 55	1.308	1.265
7	0.003 01	0.002 65	1.332	1.312
8	0.004 54	0.003 95	1.327	1.31
10	0.0101	0.008 87	1.276	1.264
12	0.0188	0.0168	1.217	1.2
15	0.0367	0.0335	1.154	1.128
20	0.0751	0.0691	1.099	1.065
25	0.124	0.113	1.061	1.03
30	0.187	0.167	1.021	1
35	0.263	0.233	0.979	0.963
40	0.35	0.31	0.939	0.929
45	0.442	0.393	0.903	0.897
50	0.536	0.479	0.873	0.868
60	0.707	0.642	0.826	0.824
70	0.851	0.784	0.793	0.793
80	0.975	0.906	0.769	0.769
90	1.06	0.999	0.753	0.754
100	1.12	1.06	0.743	0.744
120	1.18	1.13	0.731	0.732
150	1.31	1.27	0.71	0.711
200	1.45	1.42	0.689	0.69
300	1.36	1.35	0.688	0.689
400	1.32	1.31	0.683	0.684

对于仰角为 θ 的倾斜路径，总雨衰减可由衰减率 α 确定：

$$A_\theta = \frac{L}{\sin\theta}\alpha = \frac{L}{\sin\theta}aR^b \quad \text{dB} \tag{8.58}$$

式中，L 为沿传播方向的雨区长度。如果降雨率在整个路径长度 L 上不恒定(通常如此)，则总衰减可以通过对路径每一部分的增量衰减求和得到，即

$$A_\theta = \frac{L_1}{\sin\theta}aR_1^b + \frac{L_2}{\sin\theta}aR_2^b + \cdots = \frac{a}{\sin\theta}\sum_{i=1}^{N} L_i R_i^b \tag{8.59}$$

在另一个仰角 ϕ 的路径衰减可以从仰角 θ 的路径衰减得到：

$$A_\phi = \frac{\sin\theta}{\sin\phi}A_\theta \tag{8.60}$$

其中，假设在地面终端附近的相互作用区域雨水是水平分层的。上述结果适用于约 10°以上的仰角，忽略了地球曲率在表面路径投影的误差。

3. 云雾衰减

一般来说，云和雾由直径小于 0.1 mm 的液滴组成，由于其尺寸远小于波长，可以利用瑞利近似计算云雾滴的消光截面。在瑞利近似下，云雾的吸收截面远大于散射截面，因此其消光截面近似等于吸收截面，从而可知云雾对电波的衰减主要是由吸收引起的，散射效应可以忽略。根据瑞利近似，可得云雾衰减率的近似计算公式为

$$\gamma_c = K_1 M \quad \text{dB/km} \tag{8.61}$$

式中，γ_c 为云或雾的衰减率，单位 dB/km，M 为云或雾中的含水量，单位 g/m^3，K_1 为衰减系数，单位(dB/km)/(g/m^3)。基于瑞利散射，可得衰减系数 K_1 的表达式为

$$K_1 = \frac{0.819f}{\varepsilon''(1+\eta^2)} \quad (\text{dB/km})/(\text{g/m}^3) \tag{8.62}$$

$$\eta = \frac{2+\varepsilon'}{\varepsilon''} \tag{8.63}$$

式中，f 是频率，单位为 GHz，ε'和ε''分别为水介电常数$\varepsilon(f)$的实部和虚部，可由双德拜模型得到：

$$\varepsilon''(f) = \frac{f(\varepsilon_0 - \varepsilon_1)}{f_p[1+(f/f_p)^2]} + \frac{f(\varepsilon_1 - \varepsilon_2)}{f_s[1+(f/f_s)^2]} \tag{8.64}$$

$$\varepsilon'(f) = \frac{\varepsilon_0 - \varepsilon_1}{1+(f/f_p)^2} + \frac{\varepsilon_1 - \varepsilon_2}{1+(f/f_s)^2} + \varepsilon_2 \tag{8.65}$$

其中

$$\varepsilon_0 = 77.6 + 103.3(\theta - 1) \tag{8.66}$$

$$\varepsilon_1 = 5.48 \tag{8.67}$$

$$\varepsilon_2 = 3.51 \tag{8.68}$$

$$\theta = \frac{300}{T} \tag{8.69}$$

其中，T 是温度，单位为 K。

8.3.2 对流层闪烁

对流层闪烁通常由海拔几公里内的大气折射率波动产生，并由高湿度梯度和逆温层引起。闪烁的影响与季节有关，每天都不同，同时还会随当地气候变化。在 10 GHz 的站点直接链路和 30 GHz 以上的地空链路上都能观测到对流层闪烁。

一阶近似下，对流层中的折射率结构可以认为是水平分层的，表现为随高度变化的薄层。因此，低仰角的倾斜路径往往受闪烁条件的影响最大。

众所周知，无线电波频率下的对流层折射率 n 是温度、压强和水汽含量的函数。由于 n 非常接近 1，为方便起见，通常定义折射指数 N 来表示折射率特性：

$$N=(n-1)\times 10^6=\frac{77.6}{T}\left(p+4810\,\frac{e}{T}\right) \tag{8.70}$$

式中，p 是大气压强，单位为 mb，e 是水汽压，单位为 mb，T 是温度，单位为 K。

折射率的小尺度变化（如由逆温或湍流引起的折射率变化）会对无线电波产生闪烁效应。对流层内湍流层引起的振幅闪烁水平的定量计算是基于薄湍流层上的小波动假设，应用湍流理论来确定的。振幅闪烁用接收功率的对数表示，则接收功率对数的方差 σ_x^2 为

$$\sigma_x^2=42.25\left(\frac{2\pi}{\lambda}\right)^{7/6}\int_0^L C_{\mathrm{m}}^2(x)x^{5/6}\mathrm{d}x \tag{8.71}$$

式中，$C_{\mathrm{m}}(x)$是折射率结构常数，λ 是波长，x 是沿路径的距离，L 是总路径长度。振幅闪烁取决于 $C_{\mathrm{m}}(x)$，因此不容易得到准确计算结果。然而，研究结果为振幅闪烁的频率依赖性提供了依据。式(8.71)表明，均方根振幅波动 σ_x 随 $f^{7/12}$ 变化。例如，在 10 GHz 下的测量显示 σ_x 的范围为 0.1～1 dB，而在 100 GHz 下约为 0.38～3.8 dB。

CCIR 提供了基于美国东北部测量的对流层闪烁模型。假设平均高度为 1 km 的薄湍流层，并利用 7.3 GHz 和 400 MHz 下马萨诸塞的卫星测量数据进行拟合，从而确定所需的经验系数。得到的均方根振幅波动预测方程为

$$\sigma_x(\mathrm{dB})=(2.5\times 10^{-2})f^{7/12}(\csc\theta)^{0.85}\quad [G(Z)]^{1/2} \tag{8.72}$$

式中，f 是频率，单位为 GHz，θ 是仰角，单位为°。$G(Z)$是根据天线直径 D 确定的天线孔径平均系数：

$$G(Z)=\begin{cases}1.0-1.4Z, & 0<Z<0.5\\ 0.5-0.4Z, & 0.5<Z<1\\ 0.1, & 1<Z\end{cases} \tag{8.73}$$

参数 Z 定义为

$$Z=0.685\,\frac{D}{\sqrt{L/f}} \tag{8.74}$$

式中 L 为到水平薄湍流层的倾斜路径距离，有

$$L=\left[\sqrt{0.017+72.25\sin^2\theta}-8.5\sin\theta\right]\times 10^6 \tag{8.75}$$

应该强调的是，该模型基于传播路径的统计描述，其计算的均方根振幅闪烁应在长期平均周期（几个月）内进行。瞬时、短暂的扰动可能会超过这个值几个数量级。

8.3.3　去极化

为了优化频率资源的利用，频率复用是无线电通信中的主流技术之一。基于这种方法，无线电波通过两个具有相同载波频率但具有正交极化的无线电信道传输。通常使用线性正交极化（如水平极化和垂直极化）或圆正交极化（如右旋圆极化（RHCP）和左旋圆极化（LHCP））等正交极化。

在卫星通信中，地面和空间终端之间的无线电波传播穿过电离层和对流层。由于现有

电离条件和电离层中的大的总电子含量(TEC)、对流层上部的冰晶、大气降水(如降雨)等，卫星无线电波极化会发生变化。

当两个正交极化同时使用时，从传播介质发出的极化变化导致主无线电波包含一个正交极化的小分量，作为无线电噪声。另一个极化的电波在穿过介质时也会出现类似的现象，它同样包含一个具有正交极化的小分量，充当噪声。卫星波的极化变化主要来自雨和/或冰晶等与对流层有关的水凝物的影响，以及与电离层有关的波的法拉第旋转。

1. 主要参数

首先通过定义交叉极化鉴别度(XPD)和交叉极化隔离度(XPI)两个参数来描述电波的去极化特征。

交叉极化鉴别度(XPD)是描述极化变化的常用方法。如图 8.7 所示，辐射波的电场在进入介质之前振幅为 E_1，而接收天线上有两个分量 E_{11} 和 E_{12}。第一个分量 E_{11} 的极化状态与辐射场相同，第二个分量 E_{12} 的极化状态与辐射场正交。交叉极化鉴别度 XPD 定义为

$$\mathrm{XPD}=20\lg\frac{E_{11}}{E_{12}} \tag{8.76}$$

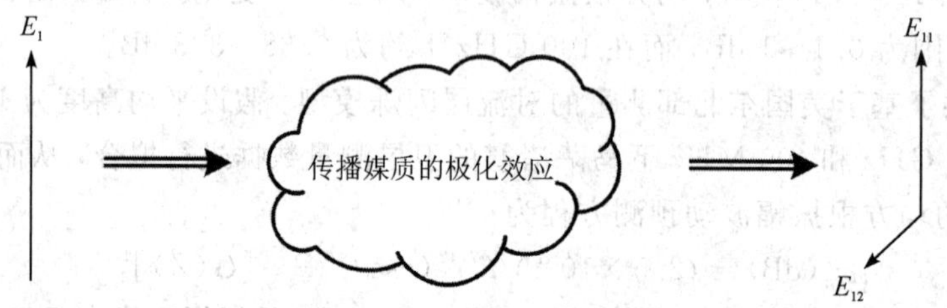

图 8.7 交叉极化鉴别度

如图 8.8 所示，无线电波包括两个正交电场分量 E_1 和 E_2，传播经过媒质后，电场变成了四个分量 E_{11}、E_{12}、E_{21}、和 E_{22}，其中 E_{12} 和 E_{21} 的场实际上构成了干扰场。交叉极化隔离度 XPI 定义为某一极化方向上接收到的同极化波与交叉极化波的功率之比，即：

$$\mathrm{XPI}=20\lg\frac{E_{11}}{E_{21}} \quad 或 \quad \mathrm{XPI}=20\lg\frac{E_{22}}{E_{12}} \tag{8.77}$$

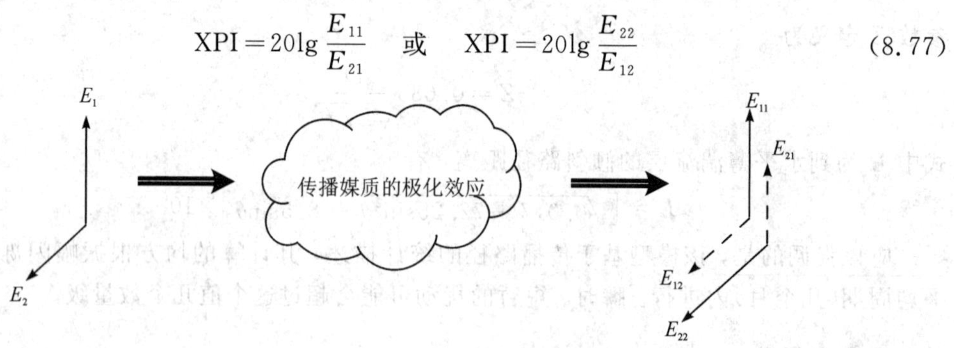

图 8.8 交叉极化隔离度

如果辐射信号有相同振幅，即 $E_1=E_2$，同时忽略接收系统引起的极化变化，则 XPD 和 XPI 的值相等，即

$$\mathrm{XPI}=\mathrm{XPD} \tag{8.78}$$

上述 XPD 和 XPI 的定义是基于线极化电波推导的，对于圆极化电波，也可以利用类似

的方法处理。如图 8.9 所示，右旋圆极化(RHCP)波通过媒质后转换为右旋椭圆极化(RHEP)波，该极化可视为右旋圆极化(RHCP)和左旋圆极化(LHCP)的叠加。基于上述假设，交叉极化鉴别度和极化隔离度可定义为

$$\mathrm{XPD}=20\lg\frac{|\mathrm{RHCP}_2|}{|\mathrm{LHCP}_2|} \tag{8.79}$$

$$\mathrm{XPI}=20\lg\frac{|\mathrm{RHCP}_{11}|}{|\mathrm{LHCP}_{21}|}\quad \text{或}\quad \mathrm{XPI}=20\lg\frac{|\mathrm{RHCP}_{22}|}{|\mathrm{LHCP}_{12}|} \tag{8.80}$$

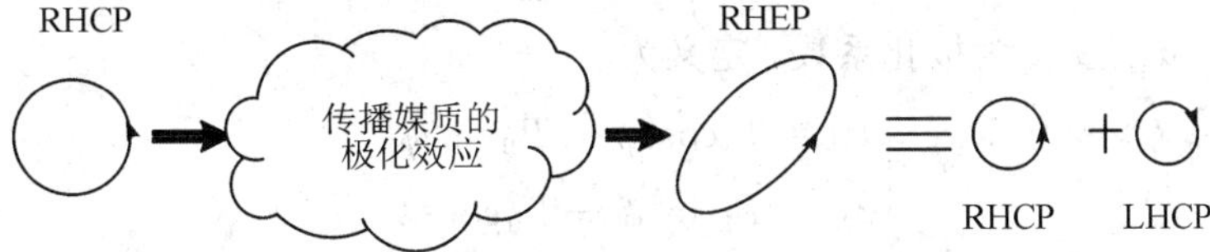

图 8.9　传播媒质对 RHCP 无线电波的影响

2. 降雨引起的去极化

产生去极化的主要原因是雨滴的非球形和雨滴相对于信号传播方向存在着取向角。当雨滴尺寸增加后，其形状由球形变成椭球形，同时在下落过程中，由于在不同高度上风速不同，使雨滴存在倾斜角 θ，从而使电波传播方向与雨滴对称轴之间存在夹角 α。去极化程度和雨滴轴与电波传播方向的相对取向有关，即与 α 值有关。

下落的雨滴经典模型是一个扁椭球形，其主轴位于水平方向，长、短轴与等体积球体的半径有关。如图 8.10 所示，考虑两个正交线极化波 E_1(垂直)和 E_2(水平)，其传播方向上存在有倾斜扁椭球状雨滴构成的雨区，雨区长度为 L，雨滴与水平方向成随机倾斜角 ϕ，短轴和长轴分别为 a 和 b，分别沿方向 I 和 II。辐射波可沿 I 和 II 方向分解成两个分量：

$$E_{\mathrm{TI}}=E_1\cos\phi-E_2\sin\phi,\quad E_{\mathrm{TII}}=E_1\sin\phi+E_2\cos\phi \tag{8.81}$$

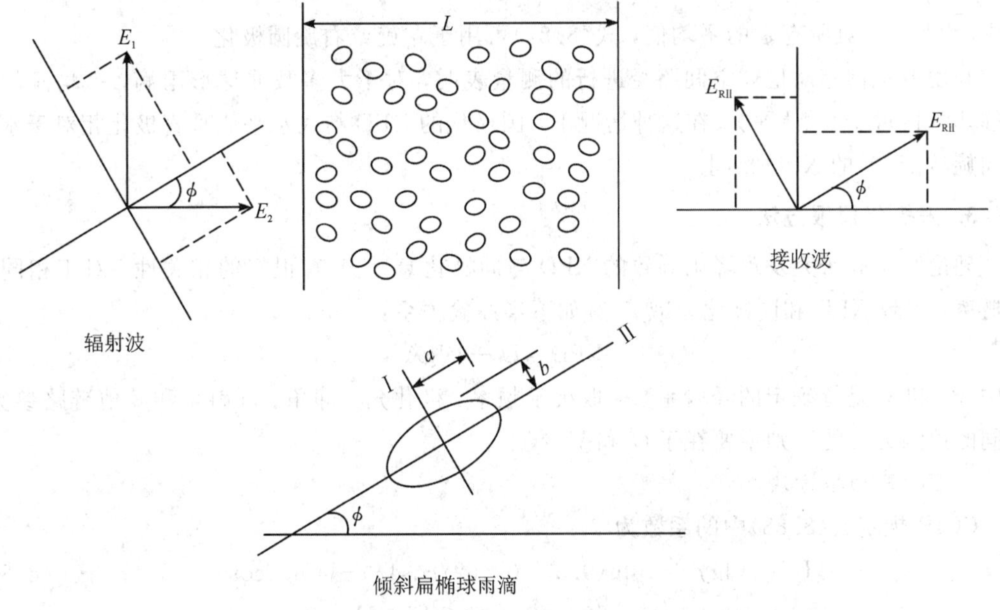

图 8.10　倾斜扁椭球雨滴去极化模型

扁椭球雨区的透射特性由Ⅰ和Ⅱ方向的透射系数确定：

$$T_{\mathrm{I}} = \mathrm{e}^{-(A_{\mathrm{I}} - \mathrm{j}\Phi_{\mathrm{I}})L}, \quad T_{\mathrm{II}} = \mathrm{e}^{-(A_{\mathrm{II}} - \mathrm{j}\Phi_{\mathrm{II}})L} \tag{8.82}$$

式中，A_{I} 和 A_{II} 分别为沿短轴和长轴方向的衰减因子，Φ_{I} 和 Φ_{II} 为相移因子。

在Ⅰ和Ⅱ方向的接收波分别为

$$E_{\mathrm{RI}} = T_{\mathrm{I}} E_{\mathrm{TI}}, \quad E_{\mathrm{RII}} = T_{\mathrm{II}} E_{\mathrm{TII}} \tag{8.83}$$

结合式(8.81)～式(8.83)，在透射方向Ⅰ(垂直)和Ⅱ(水平)的接收波为

$$E_{\mathrm{RI}} = a_{11} E_1 + a_{21} E_2, \quad E_{\mathrm{RII}} = a_{12} E_1 + a_{22} E_2 \tag{8.84}$$

式中，a_{11}、a_{12}、a_{21}、a_{22} 为极化系数，定义为

$$\begin{cases} a_{11} = T_{\mathrm{I}}\cos^2\phi + T_{\mathrm{II}}\sin^2\phi \\ a_{22} = T_{\mathrm{I}}\sin^2\phi + T_{\mathrm{II}}\cos^2\phi \\ a_{12} = a_{21} = \left(\dfrac{T_{\mathrm{II}} - T_{\mathrm{I}}}{2}\right)\sin 2\phi \end{cases} \tag{8.85}$$

垂直和水平传输的 $\mathrm{XPD_{RII}}$ 分别为

$$\begin{cases} \mathrm{XPD_v} = 20\lg\dfrac{|a_{11}|}{|a_{12}|} = 20\lg\dfrac{1 + T_{\mathrm{II}}/T_{\mathrm{I}}\tan^2\phi}{(T_{\mathrm{II}}/T_{\mathrm{I}} - 1)\tan\phi} \\ \mathrm{XPD_H} = 20\lg\dfrac{|a_{22}|}{|a_{21}|} = 20\lg\dfrac{T_{\mathrm{II}}/T_{\mathrm{I}} + \tan^2\phi}{(T_{\mathrm{II}}/T_{\mathrm{I}} - 1)\tan\phi} \end{cases} \tag{8.86}$$

注意，a_{11} 和 a_{22} 和 ϕ 的符号无关，同时因为 $a_{12} = a_{21}$，由正、负两个角度产生的交叉极化分量将相互抵消。

圆极化辐射波的 XPD 可以通过类似的方式推导，并以极化系数表示如下：

$$\mathrm{XPD_c} = 20\lg\left(\left|\frac{|a_{11}|}{|a_{12}|}\right|_{\phi=45^\circ}\overline{|\mathrm{e}^{\mathrm{j}2\phi}|}\right) = 20\lg\left(\frac{T_{\mathrm{II}} + T_{\mathrm{I}}}{T_{\mathrm{II}} - T_{\mathrm{I}}}\overline{|\mathrm{e}^{\mathrm{j}2\phi}|}\right) \tag{8.87}$$

式中 $\overline{\mathrm{e}^{\mathrm{j}2\phi}}$ 是 $\mathrm{e}^{\mathrm{j}2\phi}$ 对所有 ϕ 的平均值，式(8.87)可用于左旋或右旋圆极化。

利用卫星信标对地球空间路径进行的测量表明，对于大多数非球形雨滴，平均倾斜角往往非常接近于0°(水平)。在这种情况下，圆极化的 XPD 与线水平或垂直极化相对于水平方向旋转 45°时的 XPD 相同。

3. 去极化预报方法

理论和实验研究发现降雨导致的 XPD 与同极化衰减 A 有很好的相关性，对于相同时间概率，雨致 XPD 和同极化衰减 A 有如下半经验关系：

$$\mathrm{XPD} = U - V\lg A \tag{8.88}$$

式中，U 和 V 是待确定的经验系数，取决于频率、极化角、仰角、倾斜角和其他链路参数。不同的预测方法的区别主要在于 U 和 V。

1) CCIR 预报方法

CCIR 规定式(8.88)中的系数为

$$U = 30\lg f - 10\lg(0.5 - 0.4697\cos 4\tau) - 40\lg(\cos\theta) \tag{8.89}$$

$$V = \begin{cases} 20 & 8 < f \leqslant 15\ \mathrm{GHz} \\ 23 & 15 < f \leqslant 35\ \mathrm{GHz} \end{cases} \tag{8.90}$$

式中，f 是频率，τ 是相对于水平方向的极化倾斜角(对圆极化取 $\tau=45°$)，单位为(°)，θ 为路径的仰角，单位为(°)。为了保证关系式(8.88)有效，仰角必须小于或等于 60°。

2) ITU-R 预报方法

ITU-R 给出了地空链路交叉极化的预测方法，其所给 p(%)百分时间被超过的 XPD_p 为

$$XPD_p = XPD_{rain} - XPD_{ice}(dB) \tag{8.91}$$

式中，XPD_{ice} 为冰晶相关项，有

$$XPD_{ice} = XPD_{rain} \times \frac{(0.3 + 0.1\lg p)}{2} \tag{8.92}$$

XPD_{rain} 为降雨引起的 XPD，有

$$XPD_{rain} = C_f - C_A + C_\tau + C_\theta + C_\sigma \tag{8.93}$$

式中，C_f 为频率相关项：

$$C_f = \begin{cases} 60\lg f - 28.3, & 6 \leqslant f < 9\ \text{GHz} \\ 26\lg f + 4.1, & 9 \leqslant f < 36\ \text{GHz} \\ 35.9\lg f - 11.3, & 36 \leqslant f \leqslant 55\ \text{GHz} \end{cases} \tag{8.94}$$

C_A 为雨衰相关项：

$$C_A = V(f)\lg A_p \tag{8.95}$$

式中，A_p 为 p(%)百分时间被超过的雨衰减，也称为同极化雨衰减，可用历史统计结果或模型预测结果。$V(f)$定义为

$$V(f) = \begin{cases} 30.8 f^{-0.21}, & 6 \leqslant f < 9\ \text{GHz} \\ 12.8 f^{0.19}, & 9 \leqslant f < 20\ \text{GHz} \\ 22.6, & 20 \leqslant f < 40\ \text{GHz} \\ 13.0 f^{0.15}, & 40 \leqslant f \leqslant 55\ \text{GHz} \end{cases} \tag{8.96}$$

C_τ 为极化改善因子

$$C_\tau = -10\lg[1 - 0.484(1 + \cos 4\tau)] \tag{8.97}$$

当 $\tau=45°$时，$C_\tau=0$，当 $\tau=0°$或 90°时，C_τ 达到其最大值 15 dB。

C_θ 为仰角相关项

$$C_\theta = -40\lg(\cos\theta), \quad \theta \leqslant 60° \tag{8.98}$$

C_σ 为雨滴倾角相关项

$$C_\sigma = 0.0053\sigma^2 \tag{8.99}$$

式中，σ 为雨滴倾角分布的标准差(单位为(°))，对 1%、0.1%、0.01%和 0.001%百分时间衰减被超过的 σ 值分别为 0°、5°、10°和 15°。

该方法适应于频率 $6 \leqslant f \leqslant 55$ GHz、仰角 $\theta \leqslant 60°$。

3) 中国方法

中国电波传播研究所的赵振维、林乐科等提出了一种改进的雨致交叉极化预测方法，其计算公式为

$$XPD_{rain} = C_f - C_A + C_\tau + C_\theta + C_\sigma + \Delta XPD \tag{8.100}$$

式中

$$C_f = 20 + 11\lg f \tag{8.101}$$

$$C_A = 21.7\lg A_p \tag{8.102}$$

$$\Delta XPD = -0.085 A_p \cos^2\theta \cos 2\tau e^{-0.00061\sigma^2} \tag{8.103}$$

式(8.100)中其他参数和 ITU-R 方法相同。

4. 降雨导致交叉极化的频率转换

利用以下半经验模型，可以通过一个频率和极化倾角的长期统计结果 XPD_1，预测另一个频率和极化倾角值的 XPD_2：

$$XPD_2 = XPD_1 - 20\lg\left[\frac{f_2\sqrt{1-0.484(1+\cos 4\tau_2)}}{f_1\sqrt{1-0.484(1+\cos 4\tau_1)}}\right], \quad 4 \leqslant f_1, f_2 \leqslant 30\ \text{GHz} \tag{8.104}$$

式中，f_1、τ_1 和 f_2、τ_2 为不同的频率和极化倾角，XPD_1 和 XPD_2 对应同一时间概率。式(8.104)的适用范围为 $4 \leqslant f_1$，$f_2 \leqslant 30$ GHz，而式(8.91)的适用范围为 $6 \leqslant f \leqslant 55$ GHz，因此 4～6 GHz 范围的 XPD 可以利用 6 GHz 的结果结合式(8.104)计算得到。

8.4 电离层对卫星通信的影响

电离层对频率高达 12 GHz 的无线电波的传播影响很大，特别是对于使用频率低于 3 GHz 的 MEO 和 LEO 卫星影响更加明显。因此，卫星无线电链路设计中应考虑电离层影响，包括极化旋转(即法拉第旋转)、群时延、信号到达方向的变化、多普勒效应、色散、闪烁等。由于电离层的复杂性，很难用解析方法来描述这些电离层影响，最好的办法是对其进行数值建模，同时使用基于实验测量的补充表格和图表。另外，由于电离层的行为是随机变化的，只能用随机量来描述电离层效应。

8.4.1 总电子含量

在太阳辐射作用下，电离层分为若干电离的子层，如 D、E、F 层等，这些子层的特性影响每层的总电子含量(TEC)。在所有子层，电离都是非均匀且随时间变化的，这在很大程度上取决于地理位置和地磁场活动。此外，电离在小范围内具有不规则性、活跃性等性质，会导致闪烁以及对卫星无线电信号的振幅、相位和到达角的不良影响。电离层的局部不规则性起到会聚和发散透镜的作用，引起无线电波的聚焦和散焦。此外，不规则性导致折射率高度依赖于频率，从而使电离层成为无线电波的色散环境。

电子总含量 TEC 表示路径上累积的电子数，用 N_T 表示，可用下式计算：

$$N_T = \int_s N_e \mathrm{d}s \tag{8.105}$$

式中，s 为路径长度，单位为 m，N_e 为电子浓度，单位为 $\mathrm{el/m^3}$。因为 N_e 的值受昼夜、季节和太阳效应的影响，即使路径完全确定，N_T 值也不容易准确计算。为了对其进行建模，通常将 TEC 值定义为从地球表面至电离层上限高度、截面为 1 $\mathrm{m^2}$ 的天顶路径的总电子含量。如此，TEC 值实际上相当于单位平方米垂直电离层圆柱中的电子总数，其值每平方米在 10^{16} 个至 10^{18} 个电子数($\mathrm{el/m^2}$)间变化，其峰值通常出现在一天内太阳照射的时间段。

8.4.2 法拉第旋转

如 4.2.9 节所述，由于地磁场效应和等离子体的各向异性，线极化卫星波通过电离层时，极化面逐渐旋转，这个机制称为法拉第旋转。相对于传播方向的法拉第旋转角表示为 θ，是频率、地磁场强度和 TEC 的函数，由下式定义：

$$\theta=\frac{2.36\times10^4}{f^2}\int N_e B\cos\theta_B \mathrm{d}l\ (\mathrm{rad}) \tag{8.106}$$

式中，θ 为法拉第旋转角，单位为 rad，B 为地磁场强度，单位为 $\mathrm{Wb/m^2}$，f 为电波频率，单位为 Hz，N_e 为电子浓度，单位为 $\mathrm{el/m^3}$，θ_B 为电波传播方向与磁场方向的夹角。近似情况下，可将传播路径上的地磁场视为一个平均值 B_{av}，则式(8.106)可改写为

$$\theta=\frac{2.36\times10^4}{f^2}B_{av}N_T \tag{8.107}$$

式中，B_{av} 为地磁场强度平均值，单位为 $\mathrm{Wb/m^2}$，N_T 为 TEC 值，单位为 $\mathrm{el/m^2}$。

图 8.11 给出了不同 TEC 值下 θ 随频率的变化。根据公式(8.107)的定义，θ 值与频率的平方成反比，与 B_{av} 和 N_T 成正比。由于 θ 变化平坦，所以它是可预测的，而且可以通过天线设置进行补偿。当然，由于地磁风暴或电离层扰动引起的信号幅度的突然变化，θ 也有能出现突然的不可预测变化，特别容易出现在热带地区。

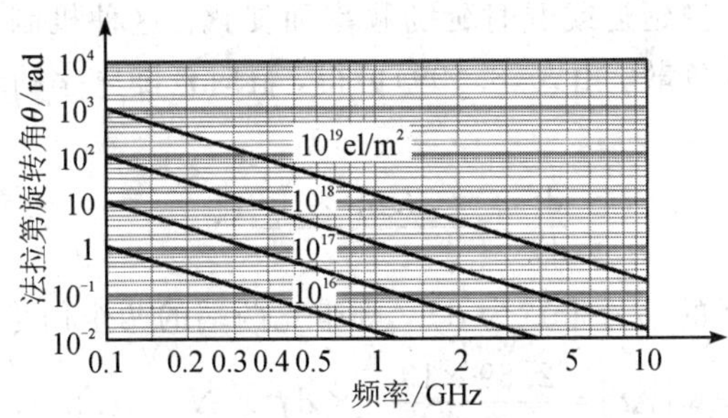

图 8.11　不同 TEC 值下法拉第旋转角随频率的变化曲线

由法拉第旋转引起的天线交叉极化鉴别度(XPD，单位 dB)，可根据下式计算：

$$\mathrm{XPD}=-20\lg|\tan\theta| \tag{8.108}$$

8.4.3 群时延

电离层中带电粒子的存在改变了电离层的折射率，也降低了无线电波的传播速度，从而使得电波在电离层中的实际相位传播路径变长。由于折射率是频率的函数，因此发射一定带宽或频谱范围的信号会产生群时延。相对于自由空间中的波传播时间，附加时间延迟用 t 表示，可根据下式计算：

$$t=\frac{1.345\times10^{-7}}{f^2}N_T \tag{8.109}$$

式中，t 为附加时间延迟或群延迟，单位为 s，f 为频率，单位为 Hz，N_T 为倾斜卫星波传播路径的 TEC 值。

图 8.12 描绘了不同 TEC 值下电离层附加时间延迟与频率的关系。

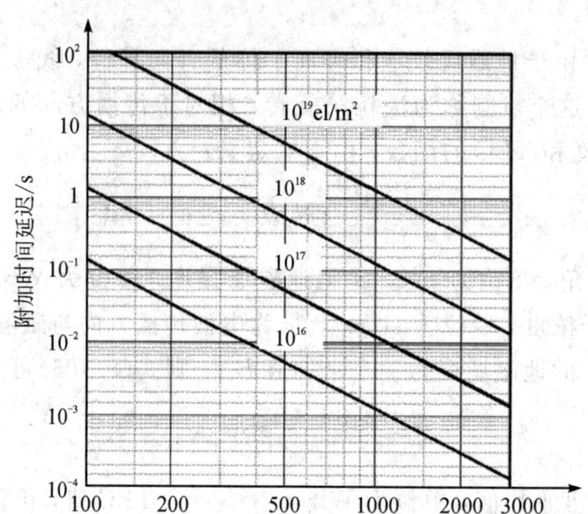

图 8.12 不同 TEC 值下电离层附加时间延迟与频率的关系图

8.4.4 色散

对于宽带卫星信号，群延迟或群时延随频率而变化。这种机制有一些不利的影响，会导致失真，即接收信号的色散。由式(8.109)可得，群时延随频率的变化率为

$$\frac{\mathrm{d}t}{\mathrm{d}f}=\frac{-2.69\times10^{-7}}{f^3}N_{\mathrm{T}} \tag{8.110}$$

如果在电离层中传播的信号带宽为 $\mathrm{d}f$，则带宽两端的两个信号时延差为

$$|\Delta t|=\frac{2.69\times10^{-7}}{f^3}\times\mathrm{d}f\times N_{\mathrm{T}}\quad(\mathrm{s}) \tag{8.111}$$

8.4.5 闪烁

无线电信号的闪烁是指信号相位或幅值相对平均值的快速波动。电离层闪烁是电离层对频率小于 3 GHz 的卫星波重要的负面影响之一，这种现象是由电离层结构及电离层密度的微小变化引起的，因此接收端接收到的波的不同部分的幅度、相位和到达角度会发生变化。根据所使用的调制类型，这种现象对系统性能有不同的影响。

闪烁常用表征参数(闪烁系数)为 S_4，其数学表达式为

$$S_4=\left[\frac{\langle I^2\rangle-\langle I\rangle^2}{\langle I\rangle^2}\right]^{1/2} \tag{8.112}$$

式中，I 是信号功率强度，$\langle\ \rangle$表示取平均值。

8.5 当地环境的影响

在卫星通信的某些应用领域，如移动通信、导航和广播服务，接收端可能处于建筑物

或植被内。在特定的接收位置，局部结构的影响可能很重要。测量结果表明，无线电波的衰减对仰角和方位角有很强的依赖性。在地面站选址时，应认真考虑当地环境的影响，并尽一切努力避免当地环境的不利影响。然而，由于这些应用本身的特点，必须在包围区域内接收非视距信号。

8.5.1　建筑物穿透损耗

当卫星波穿透建筑物和封闭区域时，会受到额外的损耗。对 UHF 波段的电波，其穿透损耗可达 25 dB。当卫星终端位于合适的位置时，这些损耗可以降低到 5 dB 以下。目前讨论的额外穿透损耗的影响因素主要包括楼层数，墙壁和天花板的材料和化学特性、隔热性，终端位置，频段，电波极化等。

表 8.7 给出了建筑物内平均位置信号衰减的典型测量结果，频率范围为 500 MHz 至 3 GHz。由表格可得到如下结论：

(1) 反射玻璃门造成的损耗比敞开的门大 15 dB。

(2) 波传播路径上，由铝制成的隔热材料可以产生大约 20 dB 的额外损耗。

(3) 砖墙造成的损耗约为 15～30 dB，如果存在金属屋顶和铝制隔热材料，这个损耗可能会上升到 25～45 dB。

(4) 在终端移动的情况下，多径相关的影响将表现为接收信号电平的波动。对低地球轨道卫星，由于发射器相对于接收器作快速移动，因此终端移动的影响更加明显。

(5) 测量结果表明，对于编号为 1、2、4、6 的建筑物，频率增加的影响在 1～3 dB/GHz 左右；对于 3 号建筑物，频率增加的影响为 6 dB/GHz；而对于 5 号建筑物，频率增加效果不显著。因此，建筑物和封闭区域内的总附加损耗是频率相关的。

(6) 图 8.13 给出了附加损耗(衰减)的测量结果，横坐标是表 8.7 中的 6 类建筑物。图中给出了 $L=1.6$ GHz 和 $S=2.5$ GHz 两个频率下的测量结果，分别用不同符号给出了相对信号损耗的变化范围、中值、及其 5%～95%范围的值。

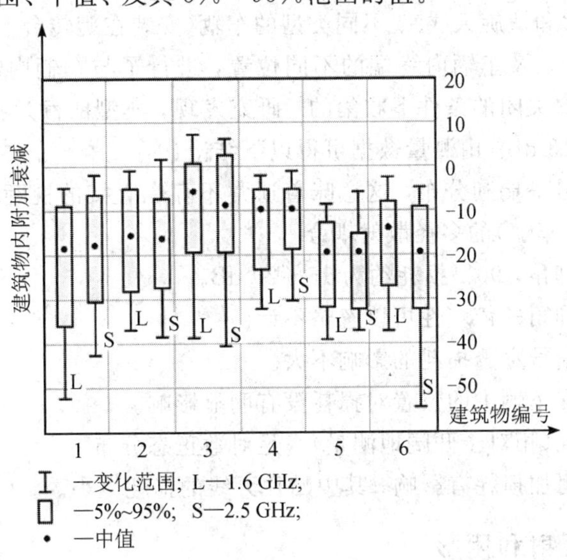

图 8.13　建筑物内附加衰减

对建筑物内地面传播的研究表明，在办公楼中，2 GHz 频率电波通过楼层的附加损耗(单位为 dB)为

$$L_e = 15 + 4(n-1) \tag{8.113}$$

式中，n 是穿透楼层的数量。对于住宅建筑，损耗通常取每层 4 dB，用于估计卫星信号从高仰角进入并向下穿过建筑的额外损耗。

通过使用高层建筑模拟卫星信号的接收，测量了两个不同仰角下 5 GHz 频段穿透损耗的仰角依赖性。当仰角为 15°和 55°时，测得办公室的附加建筑物的穿透损耗中值分别为 20 dB 和 35 dB。

表 8.7　建筑物内信号衰减(500 MHz<f<3 GHz)

建筑物层数	建　筑	仰角(°)	平均位置	
			平均损耗/dB	标准差/dB
1	单层建筑的入口大厅(混凝土斜墙、柏油屋顶)	18	13	10
2	单层建筑中的办公室(砖砌、柏油屋顶)	38	9	7
3	两层木结构农舍(金属屋顶、无铝隔热板)	33	5	4
4	两层木结构房屋的走廊和客厅(金属屋顶、铝隔热板)	41	19.5	12
5	两层楼的旅馆房间(砖砌复合屋顶)	37	13	6
6	两层楼的大厅(玻璃和混凝土、柏油屋顶)	26	12	5

8.5.2　车辆穿透损耗

信号穿透车辆损耗的测量数据非常少，现有的测量结果也是使用与建筑物穿透损耗类似的地面技术获得的。在 1.5～1.6 GHz 频段下，使用 8°～90°的模拟路径仰角，针对不同类型的天线(微带贴片和螺旋天线)、不同类型的车辆(安装在旋转台上，以评估信号电平与到达方向的函数关系)以及车辆内终端的不同位置，进行了与车辆内部卫星信号穿透相关的测量。数据是在车窗关闭的条件下收集的。研究发现，典型的额外损耗中值为 3～8 dB，损耗的 90％约为 4～13 dB。由测量数据可得以下结论：

(1) 车辆内部信号呈瑞利分布，这意味着通常不存在直接的视距传播路径，信号功率通过车辆开口边缘(如车窗)的多径散射耦合。

(2) 在所有路径仰角，90％损耗约为 15～20 dB。

(3) 损耗对电波仰角的依赖性可以忽略不计。

(4) 车辆类型对信号穿透损耗的影响不大。

(5) 无线电终端在车辆中的位置对损耗没有明显影响。

(6) 中值附加损耗(相对于开阔地测量)满足对数正态分布。

(7) 天线类型对附加损耗有影响，其中贴片天线的损耗更小。

8.5.3　建筑物的反射和阴影

卫星波与卫星终端周围的各种表面碰撞后，波被表面反射，主波和反射波的矢量和被

馈送到接收输入端。当主波与反射波反相时，主波会发生衰减。为了确定这种衰减的极限，进行了一些测量研究，实验中采用从高塔上发射的圆极化 FM 声波，频率分别为 839 MHz 和 1504 MHz，波的仰角约为 20°，实验结果关注信号电平的变化。实验结果表明，当频率为 839 MHz 时衰减为 15 dB，频率为 1504 MHz 时衰减为 18 dB。无论是水平极化天线还是垂直极化天线，在城市地区接收的信号电平波动几乎相同，并且音频信号的质量仅仅取决于接收信号电平的变化。

在郊区和农村地区，地面反射是决定极化类型选择的主要因素，这是因为地面反射的垂直极化波在布儒斯特角附近接近于 0，而水平极化波不等于 0。因此，在平滑地面，通常水平极化反射波比垂直极化反射波反射强，直接波和地面反射波之和将导致更深的波谷和更高的峰值。

思　考　题

8.1　简述与卫星波传播相关的主要现象。

8.2　阐述卫星波传播时对流层造成的额外损耗。

8.3　说明电离层的主要损耗因子及损耗与频率相关性。

8.4　解释频率小于等离子体频率时电离层折射率的变化，这对波的传播路径有什么影响？

8.5　卫星波偏离卫星与地球站直线路径的原因是什么？

8.6　定义波的交叉极化鉴别度和极化隔离度。

8.7　调查卫星波在林地、封闭空间、车辆和建筑物等区域的损失，并说明哪些因素会影响它们。

附录A 对数单位制

分贝(dB)是一个对数单位，它表示一个物理量(如电压、功率或天线增益)与一个同类型的特定参考量的比。

$$\text{decibel} = \text{dB} = 10\lg \frac{p}{p_r} \tag{A.1}$$

由于对数刻度中的值是两个相似量之比的对数，因此，它们是无量纲的，并与测量单位相同。换句话说，分母单位 p_r 是比较的基础，包括所需的单位。为了表示对数单位制中的基数单位，通常在 dB 上加上一个或几个字符，如：

dBW：与 1 W 功率相比的分贝单位。

dBm：与 1 mW 功率相比的分贝单位。

dBkW：与 1 kW 功率相比的分贝单位。

表 A1 给出了无线电通信中常用的对数单位。

表 A1 常用对数单位

序号	物理量	基数	符号	序号	物理量	基数	符号
1	增益/损耗	比值	dB	8	噪声温度	开尔文	dBK
2	功率	瓦	dBW	9	带宽	赫兹	dBHz
3	功率	毫瓦	dBm	10	比特率	b/s	dBb/s
4	功率	千瓦	dBkW	11	功率流	W/m^2	dBW/m^2
5	天线增益	各向同性	dBi	12	噪声功率	瓦	dBKTB
6	天线增益	偶极子	dBd	13	场强	微伏/米	dBmV/m
7	电压	微伏	dBmV	14	玻尔兹曼系数	焦耳/开尔文	dBJ/K

附录 B　斜程通信链路仰角依赖性

在电波传播计算中，通常需要计算路径长度相关参数，如大气衰减、路径延迟或雨衰，它们都是地面天线对卫星仰角 θ 的函数。大气衰减模型通常是根据天顶($\theta=90°$)方向建立的，其他仰角的衰减必须由该值导出。另一方面，雨衰建模最常用的是地面路径($\theta=0°$)，而倾斜路径的其他衰减值必须由它导出。本附录给出了确定倾斜路径仰角依赖性的一般程序。

考虑等效半径为 R(包含折射)的地球表面上，高度 H 处大气中的一个水平分层的相互作用区域，如图 B.1 所示。我们希望确定通过分层大气的路径长度 L，将其作为仰角 θ 的函数。通常取 R 值为 8500 km。对于辐射传播相关的大部分参数，H 通常最大范围为 10～20 km。

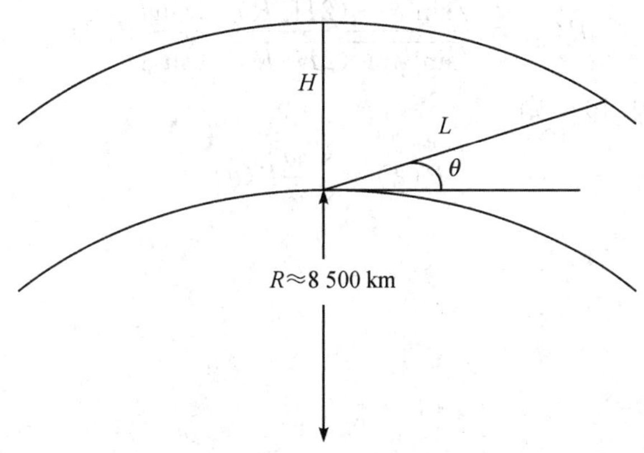

图 B.1　路径长度与仰角 θ 关系示意图

由几何关系，可得路径长度 L：

$$L=\frac{2H}{\sqrt{\sin^2\theta+(2H/R)}+\sin\theta} \tag{B.1}$$

上式对 $\theta=0°$ 到 $\theta=90°$ 范围都适应，$\theta=0°$ 时有 $L=\sqrt{2RH}$，$\theta=90°$ 时考虑合理假设 $R\gg 2H$ 可得 $L=H$。

若仰角大于 10°，则式(B.1)可以进一步简化。θ 在 10°和 90°之间，$\sin^2\theta$ 在 0.03 和 1 之间，而 $2H/R$ 的最大值为 0.0024。从而，对 $\theta>10°$，有

$$\sin^2\theta\gg\frac{2H}{R} \tag{B.2}$$

和

$$L=\frac{H}{\sin\theta}=H\csc\theta \tag{B.3}$$

式(B.3)通常被称为仰角依赖于斜程的余割定律。不过，它只对 10°以上的仰角有效。式(B.1)和式(B.3)可用来计算与路径长度(仰角 θ 和高度 H 的函数)相关的物理量。

例如，由衰减率 γ_w(dB/km)计算仰角 θ 时通过大气的总水汽衰减：

$$A_w(\theta)=L\gamma_w=\frac{2H\gamma_w}{\sqrt{\sin^2\theta+(2H/R)}+\sin\theta}\quad \text{dB} \tag{B.4}$$

对 $\theta>10°$，

$$A_w(\theta)=\frac{H\gamma_w}{\sin\theta} \tag{B.5}$$

一般情况下，给定仰角 θ 下的参数，求另一仰角 ϕ 下的路径相关参数 $P(\phi)$ 的值：

$$\frac{P(\phi)}{L(\phi)}=\frac{P(\theta)}{L(\theta)} \tag{B.6}$$

或

$$P(\phi)=\frac{L(\phi)}{L(\theta)}P(\theta) \tag{B.7}$$

从而，

$$P(\phi)=\frac{\sqrt{\sin^2\theta+(2H/R)}+\sin\theta}{\sqrt{\sin^2\phi+(2H/R)}+\sin\phi}P(\theta) \tag{B.8}$$

如果 θ 和 ϕ 都大于 10°，则

$$P(\phi)=\frac{\sin\theta}{\sin\phi}P(\theta) \tag{B.9}$$

附录C　大气衰减系数的插值程序

表 8.1 和表 8.2 列出了用于计算气体大气吸收引起的衰减率和总天顶衰减的频率相关系数。为了得到表中没有列出的频率上的系数，应采用以下插值程序。

由任一表格给定频率/系数对 f_1/y_1 和 f_2/y_2，其中 y 表示 $a(f)$、$b(f)$、$c(f)$或 $\alpha(f)$、$\beta(f)$、$\xi(f)$，我们希望确定频率 f_0 处的系数 y_0，如图 C.1。

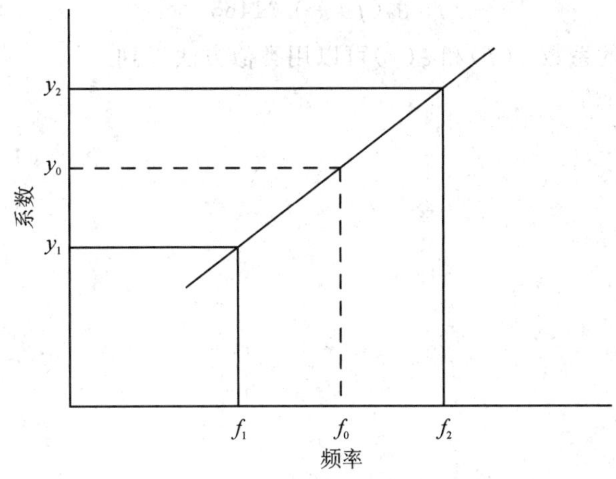

图 C.1　衰减系数与频率的关系

注意，由

$$\lg y_2 = m\lg f_2 + b' \tag{C.1}$$

和

$$\lg y_1 = m\lg f_1 + b' \tag{C.2}$$

求解得到 m 和 b'，

$$m = \frac{\lg(y_1/y_2)}{\lg(f_1/f_2)} \tag{C.3}$$

$$b' = \lg y_2 - m\lg f_2 \tag{C.4}$$

从而频率 f_0 处的系数 y_0 可由下式获得：

$$\lg y_0 = m\lg f_0 + b' \tag{C.5}$$

其中，m 和 b'分别由式(C.3)和式(C.4)计算。

例如，由表 8.2 求 17.5 GHz 时的系数 $\beta(f)$。

$$f_1 = 16\ \text{GHz} \qquad \beta_1(f) = 0.00821$$

$$f_2 = 20\ \text{GHz} \qquad \beta_2(f) = 0.0346$$

$$f_0 = 17.5\ \text{GHz} \qquad \beta_0(f) = ???$$

由式(C.3)，

$$m = \frac{\lg(0.00821/0.0346)}{\lg(16/20)} = 6.447$$

由式(C.4)

$$b' = \lg 0.0346 - 6.447 \lg 20 = -9.848$$

从而，由式(C.5)，有

$$\lg \beta_0(f) = 6.447 \lg 17.5 - 9.848 = -1.8341$$

$$\beta_0(f) = 0.01465$$

17.5 GHz 对应的系数 $\alpha(f)$ 和 $\xi(f)$ 可以用类似方法得到。

参 考 文 献

[1] 王元坤. 电波传播概论[M]. 北京：国防工业出版社，1984.
[2] 李莉. 天线与电波传播[M]. 北京：科学出版社，2009.
[3] 宋铮，张建华，黄冶. 天线与电波传播[M]. 2版. 西安：西安电子科技大学出版社，2011.
[4] 谢益溪. 无线电波传播：原理与应用[M]. 北京：人民邮电出版社，2008.
[5] 张瑜. 电磁波空间传播[M]. 西安：西安电子科技大学出版社，2007.
[6] 闻映红. 电波传播理论[M]. 北京：机械工业出版社，2013.
[7] 吕保维，王贞松. 无线电波传播理论及其应用[M]. 北京：科学出版社，2003.
[8] 熊皓. 电磁波传播与空间环境[M]. 北京：电子工业出版社，2004.